PIRINEO
PALEONTOLÓGICO

todas sus edades en los últimos 500 millones de años

PIRINEO
PALEONTOLÓGICO

todas sus edades en los últimos 500 millones de años

Guillermo Gómez García

Primera edición 2024

PRAMES

Este libro ha recibido una ayuda del
Departamento de Presidencia, Interior y Cultura del Gobierno de Aragón

Textos / © del autor

Fotografías / © del autor, excepto las que se indican junto a las mismas

Diseño y maquetación / equipo gráfico de PRAMES

Edita / prames www.prames.com
Camino de los Molinos, 32 • 50015 Zaragoza

ISBN / 978-84-8321-607-1

Depósito legal / Z 1807-2024

Imprime / Bolima

A todas y cada una de las criaturas. A su aventura en la vida.

INTRODUCCIÓN

‣ Paleontología. Entre la Biología y la Geología

La Paleontología es una de las ciencias de la Historia Natural a medio camino entre la biología y la geología. Se desarrolla con intensidad desde el siglo XVIII como una de las ciencias auxiliares del desarrollo industrial y contribuye a proveer a la sociedad de materias primas minerales, como el hierro y el carbón.

La presencia de unos u otros restos fósiles en una serie de estratos geológicos pueden anticiparnos la presencia o la ausencia de los estratos que pueden contener materias primas. Así ha sido también el progreso de la paleontología desde el siglo XX en apoyo de la búsqueda de otros combustibles fósiles (gas y petroleo) y materias primas minerales.

En España, la Comisión del Mapa Geológico de España aborda en el siglo XVIII la elaboración de un documento de síntesis que recoja la paleontología conocida en la época, simultáneamente a la elaboración de los mapas geológicos provinciales. El oscense Lucas Mallada es el encargado de realizar *Sinopsis de las especies fósiles encontradas en España*, y también *Descripción geológica de la provincia de Huesca*, donde documenta tres centenares de especies, la mayor parte de ellas en el Pirineo.

‣ Pirineo. Un edificio del Atlántico al Mediterráneo

La cordillera del Pirineo nace de la colisión entre la plataforma ibérica y la plataforma francesa, e incluye tanto el Pirineo ístmico hispano-francés, como la Cordillera Cantábrica, donde la plataforma ibérica se subduce bajo la plataforma francesa formando una fosa oceánica.

Con una orientación lineal Este-Oeste en una gran longitud, la cordillera pirenaica es bastante homogénea. Básicamente la cordillera se compone de:
• Un basamento del Paleozoico (= edad de la fauna antigua), que es el resto de una porción de una antigua cordillera, llamada Cordillera Hercínica.
• Un recubrimiento de sedimentos marinos del Mesozoico (= edad de la fauna media) con un espesor hasta kilométrico.
• La elevación de la cordillera es simultánea de la propia erosión de sus relieves por lo que durante el Cenozoico (= edad de la fauna moderna) se produce la acumulación de potentes espesores de sedimentos (hasta kilométricos) originados en el desmantelamiento de la propia cordillera, cuya elevación alcanza 1.000 mts. más que en la actualidad.

·Quince periodos de tres eras. El sector transversal Aragón-Béarn

El esquema de la cordillera tiene sus particularidades regionales y locales:

• Hacia el Este, en la región catalano–occitana, los materiales más antiguos del paleozoico están más al descubierto.

• En el Centro de la cordillera, en la región aquitano-aragonesa, las cuenca del Ebro y de Aquitania llegan a estar colmatadas con sedimentos cenozoicos.

• Al Oeste, la Cordillera Cantábrica, que ha proporcionado ingentes cantidades de carbón, también ha sido una abundante fuente de restos fósiles del Paleozoico superior, sin igual en la península.

La región pirenaica que comprende Aragón en la vertiente sur y el Béarn de Aquitania en la vertiente norte es una zona excelente para comprender el edificio pirenaico desde el punto de vista de la paleontología:

• La cubierta vegetal deja suficientes espacios sin cubrir para permitir la observación de los sedimentos

• Tiene ambas vertientes emergidas.

• Concentra entre sus dos vertientes sedimentos de los 15 períodos geológicos en una relativamente corta sección transversal a la cordillera.

El sector transversal del Pirineo Aragón-Béarn tiene además una relativa buena accesibilidad para acceder a sedimentos de los quince periodos (Ordovícico, Silúrico, Devónico, Carbonífero, Pérmico, Triásico, Jurásico, Cretácico, Paleoceno, Eoceno, Oligoceno, Mioceno, Plioceno, Pleistoceno, Holoceno) de las tres eras (Paleozoico, Mesozoico, Cenozoico) con restos paleontológicos documentados:

• El zócalo paleozoico está al descubierto en una amplia superficie central, tanto por erosión, como por el deslizamiento parcial de los mantos que lo recubrían.

• La cobertura mesozoica forma los relieves calizos de las sierras exteriores e interiores, y de la imbricada geografía de cañones en ambas vertientes.

• Los terrenos cenozoicos abundan tanto en la cubeta del Ebro y la depresión intrapirenaica como en los valles norpirenaicos y las amplias terrazas fluviales de Aquitania, desde las estribaciones montañosas hasta el océano.

Además la región cuenta con una excelente Ruta Geológica Transpirenaica por los valles de Aspe y Aragón-Gállego: http://rgtp.geolval.fr/home.php

· Sinopsis de fósiles y síntesis de la historia natural

Para el conocimiento del Pirineo desde la paleontología se propone esta sinopsis con la descripción e ilustración de casi 900 géneros fósiles documentados en esta región para los últimos 500 millones de años. También se propone un estudio de síntesis de cada era y periodo tanto de la biología de cada época como de las circunstancias paleogeográficas, paleoclimáticas, geológicas y paleontológicas.

—
10

Los restos fósiles conservan una información limitada al no fosilizar sus partes blandas, tampoco fosilizan las especies que carecen de elementos esqueléticos o mineralizados, por lo que la sistemática y la atribución no es completa, ni es exactamente igual a la de la biología, y además está en permanente revisión.

La base documental, como es común en la paleontología, se basa en los estudios de diferentes autores, procedentes de diferentes escuelas, de diferentes países, en diferentes idiomas y de diferentes épocas, que al reunirse en un estudio de síntesis como este, resultan imposibles de homogeneizar integramente y pueden dar lugar en ocasiones a una comprensión farragosa y hasta contradictoria por lo que en algunos casos puede ser necesario ampliar esta información en otras fuentes, por otros canales.

No se han incluido todos los taxones fósiles documentados en el área estudiada, pero si todos los taxones que se incluyen están documentados en la mencionada región.

En las descripciones se ha intentado utilizar el lenguaje más común posible, pero para las partes anatómicas es ineludible el uso de terminología especializada; en caso de desconocer esta terminología y querer ahondar en el significado de las descripciones se recomienda consultar diccionarios, tratados de biología y paleontología o contenidos on-line acreditados.

Para paleontología de invertebrados se puede consultar y descargar los dos tomos altruistamente dispuestos por la argentina Fundación de Historia Natural Felix de Azara *Los invertebrados fósiles* tomo I y II:

https://fundacionazara.org.ar/los-invertebrados-fosiles/

También existen numerosas bases de datos on-line al respecto de las especies fósiles y su taxonomía en general y otras más especializadas sobre phylums, épocas o regiones concretas que pueden ser muy útiles y fáciles de consultar, por ejemplo:

https://www.irmng.org/

https://www.gbif.org/

https://science.mnhn.fr/

https://explore.recolnat.org/search/paleontologie/type=index

https://molluscabase.org/

https://www.corallosphere.org/

https://www.nhm.ac.uk/our-science/data/echinoid-directory/

https://echinologia.com/galeries/

https://www.archeozoo.org/archeozootheque/

https://www.paleotheque.fr/region/region.php

https://fossilshells.nl

Asimismo tanto el Instituto Geológico Minero de España (IGME–CSIC), como el Boureau pour la Recherche Geologique Minier de Francia (BRGM) disponen on-line de los mapas geológicos de todo su territorio y las memorias explicativas de dichos mapas, además de unos excelentes navegadores geoespaciales que incorporan dicha cartografía. También ambos organismos han confeccionado el mapa geológico del Pirineo y el mapa del Cuaternario de la cordillera:

https://infoterre.brgm.fr/viewer/MainTileForward.do

https://ficheinfoterre.brgm.fr

https://info.igme.es/visor/

https://info.igme.es/cartografiadigital/geologica/Magna50.aspx

También existe una abundantísima bibliografía paleontológica en diferentes servidores de organismos accesibles en la red digital.

https://www.biodiversitylibrary.org/

https://gallica.bnf.fr/services/engine/search/advancedSearch/

https://bibliotecas.csic.es/

‣ Los géneros fósiles del Pirineo

La descripción en esta guía de todos y cada uno de los géneros se basa en una descripción textual y en una o varias ilustraciones.

En las descripciones textuales cada encabezado comienza con el nombre genérico y, entre paréntesis, el nombre del primer autor que describió el género, junto al año de publicación de dicha descripción.

Esta referencia entre paréntesis es el punto de partida para ampliar la información sobre cada género ya que los estudios posteriores, del mismo o diferentes autores, deben incluir esta referencia.

Tanto en la descripción textual como en la ilustración se ha tratado de incluir las expresiones más comprensibles e ilustrativas posibles, que puedan ser más útiles para el lector.

La mayor parte de las imágenes que ilustran los géneros son fotografías realizadas por el autor de esta guía; pero una buena parte de ellas son tomadas de las siguientes fuentes, y modificadas para su mejor visualización:

• Aitor Payros et al. en: The Upper Eocene South Pyrenean Coastal Deposits (Liedena Sandstone, Navarre): Sedimentary Facies, Benthic Foraminifera and Avian Ichnology (2000).

• Bermudo Melendez en: Paleontología 3, volumen 1. Mamíferos (1990).

• Brachiopoda database / Red Iris.

• Czech Paleontological Society.

• Echinologia: Iconographie, Littérature, Bibliographie, Stratigraphie.

• Foro Nautilus.

• Fossil Crinoids Ordovician

• Fossil Shells Museum

• gbif.org: The Paleobiology Database.

• Instituto Geológico Minero de España. Museo Geominero.

- Instituto Pirenaico de Ecología CSIC.
- José Ignacio Canudo Sanagustin en: Las icnitas de grandes mamíferos del Mioceno Inferior de Casa de la Tejera en Loarre (2003).
- Laurent Londeix y Bastien Mennecart en: Aperçu des mammifères continentaux aquitaniens en Aquitaine, en: Stratotype Aquitanien (2014).
- Maria Angeles Alvarez Sierra, Gloria Cuenca-Bescos, José Ignacio Canudo y otros en: varios estudios de vertebrados Oligoceno-Mioceno de la cuenca del Ebro.
- Mineralienatlas - Fossilienatlas (mineralienatlas.de) plataforma de geología, mineralogía, paleontología y minería desde 2021
- Museo de Ciencias Naturales de la Universidad de Zaragoza.
- Museo Geológico del Seminario de Barcelona.
- Museo de Historia Natural de la Universidad de Valencia.
- Museo de Historia Natural de Toulouse.
- Museo de Historia Natural de Londres.
- Museo de Historia Natural de la Universidad de Ege, Izmir, Turquia.
- Museo Paleontológico de Sobrarbe en Lamata (Huesca).
- Museo Nacional de Historia Natural de París.
- Museo Virtual del Servicio Geológico Checo.
- Rafael Moreno-Domínguez en: Estudio paleobotánico e implicaciones paleoclimáticas de los restos fósiles vegetales hallados en el cenozoico de la zona surpirenaica central o occidental de la provincia de Huesca (2021).
- Raquel Rabal-Garcés y otros en: A palaeoichnological itinerary through the Cenozoic of the southern margin of the Pyrenees and the northern Ebro basin (Aragón, northeast Spain); (2017).
- Rostislav Brzobohatÿ & Dirk Nolf en: Fish otoliths from the Middle Eocene (Bartonian) of Yebra de Basa, province of Huesca, Spain (2011).
- Sala de las Tortugas de la Universidad de Salamanca.
- Skullsite, colección de cráneos de aves. Universidad de Wageningen.
- Sociedad de Amigos del Museo Paleontologico de la Universidad de Zaragoza (Sampuz).
- Stamford Geological Society.
- Stéphane Peigné, Monique Vianey-Liaud y otros en: varios estudios sobre vertebrados del Oligoceno-Mioceno de la cuenca del Aquitania.
- The Fossil Forum.
- Universidad de Birmingan.
- Universidad de Kansas: Treatise on Invertebrate Paleontology.
- Wikimedia Commons.

PIRINEO
PALEONTOLÓGICO

El planeta tierra tiene una larga historia de unos 4 500 millones de años durante los cuales:

• Ha sido una bola de fuego y una bola de hielo.

• Sus continentes se han desplazado a lo largo de miles de kilómetros, desde el Antártico hasta el Ártico, y de oeste a este en todo su perímetro.

• Se han formado enormes supercontinentes rodeados por un único océano, que después se han disgregado en multitud de continentes y mares.

La cordillera del Pirineo es fruto del atrapamiento de la microplaca ibérica entre las placas continentales africana y europea; además, parte de sus materiales ya habían formado parte, millones de años atrás, de otra extensa cordillera de miles de kilómetros en el corazón de un gran supercontinente.

Los materiales amontonados en el relieve del Pirineo actual proporcionan información sobre su origen y sus vicisitudes a lo largo de 500 millones de años: es lo que la paleontología y la geología intentan desentrañar:

• Profundos mares primigenios habitados por sencillas criaturas.

• Extensas plataformas marinas en las que proliferan arrecifes de esponjas, corales y colonias bacterianas, mientras la supervivencia y la depredación obligan a las pequeñas criaturas al desarrollo de armaduras defensivas.

• Pantanosas zonas costeras al abrigo de sierras volcánicas donde grandes masas vegetales prosperan en ausencia de vertebrados herbívoros.

• Una inmensa cordillera en la unión de dos gigantescos continentes, que afronta una severa glaciación global.

• Grandes llanuras desérticas casi carentes de vida donde ocasionales y torrenciales lluvias monzónicas acaban de desmoronar la cordillera.

• Marismas salobres que se elevan desecándose y se hunden, anegándose nuevamente en el mar, mientras progresan y se diversifican los saurios.

• Profundos surcos marinos junto a incipientes sierras litorales y sumergidas.

• Una cordillera que emerge de las aguas en el tiempo de la extinción de los grandes saurios.

• Una extensa cordillera entre dos mares en progresivo retroceso, que se eleva hasta los 4 000 metros en un clima tropical donde prolifera la vida abundante y diversa, y los mamíferos reemplazan a los saurios en la tierra, los mares y el aire.

• Una cordillera en desmoronamiento en la que mantos kilométricos en superficie y espesor se deslizan como la nieve de un tejado formando islas y sierras, con poderosas corrientes fluviales que labran profundas gargantas, que seguidamente son limadas por espesas lenguas glaciales formando potentes canales y circos, mientras acogen la llegada del hombre y otras especies en sus periodos interglaciales.

Esta es la historia resumida del Pirineo que nos cuentan los materiales que componen la cordillera y este es el doble propósito de esta guía: conocer la historia, los materiales y la estructura del Pirineo gracias a los fósiles depositados en diferentes épocas y circunstancias.

> **Las edades de la Tierra: era antigua, era media y era moderna.**

Conocemos por Pirineo la cordillera emergida que forma el itsmo entre la península ibérica y la plataforma francesa. Geológicamente hablando, el Pirineo es mucho más extenso en longitud y abarca además la cordillera cantábrica y sendas porciones sumergidas a este y oeste; hasta el contacto sumergido con los Alpes, al sur de la Provenza, y hasta las profundidades del Atlántico, al noroeste de Galicia.

En dirección norte-sur la cordillera ístmica es poco extensa, con una cincuentena de kilómetros de media. Al sur limita con los valles del Duero y del Ebro, y al norte con las cuencas de Aquitania y las cuencas mediterráneas francesas.

Los propios valles del Ebro y de Aquitania están rellenados por los escombros del desmoronamiento de la cordillera sobre los surcos que el propio peso de la cordillera ha ido formando al norte y al sur, al hundir la región sobre el manto magmático.

Las cuencas del Ebro y de Aquitania se denominan cuencas de antepaís con respecto a la cordillera. Se calcula que unos $700\,000$ km³ de materiales se han desprendido de la vertiente sur y han sido transportados por toda la cuenca del Ebro y hasta su delta.

A lo largo de todo el relieve de la cordillera, en los acantilados, en las gargantas y, en general, en todas las áreas desnudas de vegetación se descubren las tierras y rocas que la componen, que son la base y el soporte para la vegetación y la fauna que las puebla en la actualidad; y también se desvela una larga historia que podemos seguir durante centenares de millones de años.

Como en una tarta con diferentes capas en cuyos cortes podemos ver la sucesión y naturaleza de sus ingredientes, así en los desnudos accidentes de la cordillera podemos ver y diferenciar las diferentes épocas de su pasado, comprender su configuración actual.

A grandes rasgos podemos distinguir con facilidad tres épocas: la más antigua o **Paleozoico** (era de la fauna antigua) forma el núcleo de la cordillera; una segunda época o **Mesozoico** (era de la fauna intermedia), en los flancos norte y sur, arma y corona las sierras interiores y exteriores; la tercera época o **Cenozoico** (era de la fauna moderna) rellena las depresiones entre las sierras mesozoicas y rellena las cuencas del Ebro y de Aquitania. Durante el Cenozoico se produce, además, el desarrollo de los homínidos desde los últimos 5 millones de años hasta la actualidad.

La exploración geológica del Pirineo se vuelve sistemática en el siglo xix de mano de la revolución industrial, que precisó crecientes cantidades de materias primas como el hierro y el carbón. El carbón es precisamente un material fósil originado por restos de vegetales leñosos, y su búsqueda dio un importante impulso a la paleontología como herramienta auxiliar.

En el siglo xx es la búsqueda de petróleo y gas natural la que impulsa la exploración paleontológica reciente del

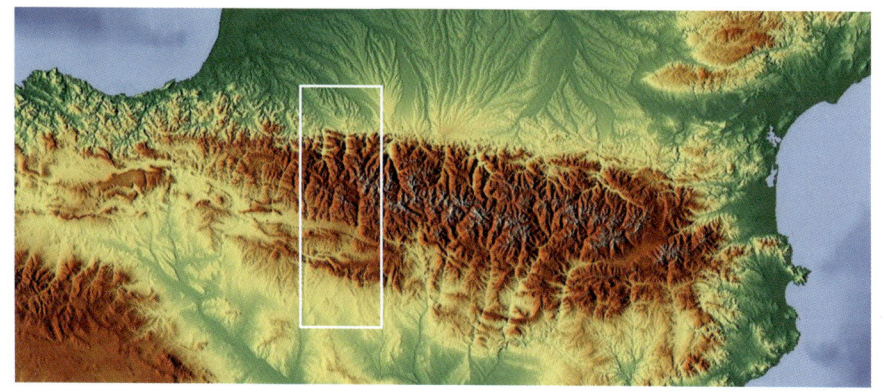

La región Alto Aragón-Béarn reúne sedimentos bien conservados y accesibles de los últimos 500 millones de años.

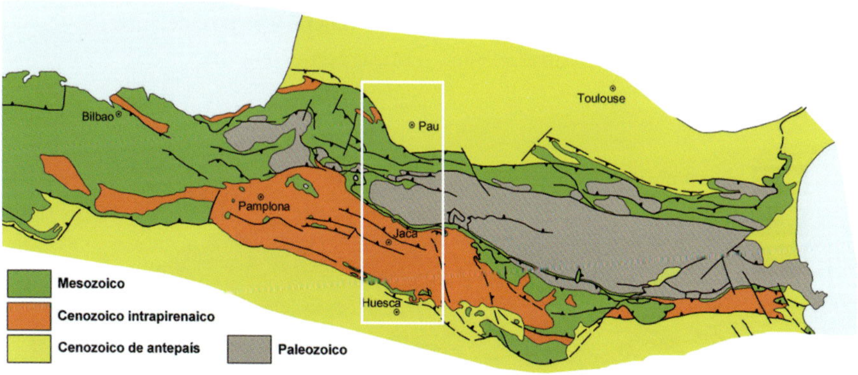

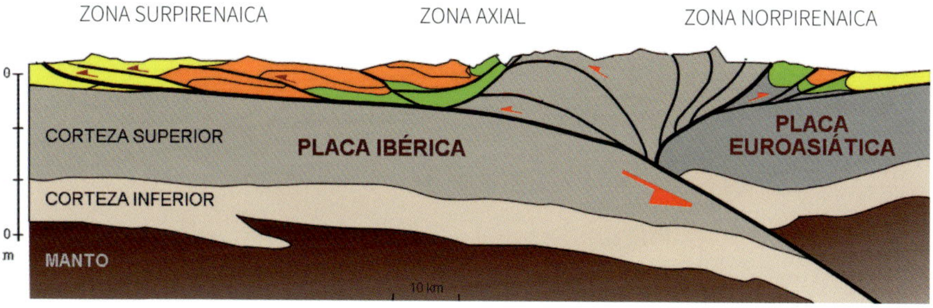

Bilbao
Pau
Toulouse
Pamplona
Jaca
Huesca
Mesozoico
Cenozoico intrapirenaico
Cenozoico de antepaís
Paleozoico

ZONA SURPIRENAICA
ZONA AXIAL
ZONA NORPIRENAICA
CORTEZA SUPERIOR
PLACA IBÉRICA
PLACA EUROASIÁTICA
CORTEZA INFERIOR
MANTO
10 km

El zócalo paleozoico fue recubierto por sedimentos mesozoicos y, tras la colisión de las placas, por los derrubios cenozoicos de la joven cordillera.

Pirineo en su subsuelo, materializada en la explotación de los yacimientos jurásicos de gas de Laq en Aquitania y de Serrablo-Jacetania en Aragón.

▸ Las montañas están escalonadas.

Los materiales que forman las montañas se han acumulado en sucesivas etapas, en diferentes ritmos sedimentarios, y en la actualidad se pueden apreciar como estratos diferenciados, como las capas más finas o más gruesas de una tarta. Donde las montañas están desprovistas de vegetación vemos cómo, en su mayor parte, están formadas de sucesivas capas escalonadas: los estratos.

Estas capas escalonadas pueden estar dispuestas de una forma más o menos horizontal, más o menos inclinadas, pue-

den llegar a estar en posición vertical e, incluso, llegan a estar dobladas, invertidas, volcadas y en orden inverso de como se depositaron en su origen.

Los estratos siempre están allí: pueden estar ocultos por la vegetación o por otros materiales como los pedregales que la erosión va acumulando; pueden tener un grosor muy fino de decímetros, centímetros o milímetros; o pueden tener grosores de decenas de metros en secuencias kilométricas.

Los escalonamientos, capas o gradas suelen tener una extensión mayor que la de una sola montaña y continúan en las montañas aledañas, incluso en toda una sierra, en un conjunto de sierras o en toda la cordillera, y es posible apreciar o identificar esta extensión.

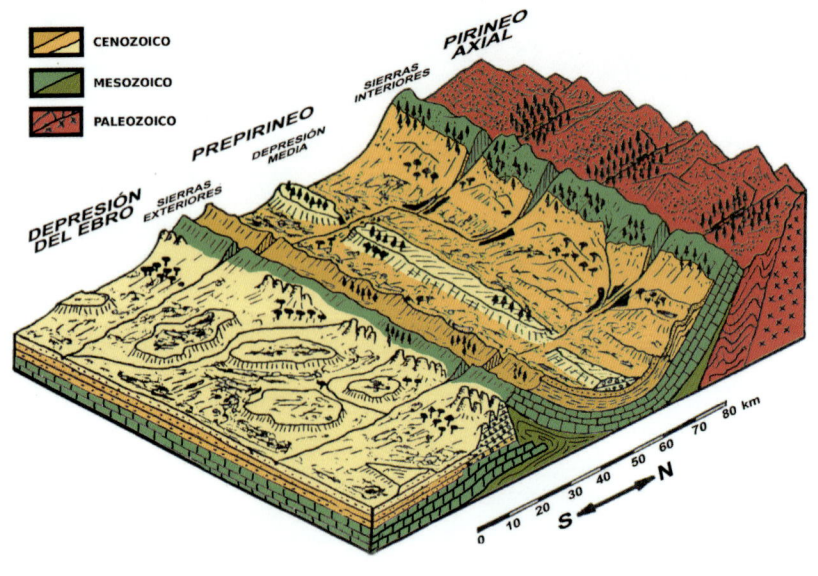

Modificado de Carlos Ferrer, 2009.

El cañón de Ordesa descubre los escalones (gradas, fajas) Meso-Cenozoico de las sierras interiores.

Si vemos una tarta con capas sucesivas de chocolate, crema y fresas, y su secuencia de color (marrón, amarillo, rojo), y días más tarde, en otra pastelería de otra ciudad, vemos la misma secuencia de color (marrón, amarillo, rojo), podemos deducir que tiene los mismos ingredientes de chocolate, crema y fresas, y podemos comprobar si son dos tartas de una misma receta.

Las series escalonadas de estratos pueden repetirse en una sierra y en otra, a lo largo de toda la cordillera; aunque localmente, siempre hay singularidades marcadas por la variadas paleo-geografías y los diferentes eventos geológicos que hayan sucedido.

Si aprendemos a reconocer estas series de escalonamientos, nos será más fácil reconocer las diferentes *recetas* que forman los escalonamientos de montañas y sierras, y nos será más fácil entender las singularidades locales.

Los cimientos magmáticos.

La base de la corteza terrestre está en contacto con el manto magmático del planeta, que la somete a enormes temperaturas y presiones. La última base de la corteza está formada, en estado sólido, por los mismos materiales del manto superior, solo que diferencialmente enfriados. Esta es la cimentación de las placas continentales, y también el zócalo donde se apoya la cordillera.

Los materiales magmáticos en ocasiones afloran a la superficie en forma de fenómenos volcánicos. En este sector del Pirineo, el vulcanismo del Paleozoico nos ha dejado relieves como el Midi d'Ossau o el pico Anayet, que están formados por los restos de antiguas calderas volcánicas.

Y los materiales magmáticos también se infiltran a través de la corteza, sin llegar a erupcionar en la superficie; su masa

Picos Anayet y Midi d'Osau: pitones volcánicos del Paleozoico de las sierras interiores.

acumulada subterráneamente se enfría lentamente y da lugar a los llamados batolitos magmáticos o plutones.

Estos plutones magmáticos, al enfriarse, cristalizan y forman masas compactas, rígidas y muy resistentes a la erosión, por lo que acaban tomando protagonismo en el paisaje.

La cordillera pirenaica está jalonada por estos batolitos y, en este sector occidental, encontramos los plutones de Panticosa-Cauterets.

Las rocas magmáticas no contienen materia orgánica y no aportan material fósil, aunque sí aportan otro tipo de información sobre la historia del Pirineo.

Sedimentación y metamorfismo.

Los materiales no magmáticos de la cordillera tienen un origen sedimentario; en su día se originaron por la erosión, el transporte y la acumulación de diferentes materiales. Los sedimentos, a veces, presentan una simple transformación física,

como la compactación; otras veces están más o menos alterados por transformaciones fisico-químicas que alteran el sedimento original, y entonces se denominan rocas metamórficas.

Las mayores áreas de metamorfismo las encontramos en torno a las zonas magmáticas; pero también en el núcleo longitudinal de la cordillera, donde los sedimentos más antiguos han estado sepultados a grandes profundidades y sometidos a grandes presiones.

‣ El color de las rocas.

Desde la distancia, en el paisaje, donde la ausencia de vegetación nos permite observar las rocas, también nos permite observar su diferente coloración.

Los sedimentos están formados por cementación de partículas procedentes de la erosión (limos, arenas y gravas) que están compuestos en su mayor parte de cuarzo y calcita, que son incoloras o blanco amarillentas: la coloración principal de los sedimentos llega por colorantes muy activos presentes en el cemento que une estas partículas, en especial, compuestos de hierro y de materia orgánica.

Del rojo al azul.

Los óxidos de hierro son los responsables de una coloración ocre, rojiza o anaranjada que, sobre todo, podemos ver en las arcillas continentales. Estos óxidos se producen más abundantemente en un ambiente oxidante como son las tierras emergidas en las que se suceden periodos húmedos y otros secos, con gran insolación.

En el otro extremo, los sedimentos sumergidos en las masas de aguas a gran profundidad, sin insolación, en ambientes anóxicos (pobres en oxígeno), tienden a tomar coloraciones azuladas en sus componentes.

Del negro al blanco.

La materia orgánica aporta pigmentos que en su mayor parte se originan en la masa vegetal con altos contenidos en carbono e hidrógeno, que aportan una coloración negra: esta coloración en diferentes proporciones da diferentes grados de grises a los sedimentos. El carbón y el petróleo presentan la coloración negra intensa por su casi total componente orgánico.

La materia biológica tiende a descomponerse y desaparecer en ambientes muy oxidativos, como las tierras emergidas;

Sedimentos rojos del Paleoceno.

Margas gris-azuladas del Terciario de Yebra de Basa.

Pizarras negruzcas silúricas en la sierra Negra (Cerler).

Evaporitas de sales y yesos blanquecinos intercalados en Zuera.

mientras que tiende a conservarse en ambientes reductores y ácidos como son los fondos marinos.

A grandes rasgos podemos deducir que estamos ante sedimentos continentales si observamos un predominio de coloraciones rojizas, amarillentas o amarronadas; mientras que, si hay un predominio de coloraciones grises, negras o azuladas, estaremos ante sedimentos marinos.

De estos últimos podemos hacer una gran excepción con los granitos, que forman la mayor parte de las rocas magmáticas intrusivas (plutones) y que en la distancia presentan una coloración generalmente grisácea; aunque en la proximidad puede observarse que es un agregado cristalino de cuarzo, feldespato y mica.

▸ **Textura de las rocas.**

En una visión próxima de las rocas y en el tacto podemos apreciar la textura de los materiales que las forman, que son componentes minerales y fragmentos de otras rocas, arenas de distintos grosores o simplemente polvo.

Los materiales sedimentados en capas superpuestas se van compactando con su propio peso y forman sucesiones de estratos rocosos.

Polvo, arena, clastos y fósiles.

Los cauces de los ríos de montaña, con gran pendiente, arrastran rocas y cantos rodados, hasta donde la pendiente se suaviza y el río pierde energía; allí se acumulan esas piedras y gravas. Este es uno de los escenarios para la formación de los **conglomerados** que constituyen muchas de las peñas y mallos del Pirineo.

En las cuencas submarinas también existen corrientes que transportan los productos de la erosión del oleaje, que es muy intensa, y también existen zonas de acumulación de sedimentos más gruesos o más finos según la energía de las corrientes y la orografía de las cuencas de sedimentación. Así, el propio oleaje litoral forma playas al aportar arena en superficies llanas de aguas someras. Estos materiales compactados y cementados dan lugar a las rocas **areniscas**.

Los materiales de erosión más finos son más fácilmente transportables y podemos ver ríos turbios de barro después de las tormentas, y riberas fangosas donde esos barros se van acumulando. Bajo el mar también la turbidez en suspensión acaba depositándose más allá de la plataforma litoral donde el oleaje tiene menos energía. Según el grosor de los componentes hablaremos de rocas como **limolitas** (cuando pueden observarse con lupa, pero no a simple vista) o **lutitas** (cuando pueden observarse con microscopio, pero no a simple vista ni con lupa).

En las rocas sedimentarias podemos encontrar, además, bioclastos: restos de organismos fosilizados, de distintos tamaños y en distinta abundancia, que en algunos casos nos llevan a hablar de **rocas bioclásticas** cuando los restos orgánicos son los más abundantes de sus componentes.

Rocas sedimentarias químicas y bioquímicas.

Son rocas sedimentarias en las que entre sus componentes predominan sustancias químicas, precipitadas generalmente en

Conglomerado con cantos rodados.

Limolitas de polvo fino.

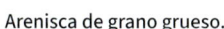

Arenisca de grano grueso.

Lutitas con polvo muy fino.

lagos o mares, por lo que son un indicador de la paleogeografía del tiempo en que se formaron.

Químicas por evaporación.
Las más evidentes rocas químicas se han generado por evaporación, como son yesos y sales (**halitas**). En la cuenca del Ebro hay muchas zonas en las que los yesos son bien visibles en el paisaje, se originaron durante el Cenozoico en un mar interior, que, al drenarse, generó innumerables lagos y humedales, que fueron progresivamente desecándose.

Yesos y sales se reconocen generalmente por su coloración blanquecina, aunque pueden estar infiltrados de sustancias químicas que les dan coloración; por ejemplo, en las halitas versicolores del Triásico en el Prepirineo de Aragón.

Químicas por saturación (carbonatadas o calcáreas).
Con un porcentaje principal de carbonato cálcico que generalmente precipita en plataformas submarinas tropicales de poca profundidad; son rocas calizas, margas y dolomías.

Alternancia de calizas y areniscas, común en las sierras interiores y exteriores.
Circo de Rioseta.

Secuencia flysch o milhojas, alternancia rítmica de margas y areniscas,
común en en las depresiones intrapirenaicas (Orós).

En las **calizas** predominan los compuestos de calcio; en las **margas** están combinados con limos y arcillas; y en las **dolomías** hay un alto porcentaje de magnesio.

La precipitación de carbonatos en gran parte tiene un origen orgánico: el metabolismo de muchos seres marinos los generan en forma de conchas y esqueletos calcáreos (moluscos, corales, esponjas, foraminíferos, algas).

Este tipo de rocas es abundante en el Pirineo en todas las eras. Han existido plataformas carbonatadas en ambientes tropicales, en los que han precipitado estos sedimentos, que se distinguen en el paisaje por una homogénea coloración en la gama de los grises. En la proximidad podemos distinguirlos mejor al estar intercalados entre estratos de otras características (areniscas, pizarras, etc.) y por incluir restos fósiles entre sus componentes.

En el Pirineo son facilmente identificables algunos sedimentos calizos como los llamados **karst**, en los que la roca caliza es disuelta por la lluvia produciendo un relieve de oquedades y resaltos en su superficie y cavidades en lo subterráneo. También en muchos cursos fluviales que discurren por rocas calizas se generan, por disolución, **cañones** y desfiladeros con laderas abruptas y cauces muy excavados: así son los cañones del Cretácico-Paleógeno de Guara o los del Jurásico-Cretácico del Béarn.

Se conoce como **flysch** una alternancia sucesiva de estratos blandos (margas o lutitas) y otros duros (calizas, areniscas o pizarras) con un aspecto de milhojas. El flysch eoceno tiene un espesor kilométrico al sur de las sierras interiores españolas y también es notable el flysch Jurásico-Cretácico del Béarn. En los estratos duros del flysch se conservan abundantísimas huellas fósiles de los fondos marinos en los que se formaron.

El componente orgánico de las rocas carbonatadas en ocasiones está constituidos por restos fósiles de organismos biológicos, que unas veces son microscópicos y otras veces se observan a simple vista en la roca; cuando el componente biológico es el principal se habla de **rocas bioclásticas**. Así, hay calizas masivas con bioclastos de corales en Formigal o Lescun; y en las calizas paleocenas de las sierras exteriores aragonesas puede darse una extraordinaria abundancia de foraminíferos, como en Guara.

Rocas metamórficas.

Este último tipo de rocas se forma por la transformación físico-química de rocas sedimentarias.

En el Pirineo se han inducido metamorfismos en las rocas preexistentes por las fuerzas que han intervenido en la formación de la actual cordillera pirenaica y de la anterior cordillera paleozoica.

La intrusión de los granitos plutónicos y el alternativo hundimiento de los materiales que forman el actual Pirineo bajo su propio

Marmoleras blancas de Infiernos junto a neveros: metamorfismo por la intrusión plutónica de Panticosa-Cauterets y por la tectónica.

La Tierra se mueve a 792 Mkm/h, junto al sistema solar en órbita en torno al vórtice de su galaxia, la Vía Láctea. (Imagen Chris setter& Phil Plait).

peso, bajo el peso de otros materiales que ya han desaparecido y bajo el peso de las masas de agua y hielo, también han inducido metamorfismos en las rocas preexistentes.

Entre las rocas metamórficas podemos distinguir dos tipos: rocas laminadas y rocas masivas.

La mayor extensión de rocas metamórficas laminadas la encontramos en las **pizarras** devónicas de los valles de Tena, Aspe y Ossau, formadas a partir de margas, con una coloración negruzca y una fácil laminación.

El **mármol** es una roca metamórfica masiva que se origina por metamorfismo en calizas a las que se induce una fuerte cristalización. Dos buenos ejemplos en esta sección de la cordillera son las blancas marmoleras del pico Infiernos, visibles desde la distancia, y los mármoles negros de Canfranc, bien observables en la cantera abandonada que hay al pie de La Sagueta.

› Millón de años

El millón de años es la unidad de tiempo de la geología y la paleontología. Es una unidad de medida colosal si la comparamos con el centenar de años que puede vivir un hombre, pero comprensible si la observamos en otro contexto.

Por ejemplo, sabemos que un año es lo que la Tierra tarda en dar una vuelta alrededor del Sol; pues bien, el sistema solar en su conjunto traza una órbita en torno al centro gravitatorio de su galaxia (la Vía Láctea); tarda unos 237 millones de años en cada órbita galáctica, por el inmenso tamaño de la galaxia. Es lo que se viene a denominar *año galáctico*.

Con esta medida, los cerca de 5 000 millones de años de existencia del sistema solar se reducen a tan solo 20 años galácticos y los 500 millones de años del Pirineo se reducen a poco más de 2 años galácticos.

- **Continentes en movimiento.**

El planeta Tierra tiene un núcleo denso y metálico recubierto por un manto igneo, fluido, en el que se confirman numerosas y permanentes reacciones nucleares, y sobre el que «flota» la corteza sólida. En el espesor del manto se forman corrientes circulares ascendentes y descendentes que, bajo la superficie de la corteza, fluyen lateralmente: estas corrientes laterales son las transportadoras de las placas continentales.

Las placas tectónicas se mueven todas, en una dirección general hacia el oeste, acompañando los movimientos de rotación y traslación orbitales del planeta; aunque a diferentes velocidades y con variaciones de rumbo.

Este movimiento desigual produce un constante cambio en la posición relativa de las placas, que en unos casos se traduce en el alejamiento de continentes y placas y en otros casos se traduce en la aproximación y, con frecuencia, en la colisión de continentes y placas.

Por ejemplo sabemos que América se separa de Europa y de África, y que choca con las placas sumergidas del océano Pa-

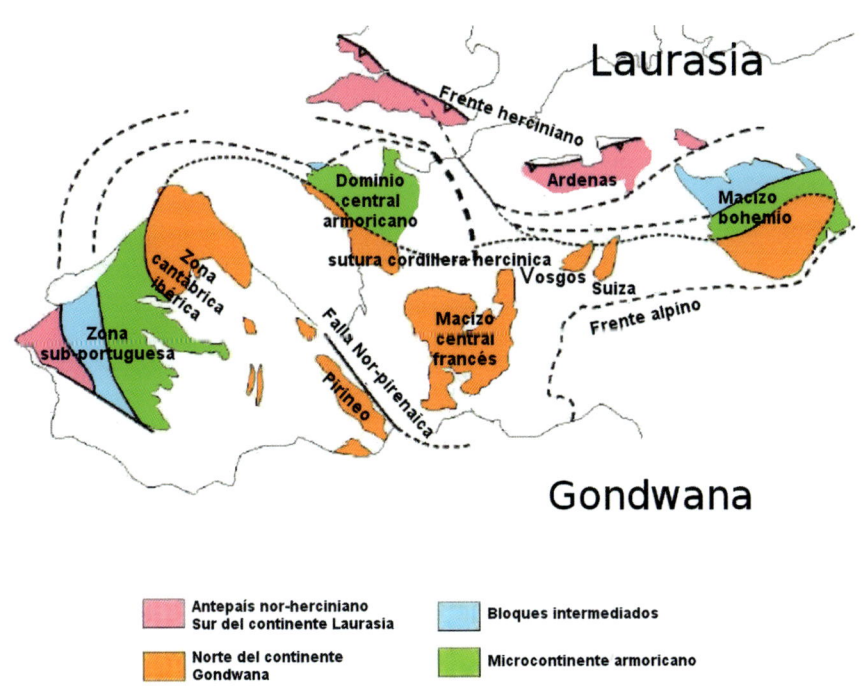

Iberia, tras su giro mesozoico al sureste, conserva la estratigrafía de las placas que colisionaron en el Paleozoico para formar la cordillera hercínica.

cífico: esta colisión forma las cordilleras de las Montañas Rocosas y de los Andes, paralelas a la costa de norte a sur; mientras que en el fondo del océano Atlántico una enorme grieta se rellena constantemente de material magmático, generando una dorsal desde Islandia hasta el círculo Antártico.

También sabemos por la desembocaduras de los ríos que en este movimiento general hacia el oeste, por lo que concierne a la región pirenaica, las placas y la propia cordillera se levantan hacia el oeste y se hunden hacia el este.

Este basculamiento de las placas es apreciable en la desembocaduras de los ríos, porque hacia el este se forman deltas (Ebro, Llobregat, Audé, Ródano) por el aporte rápido de sucesivas capas de sedimentos acumulados que resaltan en el lento avance de la lámina de agua; mientras tanto, hacia el oeste se forman estuarios (Garona, Adour, Bidasoa, Oyarzun) por la más potente acción erosiva del mar sobre la base de las riveras, donde forma acantilados, y sobre el fondo de las desembocaduras, que vacía de sedimentos y modela como canales.

▸ **Supercontinentes.**

La dinámica de las placas tectónicas hace que estas vayan colisionando y uniéndose todas ellas en un solo e inmenso supercontinente, al cabo de millones de años.

Pero la agrupación supercontinental no es estable, la corteza en los continentes es más gruesa que la de los fondos oceánicos (hasta 30 km de espesor la corteza continental y desde 8 km de espesor la corteza oceánica), por lo que las gruesas y extensas masas continentales dificultan el enfriamiento de las corrientes del plasma interior de la Tierra y su normal circulación. En esta situación, la base de la corteza, se degrada, se acaba fracturando y, finalmente, disgrega el supercontinente en placas menores.

Un ejemplo de alejamiento de continentes en la actualidad es el distanciamiento de América respecto a Europa y África al ritmo de unos pocos centímetros por año. El ejemplo contrario, de aproximación y colisión de placas, lo tenemos en la formación de los Pirineos: la plataforma de Iberia colisiona con la plataforma franca, en torno del Macizo Central francés.

La evolución de este enorme puzle de placas continentales que se construyen, se destruyen y se reconstruyen la conocemos gracias al estudio de las Ciencias de la Tierra en los más alejados rincones del planeta.

Por ejemplo, la coincidencia del perfil costero oriental de las Américas y el perfil costero occidental de Europa y África hicieron pensar que un día estuvieron unidas. El estudio de los afloramientos geológicos y paleontológicos de las costas, que hoy están separadas por el océano Atlántico, demostró la coincidencia de los mismos restos fósiles en los mismos periodos geológicos, la coincidencia en la composición química y geológica de rocas y estratos, e incluso la coincidencia del paleomagnetismo de épocas pasadas que se conserva en los mismos estratos.

La historia geo-paleontológica del Pirineo puede seguirse por la composición y el contenido de los materiales que hoy forman la cordillera.

Estos materiales nos hablan del último supercontinente, **Pangea**, y de su predecesor, el supercontinente **Pannotia**. Las rocas que hoy forman el Pirineo nos hablan de las placas tectónicas que se unieron para formarlos y de cómo se formó la cordillera entre el océano Atlántico y el mar Mediterráneo, tras la disgregación del último supercontinente: Pangea.

Supercontinente Pannotia.

Entre hace 600 y 550 millones de años, la mayoría de las tierras emergidas estaban agrupadas en torno al Antártico en el supercontinente Pannotia. Durante la ruptura y disgregación de Pannotia se produce un fenómeno de proliferación de seres vivos diversos y complejos (invertebrados) conocido como **explosión cámbrica**.

Hasta la explosión cámbrica predominan seres unicelulares, colonias de bacterias que forman rocas bioclásticas, algas cianofíceas y algas verdi-azules (que son las responsables de la oxigenación de la atmósfera). Los organismos pluri-celulares no aparecen hasta hace 1700 millones de años.

Los afloramientos y los fósiles conservados de esta época son muy raros, por ser organismos con cuerpos blandos y porque los materiales que pudieran contener sus restos fósiles son muy escasos, han desaparecido o han sufrido demasiadas transformaciones.

Supercontinente Pangea.

La disgregación de Pannotia es seguida de una nueva secuencia de colisiones de placas que culmina en el Paleozoico con la formación del nuevo supercontinente Pangea. La colisión de **Godwana** (continente que reunía las actuales África, India, Australia) y **Laurasia** (que contenía norteamérica, Europa y parte de Asia) genera una **supercordillera hercínica (o varisca)** de miles de kilómetros de longitud, una porción de la cual se encuentra contenida en el núcleo paleozoico de la actual cordillera pirenaica.

La disgregación de Pangea está en el origen de la actual placa ibérica, que se desgaja del macizo armoricano (actual noroeste francés) y se desplaza hasta encajar entre el Macizo Central francés y el continente africano, dando lugar tanto al Pirineo como al sistema Ibérico y los sistemas Béticos.

▸ Historia natural

La dinámica de las placas tectónicas influye en el cambio de la geografía del planeta. La evolución de los mares y de las tierras emergidas influye además en el clima, que está muy marcado por el comportamiento de las corrientes marinas y atmosféricas.

Los seres vivos son muy sensibles a los cambios geográficos y climáticos, y las especies permanentemente tienen que adaptarse a las nuevas circunstancias de clima, de alimentación y de competencia con otras especies contemporáneas.

El tiempo de existencia de una especie (biocrón) se calcula que está entre 0,5 y

5 Ma (2,75 Ma el biocrón medio). Al final de ese biocrón, los individuos han sufrido los suficientes cambios evolutivos, respecto a los individuos del inicio del biocrón, para ser considerados como una o varias nuevas especies, o simplemente por haberse extinguido.

Se estima que en un intervalo de tiempo de unos 12 Ma la totalidad de las especies vivas en el planeta han sido reemplazadas por nuevas especies.

Por ejemplo, el resto más antiguo conocido de la especie humana *Homo sapiens* tiene 0,31 Ma (315 000 años) y su predecesor *Homo erectus* vivió casi 2 Ma (entre 2 Ma y 70 000 años = 1 930 000 años). La antiguedad del género *Homo* se estima en 2,5 Ma y *H. sapiens* es la única especie superviviente de las entre 12 y 18 especies y subespecies del género *Homo* documentadas.

Por su parte, de la familia de los homínidos se conocen restos fósiles desde hace 20 Ma en el Mioceno de Asia y África. El primer espécimen del orden de los primates (*Plesiadapis*) está datado entre 58 y 55 Ma, aunque se piensa que el orden apareció a inicios del Paleoceno (65 Ma).

En la especie humana se perciben en la actualidad pequeños cambios evolutivos como el aumento de la estatura, la disminución de la visión lejana o la reducción de las mandíbulas con la desaparición de los últimos 4 molares (muelas del juicio); precisamente, en paleontología la fórmula dental es uno de los principales criterios para la diferenciación de los vertebrados y, especialmente, de los mamíferos.

Evolución de homínidos de arriba a abajo:

Australopithecus afarensis

Paranthropus boisei

Homo erectus

Homo sapiens

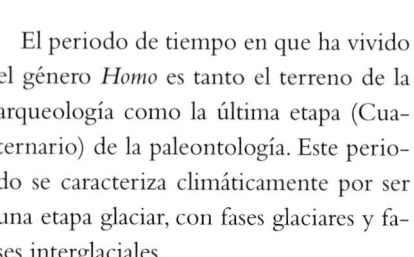

El periodo de tiempo en que ha vivido el género *Homo* es tanto el terreno de la arqueología como la última etapa (Cuaternario) de la paleontología. Este periodo se caracteriza climáticamente por ser una etapa glaciar, con fases glaciares y fases interglaciales.

Durante las fases glaciales, con la acumulación de nieve y hielo sobre las tierras emergidas, se llegó a alcanzar un descenso del nivel del mar de hasta 135 metros (respecto a los niveles actuales), y una mayor conexión entre los continen-

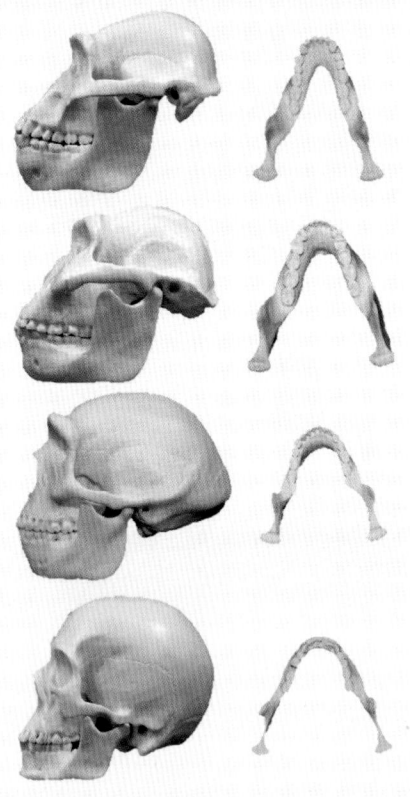

reducción de las masas arbóreas y el aumento de las grandes praderas.

En definitiva, el Cuaternario es un periodo muy exigente para la adaptación de las especies; más todavía si tenemos en cuenta que desde inicios del Terciario se venía produciendo un irregular descenso de las temperaturas desde el conocido como Máximo Termal Eoceno, cuando la temperatura era unos 10 °C más alta que en la actualidad.

Otros eventos extraordinarios, como supererupciones volcánicas o lluvias de meteoritos, han provocado grandes extinciones, pero también han dado recursos y oportunidades para la proliferación de nuevas especies.

La propia proliferación exagerada de algunas especies también ha producido cambios cualitativos en el ritmo del planeta, como sucede con la actividad humana en la actualidad. La proliferación vegetal y el secuestro del CO_2 atmosférico han ocasionado severos enfriamientos del planeta, por ejemplo a final del Carbonífero, durante el Jurásico o en el inicio de las recientes glaciaciones; de estas grandes proliferaciones nos han llegado los combustibles fósiles: el carbón, el petroleo, el gas y el metano.

En cualquier caso, pese a las grandes extinciones, la vida en el planeta y su diversidad han tenido a largo plazo un aumento continúo –aunque irregular– hasta la actualidad.

Los restos fósiles de esa sucesión de biodiversidades se han conservado, en un porcentaje, entre los sedimentos que hoy forman los materiales que integran

tes africano, europeo, asiático, americano y antártico. Durante las fases interglaciares se produjo el fenómeno contrario: subida del nivel del mar y mayor desconexión de las tierras emergidas y los continentes.

El tiempo actual, geológicamente hablando, es glacial (interglacial o post-glacial) por la presencia de casquetes polares durante todo el año, aunque con la progresiva desaparición estival de los hielos puede convertirse en fini-glacial.

En el terreno biológico el fenómeno más destacado del Cuaternario es la

la cordillera del Pirineo, acumulados durante 500 Ma. Las diferentes formas fósiles hoy nos ayudan a identificar los diferentes ambientes en los que se desarrolló su existencia y a interpretar los acontecimientos de las diferentes eras geológicas.

▸ Paleontología: los linajes biológicos

Los entes orgánicos son de muy distinta naturaleza y muy distintos también son los restos fósiles que, además, corresponden a diferentes. biodiversidades habidas en las diferentes épocas.

Entre los restos fósiles más antiguos, los más comunes son los **stromatolitos**: colonias de microorganismos (bacterias) que conviven en extensos y compactos tapetes, y que depositan capas de minerales, superpuestas por el paso de generaciones. Estas acumulaciones bioquímicas en capas porosas fosilizan con facilidad al quedar sepultadas por sedimentos. Los stromatolitos, que existen aún en la actualidad, son frecuentes en el Devónico.

Los seres unicelulares son los primeros en generar estructuras esqueléticas, primero internas, en células nadadoras, como los **radiolarios**; después estructuras de sustentación en sus formas coloniales sedentarias, como los **poríferos** (esponjas), y, más adelante, como esqueletos externos, como en los **foraminíferos**: sus restos fósiles, aunque de pequeño tamaño, pueden formar grandes acumulaciones y dan lugar a rocas bioclásticas (con innumerables caparazones cementados).

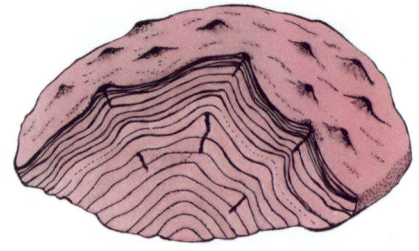

Stromatolitos.

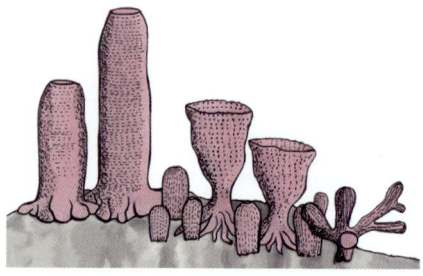

Poríferos.

Los seres pluricelulares incorporan también estos esqueletos internos, esqueletos externos, asientos esqueléticos y otros elementos funcionales esqueletizados; además, desarrollan apéndices, mandíbulas, espinas, tallos, anclajes y placas dérmicas: todos estos elementos son proclives a la fosilización y son relativamente abundantes a partir de la explosión cámbrica, una fase de rápida expansión y diversificación de seres macroscópicos y multicelulares hace 542/530 Ma.

Los **cnidaria** (corales) son seres multicelulares de linaje precámbrico, con partes esqueléticas proclives a la fosilización. Generan para sus partes blandas un asiento mineralizado, tienen facilidad para formar colonias y tienen capacidad para agruparse localmente y formar estructu-

Foraminíferos.

ras arrecifales. Los restos esqueléticos de los corales pueden formar parte de rocas bioclásticas y de estratos bioclásticos de gran consistencia, que en la actualidad pueden destacar en el paisaje.

Los protóstomos son un amplio grupo de invertebrados con un doble cordón nervioso ventral y un cerebro dorsal; incluye importantes grupos fósiles como **moluscos**, **briozoos, braquiópodos**, **anélidos** y **artrópodos**. Los protóstomos generan estructuras rígidas

Cnidarios.

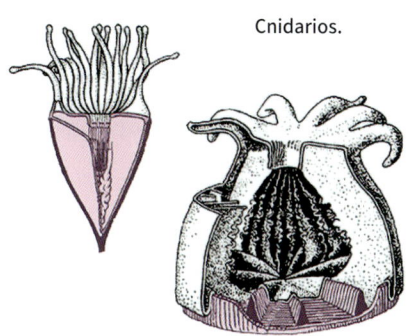

Braquiópodos.

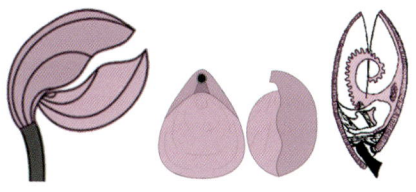

Anélidos.

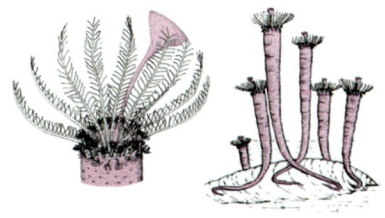

Moluscos.

Artrópodos.

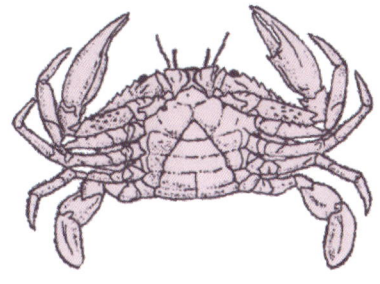

Briozoos.

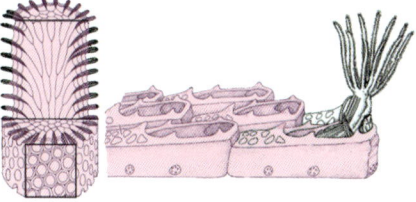

susceptibles de fosilizar y han sido muy abundantes y diversificados a lo largo del tiempo; especialmente, los moluscos, en sus diferentes órdenes de **gasterópodos, bivalvos** y **cefalópodos**, son una constante en la paleontología por la fosilización de sus caparazones y conchas.

Los deuteróstomos son un superfilo de los animales con simetría bilateral en los que la boca es de formación tardía en el embrión. Incluye filos como equinodermos y los vertebrados.

La categoría **equinodermos** agrupa animales con una simetría pentameral de cinco ejes. Son equinodermos los **asteroideos** (estrellas de mar y ofiuras), los **equinoideos** (erizos de mar) y los **crinoideos** (lirios de mar). El exoesqueleto de los equinodermos tiene forma de recipiente, compuesto por osículos o placas óseas: en el caso de las estrellas además, forma apéndices para facilitar la locomoción; mientras que los erizos están cubiertos con espinas rígidas o semirígidas con distintas funciones; y en el caso de los lirios de mar están provistos de apéndices articulados para la alimentación y con una fijación de asiento que suele prolongarse en forma de tallo articulado.

Las piezas óseas de los equinodermos son fósiles frecuentes, bien disgregados, bien manteniendo su disposición anatómica total o parcialmente.

Los **vertebrados** poseen un tubo neuronal en el dorso. Entre los vertebrados más antiguos están los **agnatos** (peces con cráneo, pero sin mandíbula), los **placodermos** (peces con placas dérmicas rígidas), los **condrictios** (peces con esqueleto cartilaginosos y dentición ósea, como rayas y tiburones) y los **osteíctios** que combinan esqueleto óseo y cartilaginoso. Las partes oseas como vértebras y dentición, y otras partes duras, como placas dérmicas, espinas, escamas rígidas u otolitos (huesos del oído) tienen facilidad para conservarse fosilizadas.

Condrictios.

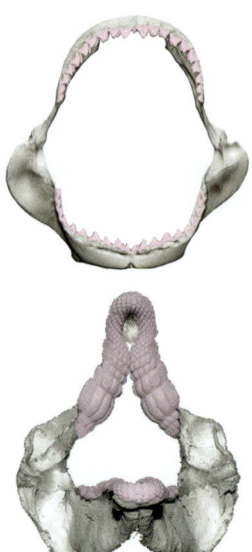

Equinodermos.

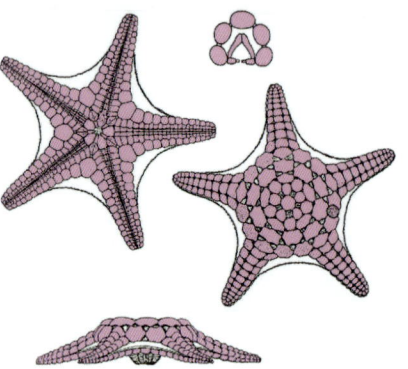

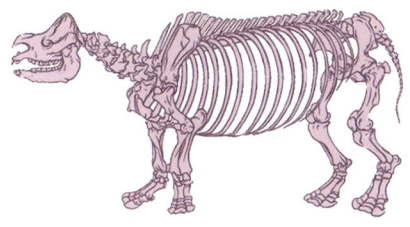

Tetrápodos.

Los **tetrápodos** (con cuatro extremidades) incluyen a anfibios, reptiles, aves, marsupiales y mamíferos; tienen un esqueleto más osificado y susceptible de fosilizar; también los huevos de aves y reptiles pueden fosilizar. No obstante; los fósiles de tetrápodos no son abundantes; por su vida terrestre es difícil la fosilización y sus restos mortales constituyen un alimento prioritario para multitud de seres vivos.

Sucede lo mismo con las **plantas**, su fosilización es dificultosa al sufrir una rápida descomposición. Las algas calcáreas se calcifican total o parcialmente y pueden formar restos rodantes, como los **rodolitos,** o restos incrustantes adheridos a rocas u otros restos fósiles; o formar parte del sustrato en forma de partículas microscópicas.

En cuanto a las plantas terrestres, son más frecuentes los restos de sus **partes leñosas** y de sus **frondas** cuando estás quedan sepultadas en un medio anaeróbico y reductor (fondo marino, turberas, pantanos) y llegan a ser muy abundantes en depósitos de carbón como la hulla, el lignito o la antracita, aunque generan otras formas fósiles como el azabache o el ámbar.

Plantas sin semillas como helechos y equisetos son las dominantes en el Paleozoico, mientras que plantas con semillas desprovistas de fruto o gimnospermas (como pinos, ginkgos o cicadas) son dominantes en el Mesozoico, y las plantas con semillas provistas de fruto o angiospermas son dominantes en el Cenozoico.

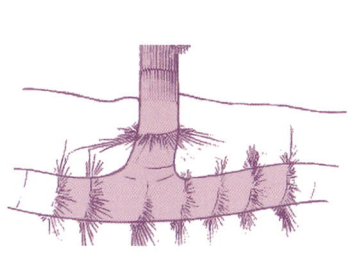

Porciones genéricas
de un árbol.

PALEOZOICO

LA FAUNA ANTIGUA ENTRE DOS SUPERCONTINENTES

**Pre-Paleozoico
- 600 millones de años**

Australia

India

Antártida

Siberia

Godwana

África

Sudamérica

Norteamérica ○ Europa

El Paleozoico, o edad de las faunas anti-guas, comienza con la *explosión cámbrica*, una amplia radiación y diversificación biológica de los invertebrados, y finaliza con una radical extinción de la mayor parte de esa diversidad en la conocida como *gran extinción pérmica*.

Geología.

Los materiales depositados en este lar-go periodo (-540 a -250 Ma) forman el núcleo longitudinal del Pirineo de este a oeste y recogen testimonios de una larga historia: físicamente los sedimentos reali-zan un largo recorrido desde el Antártico hasta la zona templada nor-tropical.

Los estratos paleozoicos se han deposi-tado en muy diferentes circunstancias: en profundos mares, en selvas costeras, en ári-das llanuras desérticas; o con el aporte mag-mático de cráteres y batolitos volcánicos.

El Paleozoico es el zócalo sobre el que se levanta la cordillera. En su base inicial están los estratos del Cámbrico y el Or-dovícico, que están muy metamorfizados tras permanecer hundidos a gran pro-fundidad en las proximidades del man-to; entre sus componentes pueden estar también materiales precámbricos mal diferenciables, como sucede en la parte oriental de la cordillera. La parte superior o final del Paleozoico la componen ma-teriales continentales del Pérmico.

Paleogeografía.

Entre las variables circunstancias del do-minio pirenaico, en el transcurrir del Pa-leozoico, se incluyen:
• Fases de inmersión en mares profundos durante el **Ordovícico** y el **Silúrico**.
• Fases con extensas zonas arrecifales en litorales tropicales someros durante el **Devónico** y el **Carbonífero inferior**.
• Fases con la emersión de la cordille-ra herciniana jalonada de vulcanismo, durante el **Carbonífero superior** con llanos pantanosos y con una densa ve-getación.
• En el **Pérmico**, la formación de una extensa llanura desértica.

Durante el Carbonífero se produce la colisión entre dos grandes masas continentales que pasan a formar parte del supercontinente Pangea. En la unión de los dos supercontinentes se forma la extensa cordillera hercínica de miles de kilómetros de longitud y una altitud similar al actual Himalaya. Los materiales acumulados en la región pirenaica hasta el Carbonífero emergieron entonces del mar y ese proto-Pirineo se formó en el borde meridional de esa antigua cordillera paleozoica, en su rama europea.

Paleontología.

Unos pocos vestigios del Precámbrico son los afloramientos más antiguos de la cordillera; junto a los materiales del Cámbrico y Ordovícico, son más abundantes y extensos en el Pirineo oriental, aunque en general han sufrido intensas metamorfosis, estan muy cristalizados, son dificilmente diferenciables y, hasta el Ordovícico superior, son muy pobres en restos fósiles o rastros paleontológicos.

El **Ordovícico** tiene pequeños afloramientos en el valle de Aspe, en el entorno del batolito de Cauterets, al este, y en el entorno del macizo de los Aldudes, al oeste.

Algunos de estos yacimientos han proporcionado fósiles de las conocidas como *faunas de Caradoc*: graptolitos, braquiópodos, tentaculites, briozoos, corales y gasterópodos.

El **Silúrico** es muy homogéneo en toda la cordillera, con oscuros estratos de materiales carbonosos. Sus restos pa-

Cantera de mármol del Paleozoico en La Sagueta de Canfranc.

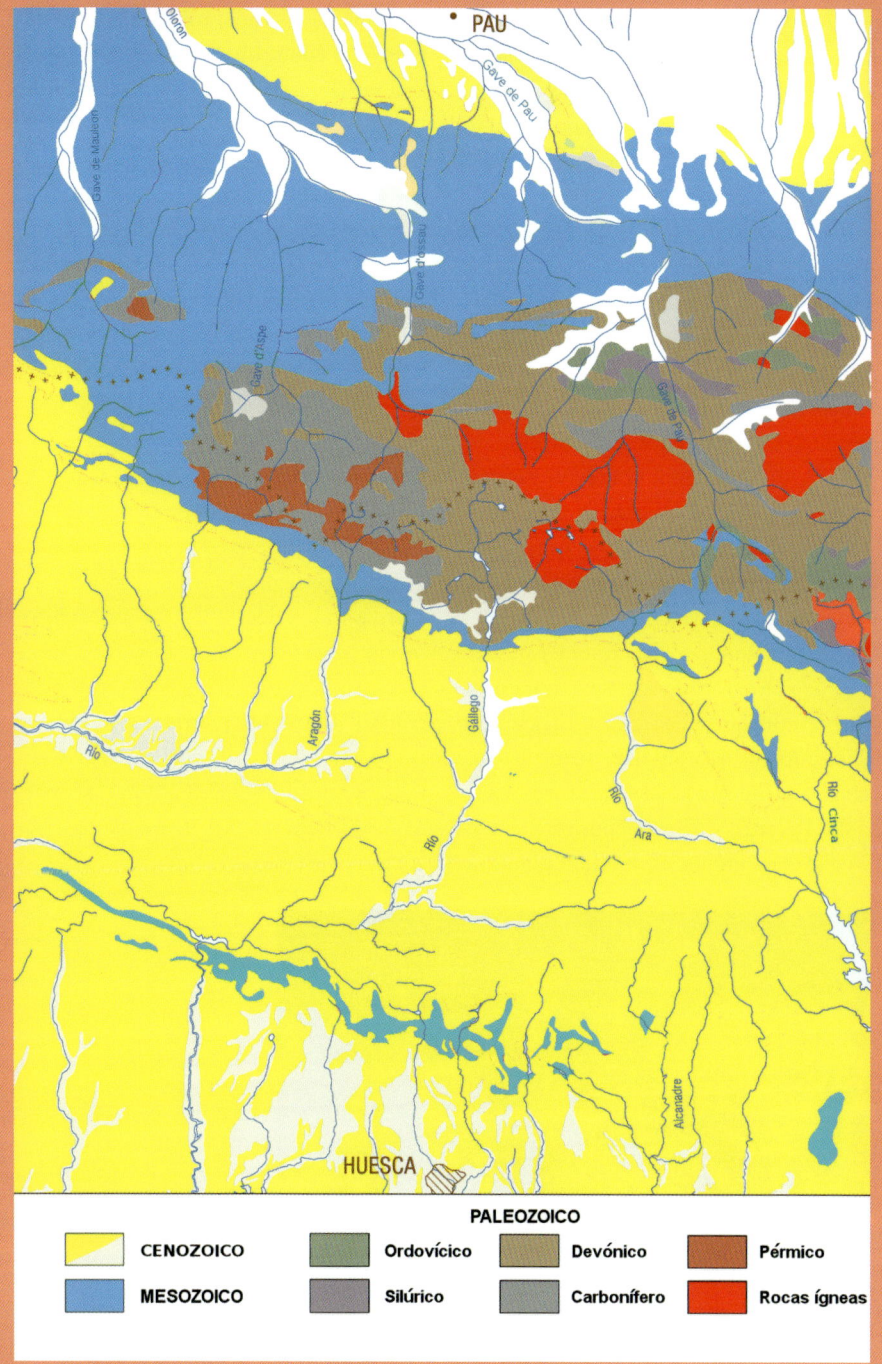

PALEOZOICO

CENOZOICO

MESOZOICO

Ordovícico

Silúrico

Devónico

Carbonífero

Pérmico

Rocas ígneas

leontológicos más característicos son pequeñas faunas de graptolitos (colonias de invertebrados con aspecto de grafismo), faunas de orthoceras (cefalópodos con un caparazón cónico, dividido en cámaras) y primitivos bivalvos.

El **Devónico** y sus faunas fósiles están bien presentes en el Pirineo occidental en superficies amplias, especialmente desde la periferia de las masas graníticas de la Maladeta y Panticosa-Cauterets hasta Cinco Montes de Navarra, y en ambas vertientes. Destacan los restos de edificios arrecifales de antiguos corales ya extintos. Destaca también la presencia de braquiópodos y trilobites.

Por su parte el **Carbonífero** conserva muestras fósiles de una fase marina (con corales, braquiópodos, crinoideos) y de una fase litoral (con vegetales y estratos de carbón), lo que denota la formación en esa época de la cordillera hercínica que elevó aquellos materiales fuera del mar.

El **Pérmico** es una época de extenso afloramiento en el dominio pirenaico, pero sin restos paleontológicos, al ser durante esta época un territorio continental con un clima extremadamente árido (caluroso, seco y torrencial) que culminará en la mayor extinción de toda la historia natural. Sus estratos se muestran con unas características coloraciones rojizas (Canal Roya, Castillo de Acher) que denotan la implacable insolación continental con torrencialidad ocasional en el interior del supercontinente Pangea.

Una gran glaciación al final del Carbonífero seguida de un Pérmico extremadamente árido, contribuyeron al fin del Paleozoico con la mayor extinción que afectó al 90 % de las especies.

El Paleozoico del Pirineo está afectado además, por calderas volcánicas y plutonismo (grandes masas magmáticas que se enfrían bajo la corteza sin llegar a erupcionar). Entre los plutones del Pirineo occidental destaca el de Panticosa-Cauterets y entre los vulcanismos, los picos Midi d'Ossau y Anayet son vestigio de antiguas calderas.

Sedimentos paleozoicos calizos intensamente plegados.

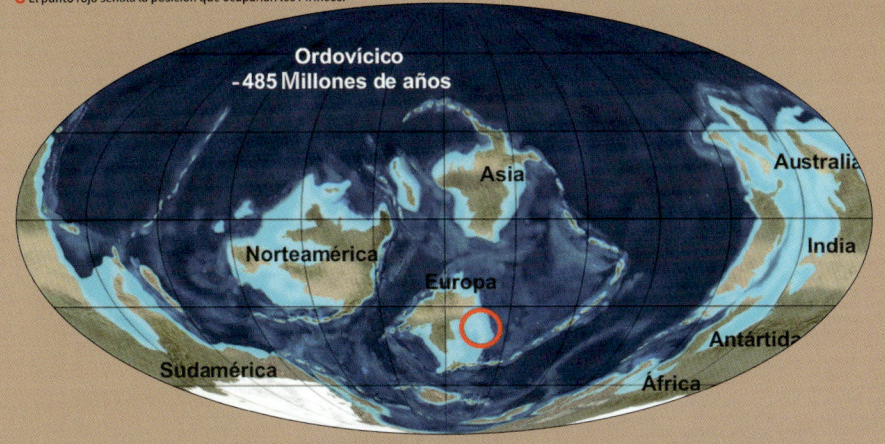

Paleozoico ORDOVÍCICO
LA DERIVA DESDE EL ANTÁRTICO

Ordovícico.

Entre -485 y -444 Ma. Los materiales del Ordovícico, afloran en pequeñas superficies dispersas: desde el entorno del batolito de Cauterets hacia el este, hasta el macizo de los Aldudes, en el oeste.

Están asociados con materiales aportados por erupciones volcánicas submarinas, por lo que en ellos domina una componente ígnea y otra componente metamorfizada, y son materiales muy cristalizados y pobres en restos fósiles.

Su disposición puede estar ordenada junto al Silúrico en un entorno paleozoico; pero a veces aflora desordenadamente entre sedimentos mesozoicos, como en el Triásico del valle de Aspe; entonces se presupone que los materiales ordo-silúricos han sido inyectados por la presión tectónica.

Esquistos ordovícicos junto a sedimentos silúricos en el macizo de Cabaliros.

Pic Arrouy, estratos ordovícicos verticalizados junto a los silúricos.

Geo-paleontología.

Los estratos están formados principalmente por esquistos negros agujereados, con un contenido en carbono progresivamente mayor hacia el Silúrico.

Los restos fósiles que contienen son muy parecidos en toda la cordillera y similares a otras asociaciones de fauna características del Ordovícico conocidas como *faunas del Caradoc.*

El Ordovícico se inicia con una potente radiación evolutiva y se enfrenta en su final a un terrible gran episodio de extinción que se calcula que afectó al 80 % de las especies con una potente glaciación y con un descenso del nivel del mar de hasta 200 m por debajo del nivel actual.

Paleogeografía.

Durante el Ordovícico existían cuatro continentes: Laurentia (cratón de Norteamérica y Groenlandia actuales), Siberia (cratón de la Meseta Central Siberiana), Báltica (cratón de Europa Nor-Oriental) y Gondwana (súper bloque continental que llegó a agrupar los cratones de Sudamérica, África, India, Australia y Antártida); la mayor parte de las tierras emergidas están en el hemisferio sur o se dirigen hacia él.

Clima.

Se estima que el clima en ese tiempo fue cálido y tropical. De hecho, en varios lugares había temperaturas medias muy altas de 40/50 °C y en ocasiones se alcanzaban hasta 60 °C.

•FILO ECHINODERMATA•

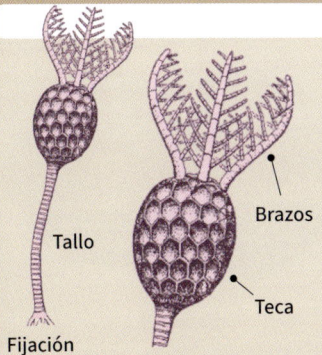

Tallo

Brazos

Teca

Fijación

*Los **blastozoos** son antiguos equinodermos (como los erizos, estrellas y lirios de mar) con un esqueleto externo que sustenta y protege los órganos y una simetría pentaradial. Eran sedentarios, al estilo de los crinoideos o lirios de mar, y tenían una teca principal, un tallo con pedúnculo de fijación al sustrato y una zona bucal rodeada de brazos que movilizaban el agua del entorno para alimentarse de las partículas en suspensión.*

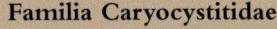

•SUBFILO BLASTOZOA•

Exclusivamente paleozoicos, sedentarios y filtradores, los blastozoos presentan una teca subesférica formada por placas poligonales, muy numerosas, soldadas con suturas rectas. Zona bucal rodeada de brazos (braquiolas) que presentan aparato de movilización ambulacral. Simetría pentaradial. Pedúnculo de fijación al sustrato.

Familia Caryocystitidae.

• Género Heliocrinites, Eichwald, 1840.
Teca globulosa y alargada con placas profusamente ornamentadas y dispuestas en seis ciclos. Placas con pliegues radiales y canales tangenciales. *~Heliocrinites rouvillei.*

Heliocrinites sp.

•FILO ARTHROPODA•

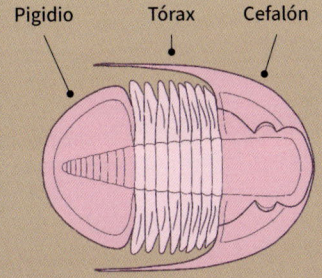

Pigidio

Tórax

Cefalón

CLASE TRILOBITA.

Artrópodos con caparazón de segmentos articulados que les permiten arroyarse, caminar y nadar. Al crecer hacen mudas del caparazón y segregan otro mayor, por lo que fosilizan fragmentos de esas mudas: *cefalones* de la parte que cubre la cabeza, *tórax* o segmentos centrales y *pigidios* o segmentos posteriores.

ORDEN PHACOPIDA.

Con placas rostrales separadas del resto del cefalón. Estadio larval con tres pares de espinas. Ojos compuestos con hasta 700 pequeñas lentes de calcita.

Familia Calymenidae.

• **Género Calymene, Brongniart, 1822.**
Significa hermosa media luna, en referencia a la forma de la glabela. El cefalón es la parte más ancha del animal y el tórax suele tener 13 segmentos. ~*Calymene* sp.

Calymene sp.

• ICNOGÉNEROS •

• **Icnogénero Cruziana, d'Orbigny, 1842.**
Huellas fósiles de ambientes de plataforma marina. Relieve lineal, bilobulado, con estrías oblicuas a un eje central. Se interpretan como trazas de locomoción o excavación profunda generadas por trilobites, sin descartar las implicaciones de otros grupos de artrópodos con caparazón no fosilizable. ~*Cruziana* ic. sp.

Cruziana **icnoespecie**

•FILO BRACHIOPODA•

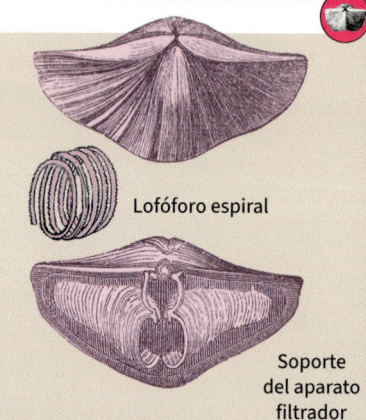

Con apariencia de bivalvos por su doble concha, no son moluscos; tienen un pie de fijación al modo de los percebes y un complejo aparato filtrador con un soporte esquelético en forma de doble espiral. Proliferan en el Devónico y en los sedimentos del Pirineo son el grupo fósil más abundante. Bien estudiados en la geo-paleontología clásica para la datación de los estratos, en lo referente al Pirineo las atribuciones están poco actualizadas.

Lofóforo espiral

Soporte
del aparato
filtrador

CLASE RHYNCHONELLATA.

ORDEN ORTHIDA.

Orden común muy diverso. Generalmente con conchas biconvexas y subcuadradas; con línea de bisagra larga; con un surco mayor y un acostillado radial; en la bisagra dientes simples sostenidos por placas dentales; braquidio divergente; proceso cardinal en forma de cresta.

Portranella exornata

Familia Orthidiellidae.

• Género Portranella, Wright, 1964.
Valvas desigualmente biconvexas, valva más profunda carenada y acostillada, valva braquial con surcos; línea de articulación corta, ornamentación toscamente acostillada y sin placa apical en el deltirio. ~*Portranella exornata.*

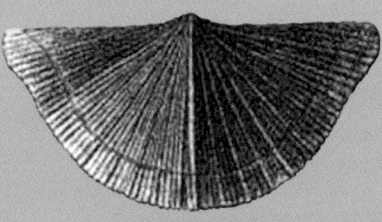

Orhis vespertilio

Familia Orthidae.

• Género Orthis, Dalman, 1828.
Contorno subcuadrado a semioval, valvas planoconvexas, surco dorsal moderado; acostillado radial; campo muscular ventral suboval, con largas cicatrices de los aductores; proceso cardinal como cresta delgada, braquióforos divergentes. ~*Orthis vespertilio, O. plicata, O. calligramma.*

Orthambonites calligramma

• Género Orthambonites, Pander, 1830.
Como Orthis pero biconvexas y con costillas radiales toscas. ~*Orthambonites calligramma.*

• Género Nicolella, Reed, 1917.
Subcuadradas, subconvexas, valva pedicular menos convexa e interáreas relativamente bien desarrolladas, acostilladas, con volantes lamellosos concéntricos; placas dentales divergentes, campo muscular ventral subcordado, sin aductores estrechos; proceso cardinal alto, braquióforos muy divergentes. ~*Nicolella actoniae.*

Nicolella actoniae

Familia Plectorthidae.

Acostillado, con interáreas bien desarrolladas y líneas de bisagra anchas, pliegue mediano dorsal ausente o atenuado; bases de los braquidios convergentes.

• **Género Hebertella, Hall & Clarke, 1892.**
Valvas subiguales convexo-cóncavas o desigualmente biconvexas, con apsaclina en el interárea ventral; toscamente acostilladas con pliegue ancho en la valva braquial. ~*Hebertella scotia.*

Hebertella scotia

Familia Platystrophiidae.

De acostilladas a plegadas, con grandes interáreas subiguales y anchas líneas de bisagra, pliegue central dorsal bien desarrollado; bases de braquidio convergentes.

• **Género Platystrophia, King, 1850.**
Contorno al modo de los espiriféridos, línea de bisagra obtusa, conchas fuertemente biconvexas, plegadas y finamente pustulosas; campo muscular ventral alargado, con cicatrices anchas en los aductores; proceso cardinal bajo, en forma de cresta. ~*Platystrophia* sp.

Platystrophia crassoplicata

Familia Dalmanellidae.

Perfil de convexo-cóncavo a planoconvexo, interárea ventral curvada, interárea dorsal acortada, ornamento de fino acostillado a grueso acostillado, surco dorsal de desarrollo variable.

• **Género Dalmanella,
Hall & Clarke, 1892.**
Subcircular, ventral biconvexo, con surco dorsal de grueso a finamente acostillado; campo muscular ventral cordiforme, báscula media divergente; apófisis cardinal indiferenciada bilobulada, bases de braquióforos convergentes en la cresta media, habitualmente con placas fulcrales. ~*Dalmanella elegantula.*

Dalmanella elegantula

Familia Heterorthidae.

Subcircular a subcuadradas con línea de bisagra menor que el ancho máximo de la concha, cóncavo-convexa a biconvexa, interárea ventral apsaclina, interárea dorsal anaclina, deltiro abierto, nototirio acostillado, rara vez con pliegue ventral y surco dorsal; sistema de canales del manto lemniscados.

Heterorthis alternata

**• Género Heterorthis,
Hall & Clarke, 1892.**
Concavo-convexo a plano-convexo, chilidio bien desarrollado; cicatrices del aductor ventral pequeñas, comúnmente cordiformes; placas fulcrales no diferenciadas; cresta subperiférica desarrollada en valvas adultas. ~*Heterorthis alternata. H. berthoisi.*

ORDEN STROPHOMENIDA.

Superfamilia Plectambonitoidea.
Proceso cardinal mediano; pseudodeltidium grande; foramen apical. Valva pedicular con un par de dientes accesorios que se encuentran anterolateralmente a los 2 dientes simples.

Familia Sowerbyellidae.
De semicircular a semioval, parviacostillado desigual, con pseudodeltidio pequeño, foramen apical raramente sostenido por placas dentales y raramente suplementado por dentículo.

Sowerbyella sericea

• Género Sowerbyella, Jones, 1928.
Con parviacostillado liso o ligeramente rebordeado; cicatriz del músculo ventral pequeña y bilobulada; valva braquial con par de septos submedios fuertes flanqueados por áreas subovales elevadas, cresta mediana de desarrollo variable. ~*Sowerbyella sericea, S. sericea* var. *thraivensis.*

Familia Rafinesquinidae.
Cóncavo-convexa, parviacostilladas desiguales, con pequeño foramen apical y pseudo-deltidio vestigial; arrugas concéntricas. Cáscara regular y groseramente pseudopunteada.

• **Género Rafinesquina, Hall & Clarke, 1892.**

Cóncavo-convexo, desigualmente parviacosti-lladas, arrugas posterolaterales, pseudo–deltidio vestigial. ~*Rafinesquina cf. deltoidea.*

Rafinesquina deltoidea

•FILO MOLLUSCA•

Tentaculites anglicus

CLASE CRICOCONARIDA.

ORDEN TENTACULITA.

Familia Cornulitidae.

• **Género Tentaculites, Schlotheim, 1820.**

Organismos vivientes del Ordovícico al Devónico con forma cónica, extintos y de afinidad incierta, son conchas calcíticas o revestimientos carbonatados de pequeño tamaño, cónicas, rectilíneas, cerradas en un extremo y abiertas en el otro. El diáme-tro aumenta regularmente con el crecimiento. Siempre se presenta en sedimentos marinos. El interior de la concha está interrumpido por tabiques transversales. En el exterior destacan los engrosamientos o anillos perpendiculares al eje de crecimiento, frecuentemente acostillados. Otros engrosamientos en el interior de la concha pueden o no coincidir con los externos. ~*Tentaculites anglicus.*

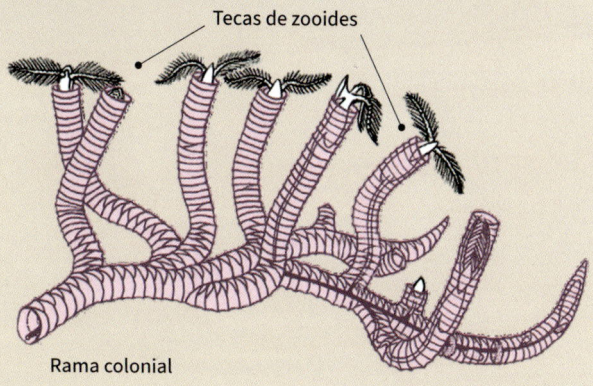

Tecas de zooides

Rama colonial

Organismos marinos, vermiformes, con simetría bilateral. Filo viviente próximo a los cordados. Incluye los **graptolitos** que son fósiles paleozoicos característicos; su nombre se refiere a su apariencia de grafismo; son impresiones o restos fosilizados de los tubos de habitación de colonias de hemicordados. La conservación de los graptolitos es problemática por la delicadeza de sus formas y la tendencia a la oxidación.

Phyllograptus densus

CLASE GRAPTOLITHINA.

Colonias formadas por una o más ramas que pueden presentarse como incrustaciones. Los zooides dispuestos en series lineales o en ramas, algunos agregados irregularmente.

ORDEN GRAPTOLOIDEA.

Graptolitos planctónicos muy variables en tamaño y forma. Algunas colonias formadas por una simple serie lineal de tecas, otras con numerosas ramas, algunas espiraladas, otras con bifurcaciones o en forma de pétalos.

Familia Phyllograptidae.

• **Género Phyllograptus, Hall, 1858.**
Característica forma y estructura en forma de hoja. ~*Phyllograptus densus.*

○ El punto rojo señala la posición que ocuparían los Pirineos.

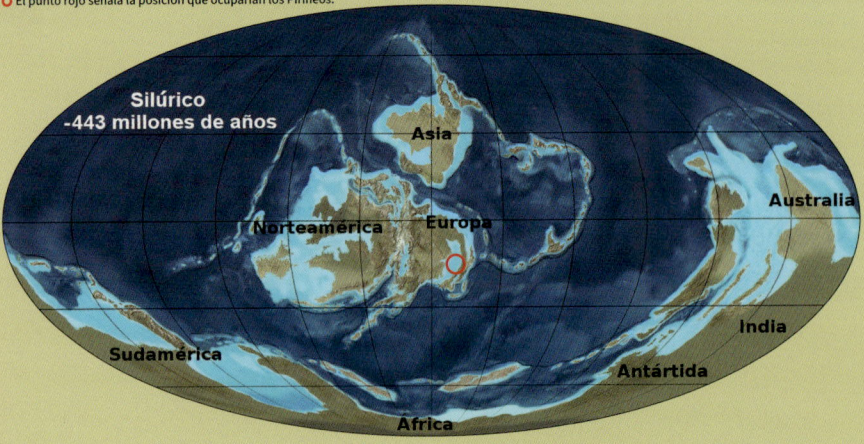

Paleozoico SILÚRICO
LA PROGRESIÓN DE LOS INVERTEBRADOS

Geología.

Los materiales del Silúrico (-444 a -419 Ma) afloran en superficies pequeñas y dispersas en los Pirineos; con espesores que se encuentran entre los 10 y los más de 1 000 m. En los valles occidentales se encuentran desde Lourdes al valle de Aspe en el norte; y en el sur desde el valle de Tena a Benasque.

Los estratos están formados principalmente por pizarras negras (con alto contenido en carbono).

Paleontología.

Los materiales fósiles que contienen los sedimentos silúricos son muy parecidos en toda la cordillera.

La fauna del Silúrico es muy homogénea en todo el mundo, por lo que se supone que las especies eran muy cosmopolitas.

Los invertebrados adquieren un gran desarrollo y forman colonias.

En tierra emergida comienzan a prosperar las plantas vasculares en las zonas pantanosas.

En el Pirineo los sedimentos y la fauna fósil son exclusivamente marinos y homogéneos en toda la cordillera.

Silúrico en la sierra Negra de Cerler.

Paleogeografia.

Durante el Silúrico la mayor parte de las tierras emergidas están en el hemisferio sur, y un gigantesco océano cubre el hemisferio norte. Varias subplacas se agrupan formando el continente Laurasia (Euro-América) que se aproxima desde el sur al ecuador, mientras que el gran continente Godwana (África, Australia e India) se desplaza hacia el sur.

Clima.

Las temperaturas han ascendido desde las glaciaciones de final del Ordovícico. Los casquetes polares se han reducido provocando una subida global del nivel del mar, que tiene un mayor dominio e influencia.

•REINO ANIMALIA•

•FILO ARTHROPODA•

Metasoma

Torax-abdomen

Cefalón

ORDEN EURYPTERIDA.

Quelicerados extintos, acuáticos o anfibios, alcanzan tamaños métricos. Se conocen como escorpiones marinos, porque la parte posterior presenta un metasoma más estrecho, al modo de los escorpiones actuales. Tienen un tórax segmentado y un cefalotórax y un abdomen divididos en segmentos más o menos soldados o articulados según su posición.

Familia Eurypteridae.

• **Género Eurypterus, De Kay, 1825.**
~*Eurypterus* sp.

Eurypterus sp.

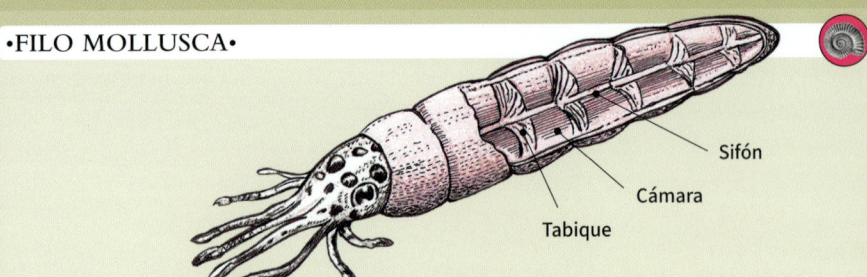

Sifón

Cámara

Tabique

CLASE CEPHALOPODA.

ORDEN ORTHOCERIDA.

Primitivos cefalópodos emparentados con calamares y pulpos. Concha externa cónica, recta, dividida por tabiques en cámaras comunicadas por un sifón. El cuerpo blando ocupa la última cámara, de mayor tamaño, y regula el porcentaje de agua/gas en las cámaras y así la flotabilidad a distintos niveles; natación por propulsión.

Familia Orthoceratidae.

• Género Kionoceras, Hyat, 1884.

Género con ornamentación transversal debajo de una estriación longitudinal prominente. Especie con ligera curvatura hacia el ápice, donde tiene un ángulo de 8°, sección circular algo aplanada, cámara de habitación poco desarrollada, distancia entre tabiques de hasta 5 mm, sifón central o algo excéntrico. Superficie provista de anillos cerca del ápice y entre las costillas longitudinales que recorren todo el cono. ~*Kionoceras doricum.*

Kionoceras doricum

• Género Geisonoceras, Hyatt, 1884.

Concha cónica, recta o arqueada de pequeña talla con ángulo apical de 6° a 12°, sección circular o algo aplanada. Tabiques con abultamiento y algo inclinados, sifón central. Superficie con rayas transversales sobresalientes, entre bandas estrechas. La superficie de las bandas es lisa. La longitud no supera los 100 mm ni el diámetro los 20 mm. ~*Geisonoceras timidum.*

Geisonoceras timidum

Parakionoceras originale

• Género Parakionoceras, Foerste, 1928.

Concha recta o arqueada de pequeña talla con ángulo apical del cono de 6° a 19°. Distancia entre tabiques hasta 10 mm. Última cámara grande y frágil. Sifón tanto central como excéntrico. Cáscara con tres láminas superpuestas, la interna estriada longitudinalmente la intermedia lisa, y la externa acostillada longitudinalmente. ~*Parakionoceras originale.*

• Género Orthoceras, Breynius, 1832.

~*Orthoceras magister*: Concha recta o arqueada de pequeña talla con ángulo apical del cono de 5° a 8°. Sección circular y distancia entre tabiques de hasta 20 mm. Sifón excéntrico. Superficie con anillos subregulares de perfil redondeado, regularmente espaciados. ~*Orthoceras hastile*: Concha recta, muy alargada, con ángulo apical entre 1° y 2°, sección circular, distancia entre cámaras mal observable, sifón central. Larga cámara de habitación de hasta 8 veces el diámetro. Superficie completamente lisa, con trazas de estrías de crecimiento.

Orthoceras hastile

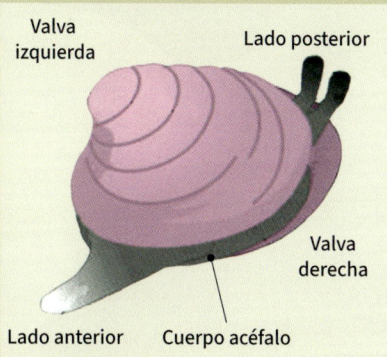

Valva izquierda

Lado posterior

Valva derecha

Lado anterior

Cuerpo acéfalo

CLASE BIVALVIA.

Comunes en los afloramientos silúricos pirenaicos, a veces como agrupaciones gregarias. Se reconocen al menos cuatro géneros de bivalvos: *Cardiola*, *Cheiopteria*, *Avicula* y *Dualina* esta última tiene sus dos valvas diferentes, a lo cual debe su nombre. La conservación, generalmente, impide la observación de los caracteres específicos internos.

ORDEN CARDITIDA.

Familia Astartidae.

• **Género Astarte, Sowerby, 1816.**

Se diferencia por la apariencia general de las valvas, cuya superficie está marcada por líneas de crecimiento y dividida en áreas concéntricas, entrecruzadas por surcos radiales. ~*Astarte* sp.

ORDEN OSTREIDA.

Familia Pteriidae.

Astarte sp.

• **Género Avicula, Bruguière, 1792.**

Concha oblicuamente ovalada, con las valvas desiguales: la derecha con un bostezo para el biso de amarre, debajo de la orejeta anterior; en la bisagra tiene una sola foseta oblicua para un único cartílago y uno o dos pequeños dientes anteriores y un diente posterior; tiene una impresión muscular grande subcentral y otra pequeña cerca del ápice. ~*Avicula damnoniensis.*

Avicula damnoniensis

ORDEN CYRTODONTIDA.

Familia Cardiolidae.

• **Género Cardiola, Broderip, 1839.**

Concha oblicua, con las dos valvas iguales pero asimétricas; ápices prominentes y arqueados; la superficie presenta surcos concéntricos; bisagra larga con un área de articulación plana. ~*Cardiola interrupta.*

Cardiola interrupta

Familia Antipleuridae.

• **Género Dualina, Barrande, 1881.**

Desigualdad acentuada de sus dos valvas, una siempre notablemente más abombada que la otra que es aplanada; desigualdad de los ápices de ambas valvas y, como carácter menos constante, la valva más abombada está más o menos inclinada hacia uno de sus lados, mientras que la otra valva no tiene este rasgo. ~*Dualina secunda.*

Dualina secunda

ORDEN PTEROIDA.

Cheiopteria bridgei

• Género Cheiopteria, Pojeta & Kríž, 1976.

Pequeños pteráceos con las valvas equivalentes, con ornamentos marginales rugosos; ornamentos radiales ausentes; las orejetas solo se destacan vagamente del cuerpo de la concha. Características internas desconocidas. Carece de un seno prominente para las barbas debajo de la aurícula anterior y tiene un pliegue paralelo al margen exterior, que es angular y prominente ~*Cheiopteria bridgei.*

•FILO HEMICHORDATA•

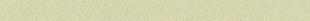

CLASE GRAPTOLITHINA.

ORDEN GRAPTOLOIDEA.

Familia Diplograptidae.

Glyptograptus sp.

• Género Glyptograptus, Lapworth, 1873.

Rabdosoma biseriado, tecas con curvatura sigmoidal en las que el borde ventral libre es rectilíneo. La abertura de las tecas es horizontal y débilmente ondulada. La sección del rabdosoma es ovalada o casi circular. Prolifera desde el Ordovícico inferior al Silúrico inferior. ~*Glyptograptus* sp.

Petalograptus sp.

• Género Petalograptus, Suess, 1851.

Rabdosoma aplanado en forma de hoja y con sección transversal rectangular. Con poca anchura soporta tecas tubulares casi rectas que lo recubren en una gran longitud. Silúrico inferior. ~*Petalograptus* sp.

Familia Retiolitidae.

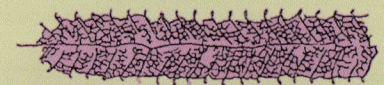

• Género Retiolites, Barrande, 1850.

Especie tipo: *Gladiolites geinitzianus.* Rabdosoma con paredes fuertemente reticuladas, con una vírgula rectilínea, que rápidamente incorpora sobre un lado una antivírgula en zigzag, contrapuesta al otro lado. Silúrico inferior y medio. *~Retiolites geinitzi.*

SUBORDEN MONOGRAPTINA.

Retiolites sp.

Familia Monograptidae.

• Género Monoclimacis, Frech, 1897.

Especie tipo: *Graptolites vomerinus.* Rabdosoma largo, ancho y aproximadamente rectilíneo. Las tecas se abren generalmente en el fondo de una excavación coronada por un burlete situado a la altura de la flexión de la siguiente teca.

Tecas desarrolladas en ángulo, con el borde ventral libre de la teca casi paralelo al eje del rabdosoma. Expansiones habituales a la altura del acodamiento. Silúrico inferior a Silúrico superior. *~Monoclimacis* sp.

Monoclimacis sp.

• Género Pristiograptus, Jaekel, 1889.

Especie tipo: *Pristiograptus frequens.* Teca simple, cilíndrica, con el borde ventral libre, rectilíneo o ligeramente curvado, sin expansiones del borde de la abertura. Rabdosoma rectilíneo o con una curvatura ventral. Silúrico inferior a Silúrico superior. *~Pristiograptus dubius.*

**• Género Cucullograptus,
Urbanek, 1954.**

Pristiograptus sp.

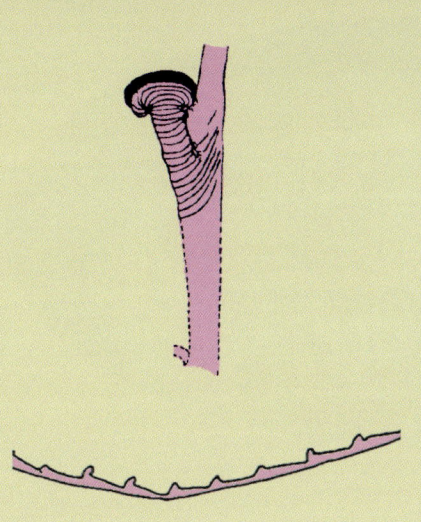

• Subgénero Cucullograptus (Lobograptus), Urbanek, 1958.

Especie tipo: *Monograptus scanicus*. Las tecas del rabdosoma son largas, con una prototeca recta y alargada y una metateca corta. La abertura es circular o alargada y provista de engrosamientos laterales más o menos simétricos. Silúrico superior. *~Cucullograptus (Lobograptus) scanicus.*

• Género Monograptus, Geinitz, 1852.

Especie tipo: *Monograptus priodon*. Últimos representantes de la evolución de los graptolitos antes de su extinción. Género caracterizado por un desarrollo uniserial de ramas con tecas muy elaboradas.

Rabdosoma de forma variable con tecas diferentes de las que caracterizan a los otros géneros de la familia de los monográptidos. Silúrico inferior a Devónico inferior. *~Monograptus* sp.

Lobograptus sp.

Monograptus sp.

○ El punto rojo señala la posición que ocuparían los Pirineos.

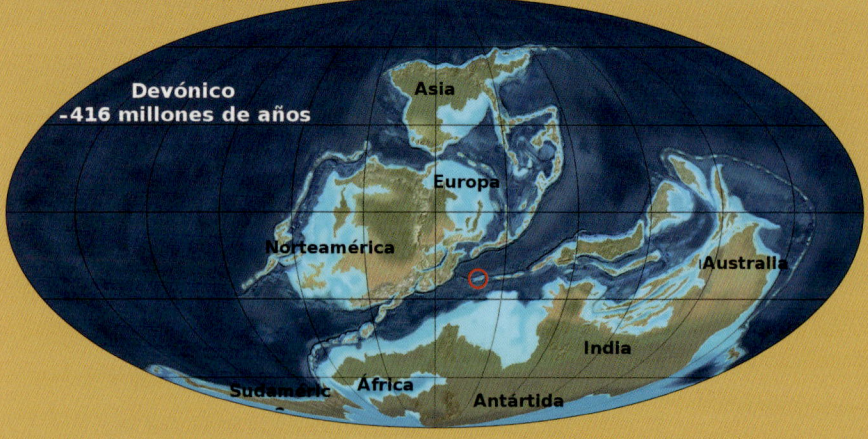

Paleozoico DEVÓNICO
LAS EXTENSAS PLATAFORMAS ARRECIFALES

Paleogeografía.

Durante el Devónico (-419 a -359 millones de años) los terrenos que formaran la actual cordillera se encuentran todavía en el hemisferio sur, cubiertos por un mar de aguas cálidas y poco profundas, en una fase entre la disgregación del súper-continente Pannotia y la formación del súper-continente Pangea.

Geología.

La superficie con afloramiento de materiales del Devónico en el Pirineo occidental es amplia en las cabeceras de los valles de Aspe, Ossau, Ara, Gállego y Aragón.

Las acumulaciones de restos biológicos se compactan en los sedimentos (rocas calizas y bioclásticas) y forman relieves

Las calizas devónicas destacan en el paisaje pirenaico sobre las pizarras más erosionables que forman hondonadas. Peña foratata en el valle de Tena.

destacados por ejemplo en Peña Foratata del valle de Tena o en Tobazo del valle del Aragón. Este Devónico tiene un tramo calcáreo basal, seguido de un tramo amplio de pizarras con areniscas y calizas intercaladas. Las zonas de pizarra, que son más blandas y erosionables, forman áreas más deprimidas entre los crestones calcáreos; a ellas debe su forma y su nombre el valle de Tena (tenue), por la amplia cubeta deprimida que forma.

Paleontología.

La disgregación del súper-continente Pannotia hace que aumenten las áreas costeras; en los periodos de subida del nivel del mar, por elevación de las temperaturas, aumentan las extensas plataformas sumergidas; en este entorno prosperan los arrecifes coralinos.

Otros filo como braquiópodos, crinoideos, moluscos o artrópodos marinos, continúan su diversificación con gran variedad de formas.

En el Pirineo son frecuentes las rocas que presentan restos disgregados de crinoideos, los braquiópodos de muy variados géneros, los edificios arrecifales y sus restos de corales y stromatolitos disgregados, los moluscos y, ocasionalmente, los restos de trilobites.

Fuera de los mares se produce la conquista generalizada por los vegetales (inicialmente sin raíces, ni hojas ni tallos leñosos), pero también colonizan tierra firme los artrópodos (escolopendras, escorpiones), los insectos y los arácnidos. Alcanzan grandes tamaños porque la atmósfera es rica en oxígeno y mejora el metabolismo y la eficiencia de sus anatomías, por ejemplo, para el vuelo; los enormes insectos del Devónico en la actualidad no podrían sustentarse.

En el Devónico tardío, plantas como los helechos ya tienen raíces, hojas y tallos leñosos. Algunos vertebrados también inician la conquista de la tierra emergida: son los anfibios, que tienen en esa época más parecido con los peces que con los anfibios de la actualidad.

Las plantas colonizan los continentes, proliferan, consumen dióxido de carbono (CO_2) y, al quedar sepultados sus restos en el sedimento, son el origen del carbón fósil. En esa situación las plantas actúan como un secuestrador del CO_2 atmosférico y hacen disminuir drásticamente el efecto invernadero en la atmósfera, ocasionando un enfriamiento climático y dando lugar a una gran extinción al final del período.

La cabecera del valle del Aragón presenta la sucesión de sedimentos devónicos, carboníferos y pérmicos.

DOMINIO PROKARYOTA.

Seres unicelulares sin núcleo.

STROMATOLITHES.

Son fósiles de estructuras formadas por capas de minerales precipitadas por la actividad de biopelículas bacterianas de cianobacterias o falsas algas verdiazuladas y otras bacterias que forman mantos superpuestos sobre elementos del fondo marino en aguas superficiales.

•REINO ANIMALIA•

•FILO CNIDARIA•

Los corales son un filo común que llega a ser muy abundante y muy diverso, con extraordinarias adaptaciones morfológicas. También es un filo en el que la identificación de géneros y especies es muy dificultosa, porque se basa, en gran parte, en micro-estructuras de su esqueleto, que generalmente hay que observar con lupa o microscopio en los ejemplares bien preservados y preparados en laboratorio.

CLASE ANTHOZOA.

Los corales devónicos están en el primer gran desarrollo de su evolución. Con formas solitarias y coloniales, dan lugar a arrecifes junto a esponjas y stromatolitos. Los corales rugosos y tabulados son los más abundantes en el Devónico; a finales del Paleozoico ceden su hegemonia a los scleractinios.

SUBCLASE TABULATA.

Colonias de individuos prismáticos o tubiformes rodeados o reunidos con un cenénquima. 12 tabiques en cada cáliz constituidos por espinas o láminas continuas. Las paredes contiguas a veces están atravesadas por poros o túbulos, que sirven de comunicación entre los pólipos vecinos. Los tabiques no se proyectan exteriormente como en los Rugosa.

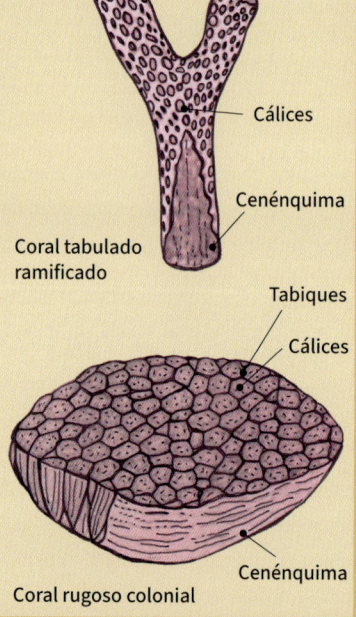

Cálices

Cenénquima

Coral tabulado ramificado

Tabiques

Cálices

Cenénquima

Coral rugoso colonial

Familia Favositidae.

Corales masivo, sin masa de cenénquima entre los poliperitos; poliperitos delgados, con poros en sus muros; septos cortos, iguales, espinosos, de número variable; tábula completa.

• Género Favosites, Lamarck, 1816.

Masivo, compuesto de tubos prismáticos verticales, con finas paredes, divergentes, conectados por túbulos o agujeros transversales. Su superficie recuerda a un panal. ~*Favosites polimorpha, F. goldfussi, F. cervicornis.*

Favosites polimorpha

• Género Alveolites, Lamarck, 1801.

Colonias masivas con pólipos que se abren oblicuamente a la superficie, con una sección transversal comprimida de forma poligonal a subcircular. Polípero a veces ramificado, cuyas ramas reúnen haces de pólipos, que se multiplican por intercalaciones. Paredes simples, bien desarrolladas, perforadas con poros grandes. ~*Alveolites* sp.

Alveolites sp.

• Género Thamnopora, Steininger, 1831.

Género colonial masivo, tuberoso o ramoso, con los políperos profundos, de 1 a 15 mm de grosor, al mismo nivel y con la abertura en ángulo recto respecto a la superficie. Murallas interiores gruesas, poros murales numerosos. Tábulas finas. Espinas septales ocasionales y poco desarrolladas. ~*Thamnopora* sp.

Subfamilia Micheliniidae.

Discoides o hemisféricas, con grandes coralitos, grandes poros murales, espinas o crestas septales y con o sin tábulas.

Thamnopora sp.

• **Género Pleurodictyum, Goldfuss, 1829.**

Coral colonial con políperos profundos de forma poligonal a circular distribuidos de forma radial y paredes internas perforadas e incrustantes en sustratos duros. *~Pleurodictyum problematicum.*

Pleurodictyum problematicum

ORDEN RUGOSA.

Corales epitecados (con exoesqueleto que cubre el dorso). Con tabiques en el asiento del pólipo que, en sección transversal, presentan simetría bilateral. Con tábulas (placas horizontales que dividen su esqueleto); a veces con disepimientos (placas curvas conectadas a septos y tábulas). Tienen columnilla (eje de sustento septal en el centro). Presentan un marginarium o una estereozona periférica por engrosamiento de tabiques. Las formas coloniales se construyen por brotaciones laterales que pueden ser fasciculadas o masivas.

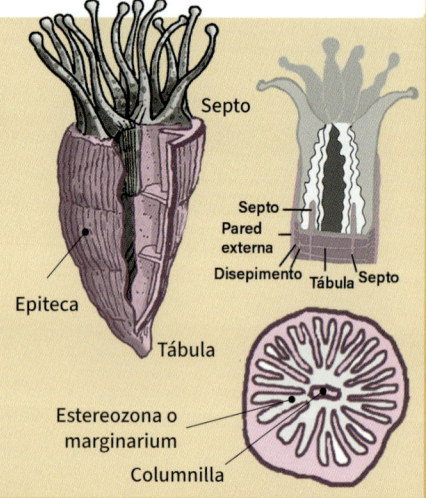

SUBORDEN COLUMNARIINA.

Compuesto o solitario; marginarium ausente en las formas antiguas, estereozona septal o disepimentación espinosa; septos delgados en tabularium, algo retirados del eje, no lobulados axialmente; tabulario completo y plano o con los bordes vueltos hacia abajo; formas tardías con estructura axial de laminillas septales y tábulas cónicas. Puede presentar un aumento axial.

Familia Stringophyllidae.

Solitarios o faceloides; tabiques gruesos; los mayores son largos y están dispuestos bilateralmente sobre el contraplano cardinal; los tabiques menores tienden a un desarrollo imperfecto; disepimentarium generalmente espinoso (lonsdaleoide).

Stringophyllum, sección transversal

Sección longitudinal

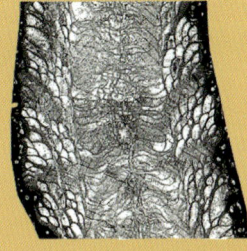

• Género Stringophyllum, Wedekind, 1921.

Pólipos solitarios, agregados o fasciculados. Septos de dos órdenes, continuos o a veces degenerados periféricamente o axialmente; los mayores dispuestos axialmente en simetría bilateral y los menores a menudo degeneran en crestas septales. Disepimentos en forma de espinas a veces presentes o bien desarrolladas. Tábulas incompletas y completas en disposición cóncava. ~ *Stringophyllum büchelense.*

Familia Chonophyllidae.

Rugosos solitarios o compuestos, comúnmente con contracciones de rejuvenecimiento; coralitos grandes, con marginarium que consta de una estereozona septal dividida por grandes disepimentos; septos largos y atenuados en tabularium, tábulas completas.

• Género Tabulophyllum, Fenton & Fenton, 1924.

Pólipos individuales, grandes, con fosa cardinal y marcada bilateralidad. Septos delgados. Pared laminar; estructura septal trabecular. Tábulas largas y completas con canales periféricos, disepimentario espinoso con grandes presepimentos. ~ *Tabulophyllum* sp.

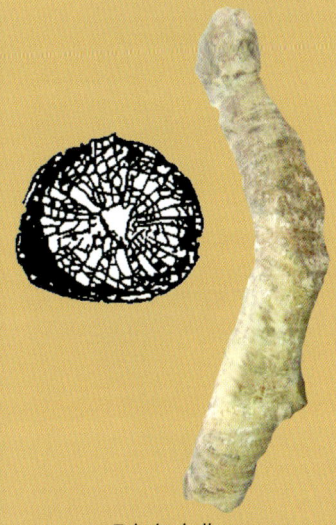

Tabulophyllum sp.

Familia Stauriidae.

Coralario fasciculado y cerioide con coralitos delgados; el marginarium puede desarrollar una estereozona periférica estrecha; entre los tabiques mayores y menores puede haber un seno de disepimentos alargados, discontinuos verticalmente.

• **Género Dendrostella, Glinski, 1957.**
Políperos cilíndricos. Septos muy ensanchados en la periferia, muy finos en el tabularium. Tábulas completas, a veces incompletas. Ausencia de disepimentos. *~Dendrostella rhenana.*

Dendrostella sp.

SUBORDEN CYSTIPHYLLIDA.
Rugosos solitarios o compuestos; marginarium o estereozona en masa de esclerénquima laminar o, en su lugar, un disepimentario de pequeños disepimientos globosos; tábulas planas y completas o, alternativamente, cónicas e incompletas.

Familia Digonophyllidae.
Grandes y solitarias con pisos caliculares inversamente cónicos de tabellas globosas y pequeños disepimentos menos globosos; los septos son placas verticales continuas; pueden estar revestidos por disepimentos laterales; fosa central como ojo de cerradura en sección transversal.

• **Género Cystiphylloides, Chapman, 1893.**
Solitario o débilmente colonial, con tabiques representados solo por estrías radiales en el cáliz. *~Cystiphylloides vesiculosum.*

Cystiphylloides sp.

Familia Acantophyllidae.
Solitarios y coloniales con septos alargados y disepimentario ancho; septos principales largos, desiguales; fosa insignificante; tábulas poco profundas, en forma de embudo, muy juntas e incompletas; tábulas alargadas.

• **Género Acanthophyllum, Dybowski, 1873.**
Solitario; tabiques con modificaciones como disepimentos laterales; los tabiques mayores se dilatan más que los menores, y partes del tabularium pueden estar muy dilatadas en estadios jóvenes. *~Acantophyllum vermiculare, A. diluvianum.*

Acantophyllum sp.

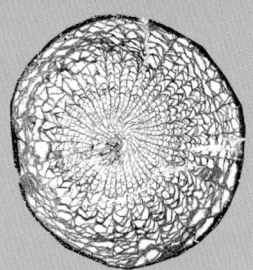

Dohmophyllum sp.

• Género Dohmophyllum, Wedekind, 1923.

Solitario o rara vez colonial, coralitos grandes; tabiques irregularmente carenados o con disepimentos laterales, torcidos y unidos en el tabularium, lo que hace que las tábulas cercanas formen un domo irregular o en forma de embudo. ~ *Dohmophyllum wedekindi.*

Familia Phillipsastraeidae.

Tabiques mayores y menores, carenados o dilatados, alcanzan la epiteca; marginarium con disepimentario ancho de disepimentos globosos, con una serie vertical de placas que tienen forma de herradura en la sección vertical; tabularium en 2 regiones separadas en los bordes axiales de los tabiques principales que están algo retirados del eje.

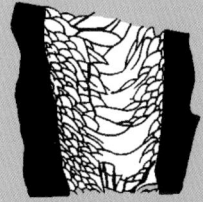

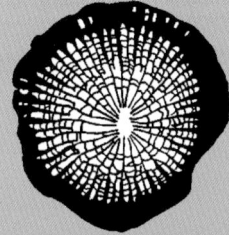

Temnophyllum sp.

• Género Temnophyllum, Walther, 1929.

Pequeño, ceratoideo, con la mitad exterior de los tabiques en el disepimentarium tan dilatados que están en contacto; disepimentos pequeños y globosos, se fusionan con tábulas exteriores. ~ *Temnophyllum* sp.

Phacellophyllum sp.

• Género Phacellophyllum, Gurich, 1909.

Tipo: Lithodendron caespitosum (Goldfuss). ~ *Phacellophyllum caespitosum, P. skalense, P. paucitabulatum, P. ossalense.*

Disphyllum sp.

• Género Disphyllum, de Fromentel, 1861.

Faceloide, con reproducción lateral o periférica; tabiques algo dilatados, a veces carenados; disepimentos en varias series de placas pequeñas e iguales. ~ *Disphyllum goldfussi.*

- **Género Phillipsastrea, d'Orbigny, 1849.**

Masivo, con paredes entre coralitos ausentes; tabiques dilatados, especialmente en el margen interno del disepimentarium. ~*Phillipsastrea beneharnica.*

Familia Zaphrentidae.

Solitario o colonial, marginarium (cuando se desarrolla) con disepimentarium regular; los tabiques principales se unen en una protuberancia axial o se apartan del eje cuando las tábulas son aplanadas o combadas axialmente; tabiques comúnmente carinados.

Phillipsastrea sp.

- **Género Cyathophyllum, Goldfuss, 1826.**

Polípero solitario o compuesto con septos finos y muy numerosos, los mayores pueden llegar o no al eje. Tábulas convexas. Disepimentos pequeños, globulares formando una amplia manga. ~*Cyathophyllum ceratites.*

Cyathophyllum sp.

- **Género Siphonophrentis, O'Connell, 1914.**

Solitario, grande, subcilíndrico con tabiques apartados del eje, dejando un amplio espacio con lóbulos axiales escasos; estereozona septal muy estrecha; tabulario en forma de mesa, deprimida en la foseta. ~*Siphonophrentis elongata.*

Siphonophrentis sp.

- **Género Heliophyllum, Hall in Dana, 1846.**

Coralitos grandes, agregados o poco compuestos; tabiques con carinas; fosa marcada por el estrechamiento del amplio disepimentarium y por los extremos axiales de los tabiques vecinos; tabulario superficialmente abovedados con pandeo axial. ~*Heliophyllum rhopaliseptatum.*

Heliophyllum sp.

Hexagonaria sp.

• **Género Hexagonaria, Gürich, 1896.**
Colonias ceroides (políperos a la misma altura); tabiques delgados, carinados o dilatados, largos, reunidos o entrelazados en el eje, ligeramente retirados del eje cuando las tábulas axiales son horizontales; disepimientos pequeños, globosos, numerosos. ~*Hexagonaria* sp.

•FILO ECHINODERMATA•

CLASE CRINOIDEA.

Brazos plumosos

Teca

Tallo

Fijación

Crinoideos (lirios de mar). Animales filtradores emparentados con erizos y estrellas de mar, pero sedentarios. Con forma arborescente, están sujetos al suelo o a objetos de conveniencia. Una teca de placas óseas contiene los órganos y sostiene brazos plumosos con los que atrae los alimentos. La teca se sostiene sobre un tallo fijado al sustrato con un anclaje. Su esqueleto está compuesto por multitud de osículos, que al descomponerse se dispersan por los sedimentos.

Osículos de diferentes crinoideos

Enraizamiento de crinoideo

Las estructuras esqueléticas de los crinoideos están formadas por pequeños osículos que articulan sus partes anatómicas: la teca, el tallo, los brazos plumosos y la fijación al substrato. Generalmente, las matrices rocosas contienen los osículos desarticulados o porciones de la estructura esquelética.

Las matrices rocosas con fragmentos de crinoideos son abundantes en la paleontología y tanto en el Devónico como en Carbonífero pirenaicos. Es raro que se conserven los esqueletos completos en conexión anatómica y ni siquiera los cálices o tecas con las placas que los forman enlazadas.

Las piezas esqueléticas de los equinodermos (también erizos y estrellas) están formadas por cristales de calcita que tienen una especial fragilidad y presentan frecuentemente fracturas y descascarillamientos.

Para la identificación del género y especie es necesario observar en la teca la secuencia de sus placas poligonales, en su contorno, en la cara oral entre sus brazos, y el arranque y disposición de los mismos brazos. En la bibliografía histórica se han determinados géneros y especies a partir de restos parciales de tallos, tecas o coronas, por lo que la documentación puede ser confusa o contradictoria.

ORDEN MONOBATHRIDA.

Familia Actinocrinitidae.

• Género Actinocrinus, Miller, 1821.
Tienen tres placas en la base de inserción del tallo en la teca, sobre ellas hay una serie de seis primeras placas costales hexagonales; a partir de la siguiente (tercera serie) las placas son pentagonales y soportan los brazos que se bifurcan. La placa bucal, que es hexagonal, soporta cinco brazos, con dos manos cada una, de tres dedos cada una. El tallo es cilíndrico y tanto su sección como la de su tubo de alimentación son redondas. La superficie articular es regularmente estriada. *~Actinocrinus laevis.*

ORDEN CYATHOCRINIDA.

Family Cyathocrinitidae.

• Género Cyathocrinus, Miller, 1821.
Placa base compuesta de cinco placas; primera serie de cinco lados; segunda serie de seis lados (cinco con inserción de los brazos, con otra intermedia sin inserción). Las placas portadoras

Teca de crinoideo, exterior e interior

Actinocrinus sp.

Cyathocrinus sp.

están prolongadas por encima de las articulaciones de los brazos. Artejos columnares con constricciones regulares, elípticos, delgados alternativamente más grandes y más pequeños; perímetro prominente, con distintas estrías de articulación; centro cóncavo, muy liso; canal nutritivo pentagonal. Las especies de *Cyathocrinus* son de pequeño tamaño y poco abundantes. ~*Cyathocrinus pinnatus.*

Platycrinus (Storthingocrinus) sp.

ORDEN BELEMNOCRINACEA.

Familia Pygmaeocrinidae.

• Género Storthingocrinus, Schultze, 1866. Corona cilíndrica, delgada, alargada. Copa monocíclica con morfología de cono a cuenco de muy ensanchada a muy alargada; compuesta por tres basales desiguales (1 pentagonal, 2 hexagonales). Cinco brazos, braquiales, subcilíndricos, rectilíneos. Piezas columnales esculpidas por pústulas, o por crestas intercaladas; epifacetas angostas también pustuladas. En fondos blandos, raíz rastrera de cirros radiculares con tallo proximal, parcialmente penetrante; parte distal del tallo más o menos horizontal, elevando la corona en una postura erguida. ~*Storthingocrinus decagonus.*

•FILO ARTHROPODA•

CLASE TRILOBITA.

ORDEN PHACOPIDA.
De 8 a 19 segmentos torácicos, glabela (escudo central cefálico) expandida, zona preglabelar corta o ausente; ojos esquizocroales compuestos con hasta 700 lentes separadas; u holocroales, con apretado empaquetamiento de lentes hexagonales bajo una única capa corneal que las cubre a todas.

Familia Phacopidae.

• Género Phacops, Emmrich, 1839.
Surco vincular continuo en el centro (en el borde anterior del cefalón, para el cierre durante el arrollamiento con el borde posterior del pigidio) y borde posterior afilado,

y más alto; cresta marginal estrecha, doble cónca-va. Hipostoma (escudo cefálico central delantero en hocico) alargado, margen posterior con 3 den-tículos. *Phacops* no tiene espinas en las mejillas ni en la cola. ~*Phacops rana, P. latifrons, P. occitanicus, P. potieri, P. munieri.*

Familia Diaphanometopidae.
Espinas en las mejillas pero sin espina central al cuello. Espinas en la cola a los lados, no terminales. La parte central de la cabeza (glabela) es lobulada y sobresale al frente. Estrías distintivas en la parte delantera de la cabeza.

**• Género Odontochile,
Hawle & Corda, 1847.**
Cefalón con margen frontal y con 5 a 7 den-tículos a lo largo del borde posterior. Pigidio muy largo, con 16 a 22 anillos y 12 a 15 pares de costillas; doble ancho. ~*Odontochile hausmanni.*

ORDEN PROETIDA.
Con fosas o pequeños tubérculos, especialmente en la glabela. Ojos holocroales con aspecto liso. Tórax con de 8 a 22 segmentos, habitualmente 10. Muchos extienden el cefalón con las llamadas espinas genales.

Familia Proetidae.
Espinas en el cephalón pero no en el pigidio. El escudo cefálico central sobresale en su parte posterior. El pigidio tiene un borde diferenciado.

• Género Proetus, Steininger, 1831.
La glabela se une al borde con un surco, surcos gla-belares más o menos diferenciados; anillo occipital sin estrechar lateralmente, pero puede tener lóbu-los laterales. Cuerpo subelíptico, contráctil. Cefa-lón en forma de escudo; dos ojos laterales, simples. Tronco con diez segmentos, pigidio redondeado.

Phacops sp.

Phacops rana

Odontochile hausmanni

Proetus sp.

ORDEN CORYNEXOCHIDA.

Glabela alargada, surcos glabelares en disposición abierta. El par posterior a cada lado del cefalón se convierte en espinas que apuntan hacia atrás, como las puntas espinosas de los pares anteriores de los segmentos. Ojos grandes. Pigidios tan grandes como el cefalón en ocasiones. Las puntas de los segmentos torácicos tienen forma de espina, por lo general tienen de 7 a 8.

Familia Styginidae.

• Género Bronteus (Breviscutellum), Snajdr, 1960.

En el cefalón presenta un surco frontal muy estrecho; lóbulo medio de la gabela sin nódulo ni abultamiento en su parte posterior; mejillas móviles que terminan en puntas genales muy largas y estrechas. Pigidio con anchura apenas mayor que la longitud; surcos radiales en combinación con granulaciones regularmente distribuidas. Surcos intercostales anchos, pueden alcanzar toda la longuitud de las costillas; bifurcación de costillas media siempre muy pronunciada; borde posterior provisto de numerosas pequeñas espinas. *~Bronteus (Breviscutellum) meridionalis.*

Bronteus (Breviscutellum) sp.

•FILO BRACHIOPODA•

CLASE RHYNCHONELLATA.

ORDEN ATRYPIDA.

Familia Atrypidae.

• Género Atrypa, Dalman, 1828.

Circular a suboval. Valvas desiguales, la braquial muy convexa, la pedicular poco convexa a cóncava. Superficie radialmente costillada. Pico de la valva pedicular pequeño e incurvado sobre el de la braquial. *~Atrypa reticularis.*

Atrypa reticularis

Familia Meristellidae.

• **Género Meristella, Hall, 1859.**
Concha biconvexa, inflada, de transversal a alargada. Comisura anterior sinuosa, por un seno central y pliegues. Ápice de la valva pedicular en ejemplares maduros, ocultan casi todo el agujero. Dientes fuertes, sostenidos por laminillas; impresión muscular profunda y subtriangular en la cavidad pedicular. En la valva braquial, un tabique mediano soporta la placa de la bisagra y se extiende por algo más de un tercio de la longitud de la cubierta. Braquidio en espiral. ~*Meristella esbelta.*

Meristella esbelta

Familia Spiriferidae.

• **Género Spirifer, Sowerby, 1818.**
Concha mucho más ancha que larga, radialmente plegada o estriada, con líneas de crecimiento concéntricas que pueden ser laminales o incluso espinosas. Bisagra larga y recta. Valva pedicular con una área alta, con un deltidio abierto. Área de la valva braquial inferior. Braquidio calcáreo en forma de doble aguja, casi llena la cavidad del caparazón. ~*Spirifer pellicoi.*

Spirifer pellicoi

Familia Rhipidomellidae.

• **Género Aulacella,
Schuchert y Cooper, 1931.**
Concha pequeña, dorso biconvexo. Ápice ventral y área bien delimitados. Elevación cerca del ápice que pasa a una depresión poco profunda. En la valva dorsal baja elevación a lo largo de toda la longitud. Finas costillas angulares. Braquidios ligeramente divergentes. ~*Aulacella eifeliensis.*

Aulacella eifeliensis

Cyrtina heteroclita

Familia Cyrtinidae.

• **Género Cyrtina, Davidson, 1859.**
Conchas en forma de spirifer; generalmente pequeñas; valvas muy desiguales; la pedicular elevada, con
un área cardinal alta, cuyo deltidio está cubierto por
un pseudodeltidio convexo alargado, que está perforado debajo del ápice. Superficie plegada. Láminas
dentales fuertes, que convergen rápidamente y se
unen en un tabique mediano. Braquidio en espiral
extrovertida. ~*Cyrtina heteroclita.*

Familia Pentameridae.

Pentamerus oehlerti

• **Género Pentamerus, Sowerby, 1813.**
Valvas simétricas, desiguales, convexas y abombadas,
con bordes rectos, la dorsal mayor; ápice, puntiagudo
con abertura triangular apical, sin deltidio. Valva ventral a veces con seno, borde cardinal redondeado y un
ápice muy curvo. Superficie exterior lisa o con pliegues longitudinales, altos y agudos. Interior dividido
en tres cavidades por dos particiones en cada valva, que
se unen por sus bordes internos. ~*Pentamerus oehlerti.*

ORDEN ORTHIDA.

Familia Orthidae.

Orthis opercularis

• **Género Orthis, Dalman, 1828.**
Valvas desiguales y simétricas, la dorsal redondeada,
la ventral convexa, a veces con un seno. Costillas radiales delgadas. Área destacada, con bordes afilados.
Abertura triangular, ancha, libre o cerrada por un
deltidio. El ápice puede ser curvo. Borde cardinal
recto. Bisagra con dos dientes en la valva dorsal y
tres en la ventral. Dos impresiones ovales. Valva ventral internamente dividida por tres costillas en forma de horquilla de tres puntas o por una sola cresta
central. ~*Orthis opercularis.*

Familia Stropheodontidae.

• Género Douvillina, Oehlert, 1887.

Perímetro semicircular a alargado semio-valado, mucronado; cóncavo-convexo, con una curvatura generalmente fuerte. Parviacostillado desigualmente con costillas secundarias incipientes, representada por pliegues finos y afilados. Pseudopunteado radial. ~*Douvillina dutertrei.*

Douvillina dutertrei

Familia Chonetidae.

• Género Chonetes, Fischer de Waldheim, 1830.

Espinas en la bisagra y la fina ornamentación radial; no tiene seno ni pliegue. ~*Chonetes sarcinulatus.*

Chonetes sarcinulatus

•FILO BRYOZOA•

Animales suspensívoros, microscópicos, exclusivamente coloniales, de aguas marinas, que forman imbricadas estructuras muy regulares que reúnen las celdas individuales, aptas para favorecer la circulación del agua con el alimento en suspensión.

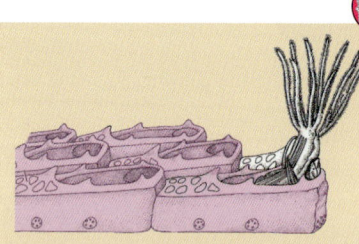

Filo Bryozoa

CLASE STENOLAEMATA.

Familia Fenestellidae.

• Género Fenestella, Lonsdale in Murchison, 1839.

Colonias en forma de embudo, con ramas finas con dobles hileras de celdas, unidas regularmente por travesaños de igual grosor en forma de retícula. ~*Fenestella* sp.

Fenestella.sp

CLASE CEPHALOPODA.

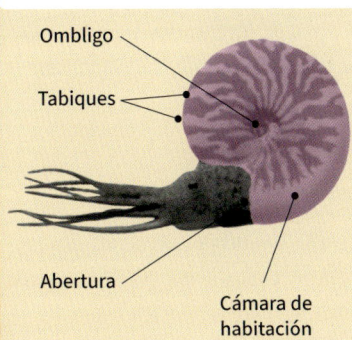

Ombligo

Tabiques

Abertura

Cámara de habitación

Evolucionan de rectilíneos (*Orthoceras*) a formas arrolladas (*Goniatites*).

Goniatites. Concha arrollada en espiral plana, con suturas cada vez más complejas, su caparazón es fino y fosiliza mal, por lo que muchas veces se haya, únicamente, su molde interno con los vaciados de los tabiques que los dividen internamente en cámaras; otras veces son habituales en yacimientos de calizas donde se encuentra incluidos y muy cementados en la dura matriz, de donde es muy difícil extraerlos aunque conserven el caparazón fosilizado Su estructura de cámaras les permite mejor flotabilidad a diferentes alturas.

Orthoceras. Generan conchas de más de un metro de longitud, aunque están en declive, son poco numerosos en los yacimientos pirenaicos y van cediendo espacios a otros filos.

SUBCLASE NAUTILOIDEA.

Conchas rectas en los órdenes más antiguos y primitivos, enrolladas a muy involutas en formas más evolucionadas. Sifón en posición variable dentro de la concha.

ORDEN ORTHOCERIDA.

Rectos a curvos con conchas lisas o muy ornamentadas; sifón con cuellos septales y delgados anillos de conexión.

Familia Orthoceratidae.

Subcirculares en sección transversal y con un sifón central o subcentral.

Orthoceras sp.

• Género Orthoceras, Bruguiere, 1789.

Ortoconos casi cilíndricos poco expansivos; sifón subcentral a ventral; cámara de habitación constreñida transversalmente en la mitad de su longitud; superficie exterior con una red de finas liras; superficie interna levemente estriada longitudinalmente. ~*Orthoceras pseudocalamitum, O. wissenbachi, O. dimidiatum, O. remotum, O. ellipticum.*

ORDEN ONCOCERIDA.

Familia Jovellaniidae.

Cirtoconos y ortoconos longicónicos con grandes sifones ventrales de actinosifonato y sección transversal subtriangular a deprimida; vientre típicamente angular o más agudamente redondeado que el dorso.

• Género Jovellania, Bayle, 1879.

Concha muy grande, juvenil casi conoide; adultos elipsoidales o casi triangulares de ángulos redondeados: tabiques numerosos, muy próximos y ligeramente cóncavos, con bordes algo sinuosos en el ángulo redondeado en el que se halla el sifón y hacia el centro del lado mayor que le es opuesto. Esta especie alcanzaría una longitud de hasta 2 metros. ~*Jovellania* sp.

Jovellania sp.

ORDEN BACTRITIDA.

Sifón estrecho, invariablemente en contacto con la pared ventral; sutura uniformemente con lóbulo ventral en forma de V, protoconcha globular o en forma de huevo.

Familia Bactritidae.

• Género Bactrites, Sandberger, 1843.

Concha *orthoconica*, sección transversal casi circular a ampliamente ovalada. Suturas casi rectas, con lóbulo ventral pequeño solamente, en los flancos rectos o prorsiradiados. Las líneas de crecimiento son radiadas, con un seno ventral ancho y poco profundo y una silla de montar dorsal baja. ~*Bactrites carinatus.*

Bactrites sp.

ORDEN AGONIATITIDA.

Familia Agoniatitidae.

• Género Agoniatites, Meek, 1877.

Ammonoideos primitivos con sifón ventral; concha de involuta a subevoluta, generalmente algo discoidal. Protoconcha grande, subesférica. Ombligo imperforado. Líneas de crecimiento biconvexas. Sutura con un pequeño lóbulo ventral en forma de V, un lóbulo lateral colocado lateralmente desde las primeras etapas y un solo lóbulo dorsal mediano. *~Agoniatites* sp.

Agoniatites sp.

Familia Anarcestidae.

• Género Anarcestes, Mojsisovics, 1882.

Concha subdiscoidal con enrollamiento convoluto, buen solapamiento de sus vueltas, aumento de tamaño moderado; los tabiques de sus cámaras abombados hacia fuera; margen ventral redondeado, flancos laterales cortos y convexos. *~Anarcestes* sp.

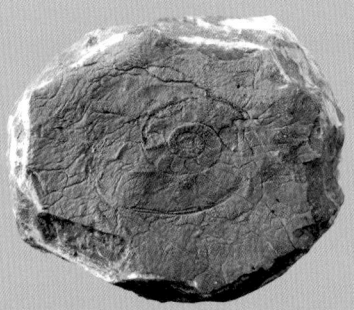

Anarcestes sp.

Familia Latanarcestidae.

• Género Latanarcestes, Schindenwolf, 1933.

Conchas discoidales con aumento rápido del diámetro del cono y arrollamiento convoluto con buen solapamiento de las vueltas; margen ventral redondeado y flancos poco convexos, la sección de las vueltas resulta subtrapezoidal; ombligo amplio con flancos redondeados. *~Latanarcestes* sp.

Latanarcestes sp.

CLASE GASTEROPODA.

Orden Euomphalina.

Familia Platyceratidae.

• Género Platyceras, Conrad, 1840.
Desde formas arrolladas suturadas hasta completamente separadas; margen de abertura a veces muy sinuoso en adaptación a su simbiosis o comensalismo con las irregularidades del crinoideo al que estaba adheridos en vida. Caparazón con un arrollamiento simple y poco regular del cono, que tiene sección circular y un rápido crecimiento de su anchura. ~*Platyceras priscus.*

Platyceras sp.

Orden Murchisoniina.
Conchas con numerosas vueltas en espiral turriculada; abertura con seno subcentral en el labio exterior que puede culminar en una hendidura o muesca con posible función exhalante; algunos géneros con canal incipiente en el ápice de la abertura.

Familia Murchisoniidae.
Con seno del labrum, que suele culminar en una corta hendidura o muesca que genera una selenizona.

• Género Murchisonia, d'Archiac & Verneuil, 1841.
Con el seno del labrum que culmina aproximadamente en la mitad del labrum en una hendidura o muesca poco profunda; comúnmente sin adorno aparte de los márgenes de selenizona y líneas de crecimiento. En el Devónico medio muestra una explosión de formas elaboradas. ~*Murchisonia* sp.

Murchisonia sp.

Familia Hormotomidae.

• Género Hormotomina Grabau and Shimer 1909.
Selenizona con hilo o quilla en el exterior de la espiral, en el centro entre las suturas. ~*Hormotomina* sp.

Hormotomina sp.

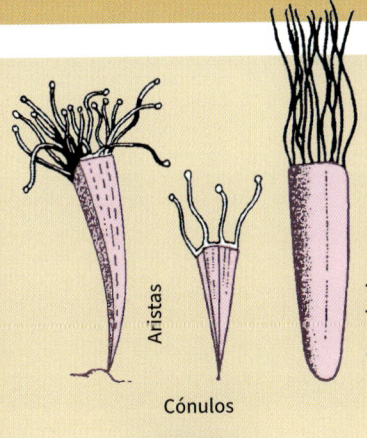

Aristas

Cónulos

Angulaciones

Conularia sp.

•FILO INDETERMINADA•

CLASE SCYPHOZOA.

ORDEN CONULARIIDA.
Orden paleozoico incierto y extinto, parece ser que emparentado con los corales (Cnidaria). La conservación excepcional de algunas partes blandas permiten decir que tenían unos tentáculos móviles al modo de los cnidaria; pero la ausencia de septos como en los tabulados, rugosos o scleractinios hace que muchas autoridades descarten esta afiliación.

Familia Conulariidae.

• Género Conularia, Sowerby, 1821.
Caparazón rígido en forma de cono angulado en simetría cuadrangular; está formado por una sucesión de engrosamientos y estrangulaciones horizontales, al modo de una superposición de baquetas. ~*Conularia* sp.

Paleozoico CARBONÍFERO
MAR Y SELVAS EN TORNO A LA CORDILLERA HERCÍNICA

Paleogeografía.

Durante el Carbonífero comienza a formarse el supercontinente Pangea. En la zona de colisión de Laurasia y Godwana se forma la cordillera herciniana, que afecta a los materiales del actual zócalo pirenaico.

El área pirenaica se desplaza cerca del Ecuador. Constantes subidas y bajadas del nivel del mar sumergen grandes masas selváticas dando lugar a la formación de carbón.

Clima.

El clima es cálido y húmedo, lo que favorece el crecimiento de selvas, además con la ausencia de grandes herbívoros. Las especies arbóreas compiten en altura por la luz solar. El secuestro del CO_2 atmos-

Relieve carbonífero en el entorno de Formigal con las escombreras de la explotación de carbón antracita de Campos de Troya.

férico (enterrado en el subsuelo en forma de carbón), contribuye al enfriamiento del planeta; a lo cual se suma el desplazamiento del supercontinente Gondwana hacia el sur, lo cual provoca la progresión de glaciaciones. El Carbonífero termina con una gran glaciación, durante la cual los glaciares se extienden por todo el sur y centro de Pangea.

Geología.

Los sedimentos carboníferos son abundantes en las cuencas de los valles del Aragón Subordán y del Aragón, y los valles franceses de Mauléon, Aspe y Ossau; en lo que parece un surco previo a la formación de la cordillera hercínica, que posteriormente fue recubierto por el Pérmico y/o el Mesozoico.

El carbonífero inicial del Pirineo está formado por sedimentos marinos plega-dos e incluye intrusiones magmáticas en forma de grandes masas graníticas como la de Panticosa-Cauterets y Eaux-Chaudes en el valle d'Ossau (que aún generan aguas termales); además de pequeñas cuencas carboníferas litorales al final del periodo. El carbón fue explotado en esta transversal pirenaica en los Campos de Troya de Formigal.

Paleontología.

Los afloramientos del Carbonífero en este sector del Pirineo están afectados por la intrusión de masa magmática (granitos de Cauterets-Panticosa) que les dieron gran presión y temperatura, lo que provocó la metamorfosis de los materiales de su entorno y la desaparición de los fósiles en ellos. Los yacimientos no metamorfizados son reducidos y persisten faunas semejantes a las del Devónico.

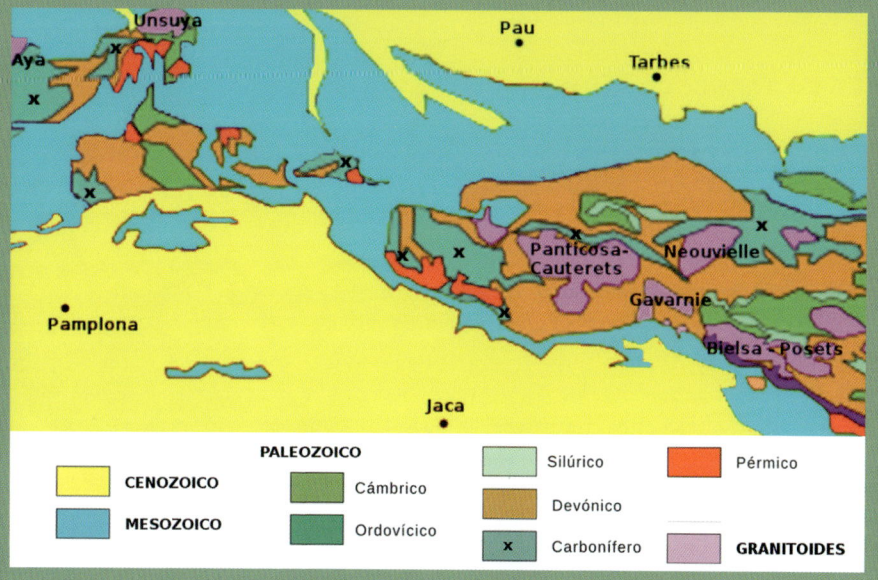

La colisión de Laurasia (Euro-América) y Godwana (África-Arabia-India) y la formación de la extensa cordillera herciniana hacen que el dominio marino sea sustituido por el continental y que haya un Carbonífero marino más antiguo y otro continental más moderno.

Los avances y retiradas de las masas de agua marina, lagunar o pantanosa sobre la vegetación costera provocan la acumulación de grandes volúmenes de restos vegetales en sus cuencas, que en el futuro dan lugar al carbón. El carbón es la forma sólida más frecuente de vegetación fósil.

Carbonífero Marino.

•REINO ANIMALIA•

•FILO CNIDARIA•

El clima cálido de la primera mitad del Carbonífero aún favorece la progresión de los corales, aunque se verán muy afectados en la segunda mitad glacial. La formación de la cordillera herciniana provoca, primero, la profundización del surco marino y un litoral más abrupto, lo que es menos favorable para la proliferación de los corales, al contrario que en el Devónico, cuando la plataforma sumergida era más extensa.

Como en el Devónico, los corales del Carbonífero pirenaico pertenecen a los órdenes Rugosa y Tabulata: los tabulados, en formas coloniales con agrupamiento de individuos en haces, que forman colonias de formas ramificadas o masivas; los rugosos, en general son, individuos solitarios que toman formas de crecimiento cónico, aunque también pueden tomar formas ramificadas en los individuos, que se insertan en tallos coloniales.

CLASE TABULATA.

ORDEN FAVOSITIDA.

Familia Pachyporidae.

• **Género Thamnopora, Steininger, 1831.**
Corales tabulados ramosos con ramas coralinas típicamente cilíndricas, que pueden ser ramas sueltas o coalescentes lateralmente y lo forman coralitos prismáticos contiguos con paredes gruesas. Las paredes, a menudo, exhiben una estructura laminar y fibrosa. ~*Thamnopora* sp.

Familia Favositidae.

Thamnopora sp.

Favosites sp.

• Género Favosites, Orbigny, 1850.
Corales pequeños con formas de crecimiento subesferoidales, hemisféricas, irregulares y forma de domo bajo. Cálices en su mayor parte casi del mismo tamaño; a veces se entremezclan con algunos muy pequeños. La superficie interna de las paredes es rugosa por la presencia de pequeños puntos; sus lados se desarrollan de manera desigual y presentan 1, 2 o 3 filas verticales de pequeños poros o agujeros, que son regularmente circulares. ~*Favosites* **sp.**

CLASE RUGOSA.

ORDEN CYSTIPHYLLIDA.

Familia Cystiphyllidae.

Cystiphyllum sp.

• Género Cystiphyllum, Lonsdale, 1839 o Zaphrentis, tipo Lithodendron irregulare.
Coral simple, corneado; el cáliz está lleno de pequeñas láminas vesiculares; cáliz superficial; paredes vesiculares. ~*Cysthiphyllum* **sp.**

•FILO ECHINODERMATA•

CLASE CRINOIDEA.
Llegan a formar extensas praderas, como animales sedentarios y filtradores de agua para obtener su alimento; compartían el medio con corales y bivalvos. Sus restos disgregados son frecuentes localmente, al estar su esqueleto formado por numerosos osículos articulados.

En 1885, Barrois publica un estudio sobre el mármol amigdaloide carbonífero del Pirineo entendiendo la cordillera en sentido amplio, desde el litoral catalán hasta la costa asturiana. En este estudio correlaciona la geología del

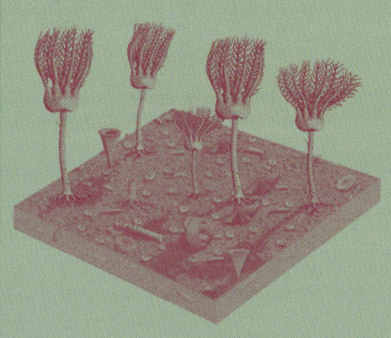

Praderas de crinoideos

sur de Francia y el norte de España, describe una fauna típica, propone nuevas especies y nombra *Proterocrinus minutus* (Roemer), como la especie de crinoideo más abundante en el Carbonífero pirenaico.

Familia Poteriocrinitidae.

• Género Poteriocrinus, Agassiz, 1836.
Cáliz embudiforme formado por cinco piezas basales pentagonales, cinco subradiales hexagonales que alternan con las precedentes y cinco piezas radiales subpentagonales; la superficie del cáliz es lisa y la articulación entre sus piezas está dentada; el tallo o vástago es cilíndrico, está atravesado por un canal circular y las superficies articulares de sus artejos están cubiertas de estrías radiales. ~*Pteriocrinus minutus*.

Proterocrinus minutus

•FILO BRACHIOPODA•

No son tan abundantes en el Carbonífero como en el Devónico, probablemente por la transición de un medio marino a uno continental, y por la formación de un surco marino abrupto previo a la orogenia de la cordillera herciniana. Persisten géneros del Devónico como Orthis, Chonetes, Productus y Athyris.

ORDEN SPIRIFERIDA.

Familia Martiniidae.

• Género Martinia, McCoy, 1844.
Línea de bisagra más corta que el ancho de la valva; bordes dorsales del área de bisagra obtusamente redondeados; superficie lisa. ~*Martinia obtusa, M. glabra, M. mesolobus.*

Martinia glabra

ORDEN LINGULIDA.

Familia Lingulidae.

Lingula parallela

• **Género Lingula, Bruguiére, 1797.**
Oblongas longitudinalmente, con las valvas iguales y simétricas; ápices terminales, puntiagudos, separados; margen frontal subtruncado, abierto; unidos por un pedículo carnoso, hundido entre los ápices. *~Lingula parallela.*

CLASE RHYNCHONELLATA.

Familia Athyrididae.

Athyris sp.

• **Género Athyris, McCoy, 1844.**
Valvas subiguales, biconvexas, generalmente más anchas que largas. *~Athyris royssiana.*

ORDEN PRODUCTIDA.

Familia Chonetidae.

Chonetes sp.

• **Género Chonetes, Fischer de Waldheim, 1830.**
Más anchas que la charnela, extremos agudos, lados redondeados; ventral convexa, abertura pequeña con pseudodeltidium, dorsal cóncava, superficie multiestriada, espinas tubulares en la charnela. *~Chonetes* sp.

Familia Productidae.

Productus sp.

• **Género Productus, Sowerby, 1814.**
De talla mediana, casi orbicular; valva mayor regularmente bombeada, sin seno, con arrugas concéntricas, irregulares, onduladas; numerosos tubos dirigidos paralelamente al radio de curvatura de los bordes de la valva. *~Productus* sp.

PALEOZOICO Carbonífero -359 a -299 Ma

PIRINEO PALEONTOLÓGICO

CLASE CEPHALOPODA.

Desaparición progresiva de los *Orthoceras* y diversificación de *Goniatites* con el cascarón arrollado en el mismo plano. Los tabiques que forman sus cámaras pasan de una forma simple ondulada a formas imbricadas cada vez de mayor complejidad.

Las líneas de sutura se corresponden con los tabiques de las cámaras y, en ausencia de la concha externa, semejan una ornamentación trasversal. En su estado completo el caparazón exterior une esos tabiques y recubre las cámaras, y es liso o muestra alguna ornamentación más o menos definida en forma de costillas (radiales y/o longitudinales) y/o nódulos.

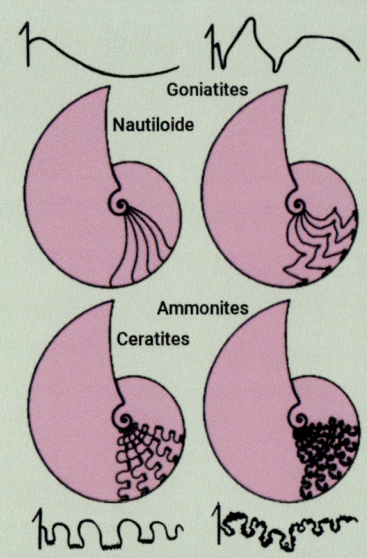

ORDEN GONIATITIDA.

Son el grupo más importante de cefalópodos paleozoicos, con gran variedad morfológica y numerosas especies. Tienen en la concha exterior una ornamentación y, cuando esta concha se desprende o no se conserva, pueden apreciarse en el molde interno los tabiques que separan las diferentes cámaras en espiral. Los *Goniatites* tienen las suturas simples, generalmente con lóbulos agudos y sillas redondeadas. Son formas relativamente pequeñas, con conchillas involutas (la última vuelta cubre a las anteriores), compactas, lisas o levemente costuladas.

La identificación de ejemplares fósiles es difícil por la deficiente conservación de los restos: cuando se presentan completos están en una dura matriz caliza difícilmente eliminable o están seccionados, por lo que no se pueden apreciar la ornamentación externa o las suturas por completo; a veces, se pueden observar los tabiques puliendo su superficie; otras veces,

Sección de Goniatite en caliza

Cámaras de Goniatite desarticuladas

Delepinoceras sp.

se presentan deformados o desarticulados los moldes internos de sus cámaras interiores.

Familia Delepinoceratidae.

• Género Delepinoceras, Miller & Furnish, 1954.
Ramas del lóbulo ventral y el lóbulo adventicio tridentadas; sillín mediano muy alto. ~*Delepinoceras thalassoide*: Con una línea de sutura típica del género, en el centro muy larga y aguda en los lóbulos ventrales, y en los lóbulos menores que los acompañan. Sus conchas tienen un ombligo estrecho, alcanzan un diámetro de 7 cm, y muestran un borde ventral bien redondeado.

• Género Proshumardites, Rauzer-Chernousova, 1930.
Caracola discoide gruesa, muy envolvente, subglobosa a globosa, ombligo muy estrecho de diámetro inferior al 10 por ciento de la concha. Las primeras vueltas se enrollan regularmente. Ornamentación de líneas finas de crecimiento y, generalmente, de liras prominentes bien espaciadas, la ornamentación exterior falta en algunas especies. Lóbulo ventral relativamente ancho; silla central mayor de la mitad de la altura de todo el lóbulo ventral. Sillín ventro-lateral bastante ancho, subagudo o estrechamente redondeado. Lóbulo adventicio ancho y tridentado. ~*Proshumardites karpinskii*.

Proshumardites sp.

Familia Glaphyritidae.

• Género Syngastrioceras, Librovitch, 1938.
El género incluye formas subdiscoidales a globulosas de caparazón liso que muestran una sutura gastriocerada. La diferencia con *Glaphyrites* se manifiesta en la sutura: la silla de montar entre el lóbulo externo y adventicio es curva, y subaguda o aguda en

Syngastrioceras; aunque, de hecho, hay transiciones entre los dos géneros. ~*Syngastrioceras cf. supinum.*

Familia Reticuloceratidae.

• Género Reticuloceras, Bisat, 1924.

Forma de caracol envolvente, con ombligo estrecho a muy estrecho. Escultura de estrías de crecimiento transversales, a veces crenuladas, con saliente ventrolateral y seno ventral, atravesadas por finas liras espirales que producen una ornamentación reticulada. Pequeñas costillas cerca del ombligo y nódulos umbilicales débiles. Puede haber constricciones, pero no surcos ventrolaterales. Lóbulo ventral ancho, con lados casi paralelos; silla mediana que alcanza la mitad de la altura de todo el lóbulo ventral. Lóbulo adventicio tan ancho y profundo como el lóbulo ventral. ~*Reticuloceras todmordenense, R. gulincki.*

• Género Agastrioceras,
H. Schmidt, 1938.

El género incluye reticuloceratidos cuyo contorno de la concha en las últimas etapas es oxicono (concha aplanada lateralmente y parte ventral muy angulosa) y poligonal: a partir de un diámetro de unos 30 mm el borde exterior se vuelve oxicono, los lados biformes; se forma una cresta en el medio de los flancos, dividiéndolos en dos zonas. ~*Agastrioceras* sp.

Singastrioceras sp.

Reticuloceras sp.

Agastrioceras carinatum

Familia Ramositidae.

• Género Ramosites, Ruzhentsev & Bogoslovskaya, 1969.

Forma de concha subglobular a subdiscoidal, involuta. Ombligo moderadamente estrecho a estrecho. Escultura radial; costillas planas regularmente dicotomizadas en los flancos, en estadios posteriores con seno ventral. Sin tubérculos umbilicales. Lóbulo ventral

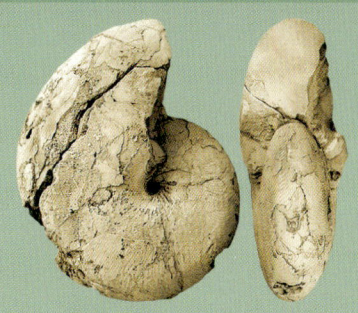

Ramosites hagenensis

Muensteroceras sp.

ancho, silla mediana que alcanza dos tercios de la altura de todo el lóbulo ventral. Lóbulo adventicio ancho, ampuloso. ~*Ramosites rectus, R. divaricatus.*

Superfamilia Pericycloidea.

Familia Muensteroceratidae.

• **Género Muensteroceras, Hyatt, 1884.**
Caparazón subdiscoidal a subglobuloso, relativamente involuto, ombligo entre 1/10 a 1/12 del diámetro de la concha. Superficie generalmente lisa, marcada por líneas y constricciones de crecimiento, en varias especies con crestas transversales débiles. Sutura con lóbulo ventral largo bastante estrecho, sus lados son paralelos o casi paralelos, al menos en la parte apicada, dividida superficialmente por la silla mediana; primer sillín lateral bien redondeado; primer lóbulo lateral puntiagudo, casi tan largo como el lóbulo ventral. ~*Muensteroceras malladae* (Barrois, 1882): Especie gruesa, aplanada, con ombligo estrecho y profundo, boca alargada o redondeada, variable. Concha delgada con un enrejado en su superficie de estrías longitudinales y transversales tenues, que a veces destacan unas u otras. Cámaras estrechas.

SUPERCLASE AMMONOIDEA.

Orden Prolecanitida.

Familia Prolecanitidae.

• **Género Dombarocanites, Ruzhentzev, 1949.**
Caracola discoidal, evoluta (enrollada con las vueltas en contacto y visibles), con un ombligo algo ancho y con una sección transversal de las vueltas elíptica alargada. La línea de sutura consta de sifonal, antisifonal y cuatro lóbulos laterales en el exterior.

Un lóbulo lateral está presente en el lado interno de la concha. El lóbulo sifonal es corto pero amplio y estrecho. El primer lóbulo lateral es más alargado. ~*Dombarocanites chancharensis*: El cascarón es discoidal, suavemente evoluto, y su sección transversal es ovalada, su borde ventral es redondeado estrecho, los flancos son convexos.

Familia Daraelitidae.

• Género Epicanites, Schindewolf, 1926.
El género *Epicanites* se distingue por la presencia de lóbulos no denticulares en los flancos; el género Praedaraelites es un pariente cercano, muestra denticulación en uno o más lóbulos de los flancos. El número de lóbulos de los flancos (lóbulos L y U) es de tres. Algunos autores recomiendan una fusión de estos géneros estrechamente relacionados y otros, la posible evolución de *Prolecanites* a *Epicanites*. ~*Epicanites* sp.

Familia Pronoritidae.

• Género Megapronorites, Ruzhentzev, 1949.
Concha larga, con los lados aplanados y paralelos, el borde ventral también es aplanado, pero pasa marginalmente a los flancos de forma redondeada, subplatycono. Espirales moderadamente involutas, con el lado ventral casi plano. El ombligo es ligeramente estrecho. Superficie de la cáscara casi lisa. Sutura con 20 lóbulos: uno ventral, ocho umbilicales, uno lateral interior y uno dorsal. Primer lóbulo umbilical ancho, bífido, algo asimétrico, porque su parte exterior es más grande que la interior. Lóbulo lateral interno conectado al cuarto umbilical. Característico lóbulo adventicio bífido. ~*Megapronorites* sp.

Dombarocanites chancharensis

Epicanites sp.

Megapronorites sp.

Stenopronorites sp.

• Género Stenopronorites, Schindewolf, 1934.
Caracola discoidal, involuta, con el lado ventral poco redondeado. Ombligo estrecho y característicos lados aplanados. En las primeras etapas de crecimiento, la relación entre la altura y el ancho de las vueltas es aproximadamente de 1 a 1, pero en la madurez la altura de las vueltas es el doble de la anchura. El caparazón es liso pero puede tener costillas débiles en los flancos ventral y ventrolateral. La sutura tiene de 18 a 24 lóbulos: 6 o 7 lóbulos entre el lóbulo ventral y la costura umbilical y de 2 a 4 lóbulos internos, además del lóbulo dorsal. El primer lóbulo lateral se divide en dos más o subdivisiones menos iguales por una silla moderadamente alta con flancos divergentes. ~*Stenopronorites* sp.

CLASE BIVALVIA.

Órdenes antiguos como Nuculoida y Arcoida que tienen una serie de dientes alineados en la bisagra que, junto al tejido ligamentario (resilifer), unen y articulan las valvas en esa línea de charnela. El resilifer deja su cicatriz de estrías al desaparecer por ejemplo en Pteroidea. La presencia y posición de las impresiones que los músculos de sujeción dejan en el interior de la valvas es un carácter diferenciador.

También en el Carbonífero hullero están presentes bivalvos límnicos, que progresaban entre los desechos vegetales acumulados en las aguas. En ellos son frecuentes las variaciones morfológicas de una misma especie en la forma adulta de los individuos.

Dentición en charnela de Nuculoida

Orden Nuculoida.

Familia Malletiidae.

• Género Palaeoneilo, Hall & Whitfield, 1869.
Pequeñas conchas medianamente convexas, con el umbo bajo en el tercio anterior; los lados anterior

Bivalvo límnico en carbones

y ventral son regularmente convexos, pero el extremo posterior es aplanado; las cicatrices musculares, imperceptibles; la bisagra tiene unos 25 dientes. ~*Palaeoneilo laevirostris.*

Familia Nuculanidae.

Palaeoneilo sp.

• **Género Phestia, Chernyshev, 1951.**
Pequeñas conchas con el umbo junto al tercio anterior, lado posterior alargado; huella del músculo aductor posterior en la carina que limita la cresta junto al escudete; charnela con 2 filas de pequeños dientes convexos separadas por el resilifer. ~*Phestia* sp.

Orden Arcoida.

Pheista sp.

Familia Parallelodontidae.

• **Género Parallelodon,**
Meek & Worthen, 1866.
Umbo situado hacia el tercio anterior; ángulo cardinal anterior casi recto, borde ventral subrectilíneo, el lado posterior oblicuo; ornamentación con estrías concéntricas y finas costillas radiales; bisagra con 3 dientes anteriores, unos diez dientes bajo el umbo y 3 dientes posteriores. ~*Parallelodon tenuistriatus, P. semicostatus.*

Parallelodon sp.

Orden Pterioidea.

Familia Myalinidae.

• **Género Septimyalina, Newell, 1942.**
Se caracteriza por una carena afilada que separa un talud anterior cóncavo del flanco de la valva. Cada umbo está carenado y curvado sobre la línea de bisagra. La placa cardinal

Setimyalina sp.

presenta unas estrías transversales detrás del umbo; el borde ventral es convexo; el lado dorsal es oblicuo detrás del umbo en casi la mitad de su longitud y luego se redondea. ~*Septimyalina flemingi.*

Leiopteria sp.

Aviculopecten sp.

Streblopteria sp.

Familia Pterineida.

• **Género Leiopteria, Hall, 1883.**
Valva izquierda oblicua, en unos 40° con la línea cardinal posterior, recta; ala anterior corta, ala trasera triangular, dentada; superficie de la valva cubierta con laminillas concéntricas espaciadas; valva derecha, con la misma ornamentación; huella del músculo aductor anterior al nivel del ala anterior; 2 o 3 dientes cardinales y 2 dientes laterales posteriores. ~*Leiopteria cf. lamellosa.*

Familia Aviculopectinidae.

• **Género Aviculopecten, McCoy, 1851.**
Conchas pequeñas algo oblicuas y con umbo central; ornamentación con fuertes costillas radiales tuberculadas al cruzar las laminillas concéntricas, puede tener costillas secundarias y de tercer orden cerca del borde; aletas con costillas primarias. ~*Aviculopecten cf. dorlodoti.*

Familia Deltopectinidae.

• **Género Streblopteria, McCoy, 1851.**
Pequeña concha suborbicular; línea cardinal corta; alas anteriores pequeñas; ornamentación desconocida. ~*Streblopteria cf. elliptica.*

Familia Posidoniidae.

• **Género Posidonia, Bronn, 1834.**
Concha pequeña con umbo subcentral y recta cardinal; área del ligamento estriado visible a

ambos lados del umbo; la ornamentación concéntrica de laminillas, espaciadas irregularmente, escamosas junto al umbo diferencia la especie *protobecheri* de la especie *becheri*, con pliegues
concéntricos regulares y anchos. ~*Posidonia* sp.
cf. protobecheri.

Posidonia sp.

Orden Modiomorphoida.

Familia Modiomorphidae.

• Género Spathella, Hall, 1885.

Conchas pequeñas que se caracterizan por la
posición muy anterior, casi extrema, del umbo
y por el aumento de la altura hacia atrás, por
la elevación del borde cardinal; ornamentación
bien marcada, con grandes estrías concéntricas
de crecimiento; un diente cardinal y un diente
lateral en cada valva; músculo aductor anterior
débilmente impreso. ~*Spathella* sp.

Spathella sp.

Orden Trigonioidea.

Familia Myophoriidae.

• Género Schizodus, de Verneuil & Murchison, 1844.

Valvas más anchas que largas y moderadamente
convexas; umbo en el tercio anterior de la línea
cardinal que es recta; la forma general se caracteriza por el truncado del lado posterior y por
un seno cóncavo posterior delimitado por una
carena roma que une el umbo con el ángulo
postero paleal. ~*Schizodus antiquus* es una especie con una amplia distribución.

Schizodus sp.

Orden Pholadomyoida.

Familia Grammysiidae.

Sanguinolites sp.

• **Género Sanguinolites, Hall & Whitfield, 1869.**
Pequeñas conchas desiguales, con lados dorsal y paleal subparalelos; una carena se extiende desde el dorso del umbo hasta el ángulo postero-paleal; ornamentación concéntrica. ~*Sanguinolites* sp.

ORDEN CONOCARDIOIDA.

Familia Conocardiidae.

Conocardium sp.

• **Género Conocardium, Bronn, 1835.**
Concha pequeña con la parte anterior provista de costillas radiales irregulares intersectadas por costillas concéntricas bien marcadas; esto le da un aspecto reticulado muy característico; carena umbonopaleal bien desarrollada. ~*Conocardium* sp.

Carbonífero continental.

•REINO PLANTAE•

Su proliferación durante el Carbonífero y la acumulación de estratos de desechos vegetales formarán el carbón fósil. Los diferentes grados de concentración del carbono dan lugar a diferentes carbones: los lignitos pueden conservar mejor los detalles orgánicos de los vegetales que los originaron, mientras que la antracita es el tipo más mineralizado.

Generalmente, los restos fósiles son fragmentos de tallos, hojas, raíces, etc. que se clasifican en diferentes taxones, con diferentes nombres, aunque puedan ser partes de una misma especie.

Las plantas fosilizadas del Carbonífero se corresponden sobre todo con las familias actuales de helechos y equisetos (cola de caballo).

Orden Equisetales.

Familia Calamitaceae.

• **Género Asterophyllites,**
A.T. Brongniart, 1828.
Su nombre deriva de la disposición de las hojas en forma de estrella alrededor de las ramas secundarias, que a su vez se disponen en series radiales alrededor del tronco a intervalos regulares. El género parece emparentado con el actual *Equisetum*. Además podría tratarse de follajes atribuibles a los troncos fósiles conocidos como *Calamnites*. ~*Asterophyllites* sp.

• **Género Calamites,**
Sternberg, 1820.
Son restos leñosos de géneros arbóreos de ejemplares de hasta 20 m de altura. El tronco es hueco con la corteza estriada continua entre anillos de nudos, donde se generaban las ramificaciones. En los entrenudos de las ramificaciones primarias y secundarias se encontraban las hojas y fructificaciones que eran productoras de esporas. ~*Calamites* sp.

Asterophyllites sp.

Calamites sp.

Palaeostachya sp.

• **Género Palaeostachya, C. E. Weiss, 1876.**

Se considera que es un cono de reprodución por esporas de Calamites formado por hojuelas estériles (brácteas) dispuestas en espiral. Los esporangios se asientan entre estas espirales. Se distinguen dos tipos en función de la forma en que estos esporangios se unen al tallo: *Palaeostachya*, que tiene los esporangios insertados junto a los pedúnculos de las brácteas, y *Calamostachys*, que tiene los esporangios soportados, en ángulo recto por el tallo interior del cono. ~*Palaeostachya* sp.

ORDEN MARATTIALES.

Tallos con polistelia vascular y destacadas estípulas (apéndices asociados a la base foliar, a uno y otro lado del peciolo).

Familia Asterothecaceae.

Pecopteris sp.

• **Género Pecopteris, (A.T. Brongniart) Sternberg, 1825.**

Son restos foliáceos, con el aspecto típico de los helechos actuales, con series de hojas homogéneas, regularmente dispuestas en un mismo plano a ambos lados de un tallo (pinnadas). ~*Pecopteris* sp.

Familia Zygopteridaceae.

Corynepteris sp.

• **Género Corynepteris, W.H. Baily, 1860.**

Frondas fértiles del helecho *Alloiopteris*, con típico aspecto en forma de los actuales helechos con hojas largas y delgadas, que están recortadas por los bordes y se unen directamente al tallo sin pedúnculo; pueden ser fértiles o estériles, según presenten o no esporangios. ~*Corynepteris* sp.

CLADO PTERIDOSPERMATOPHYTA.

Taxón provisional para describir frondas parecidas a helechos que, probablemente, fueron producidas por plantas con semillas, que son comunes en floras fósiles paleozoicas y mesozoicas.

Familia Neuropteridae.

**• Género Neuralethopteris,
L. Cremer, 1893.**
Hojas con forma acorazonada a lanceolada, con una nervadura central bien marcada y nervaduras secundarias muy apretadas, que pueden estar divididas y llegan casi completamente hasta los bordes; borde entero o ligeramente dentado, según el grado de desarrollo de la hoja. ~*Neuralethopteris* sp.

Neuralethopteris sp.

Familia Pachytestaceae.

**• Género Paripteris,
W. Gothan, 1941.**
Tiene frondas con tres a cuatro láminas a los lados del tallo que está estriado longitudinalmente. Las láminas tienen la base acorazonada en su inserción al tallo, son alargadas en forma de lengua o de hoz y presentan abundantes nervios bien marcados hasta los bordes y bifurcados. ~*Paripteris* sp.

Paripteris sp.

SUPERCLASE GYMNOSPERMAE.

ORDEN LYGINOPTERIDALES.

Son los más antiguos géneros de plantas con semillas descubiertos desde el Devónico superior. Presentan hojas grandes, compuestas, parecidas a la fronda.

Familia Lyginopteridaceae.

• **Género Eusphenopteris,
W. Gothan ex E. Simson-Scharold, 1934.**
Hojas triangulares recortadas por los bordes formando lóbulos de menor tamaño en la punta y mayores hacia el tallo donde se unen sin pedúnculo. ~*Eusphenopteris* sp.

Eusphenopteris sp.

• **Género Sphenopteris, (A.T. Brongniart) Sternberg, 1825.**
La hoja es delgada, recortada en su perímetro, con el borde formando dientes redondeados o el contorno sinuoso. En las hojas menores, cuando es máxima su diferenciación, tienen tres pares de lóbulos con idéntica distribución a cada lado del nervio principal. ~*Sphenopteris* sp.

Sphenopteris sp.

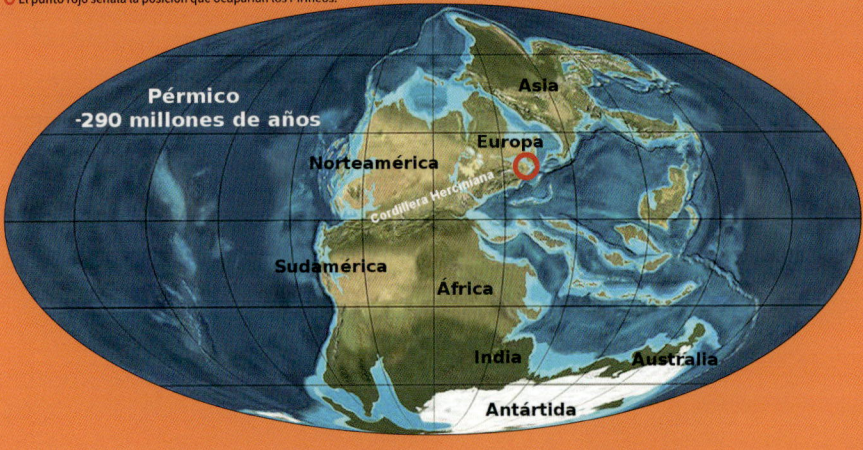

**Pérmico
-290 millones de años**

Asia

Europa

Norteamérica

Cordillera Herciniana

Sudamérica

África

India

Australia

Antártida

Paleozoico PÉRMICO
LA ARIDEZ EN LA LLANURA SUPERCONTINENTAL

Paleogeografía.

El supercontinente Pangea acaba de formarse con la colisión del continente Siberia. Los terrenos del actual Pirineo estan emergidos en la parte meridional de la gran cordillera herciniana que se forma por la colisión de América del norte y Europa contra América del sur y África; estos terrenos, en la región pirenaica, después fueron también afectados por el plegamiento alpino.

Clima.

Temperaturas cálidas y extremas, con un clima continental muy seco que provoca la desecación de ríos, lagos y humedales;

Calizas cretácicas del Castillo de Acher coronan los terrenos rojizos del Pérmico.

100

sin embargo con periodos de lluvias torrenciales tipo monzónico.

Al final del periodo se produce una súper-actividad volcánica en traps de Siberia con 2 millones de km² de rocas eruptivas acumuladas (4 veces la superficie de España); las emisiones de cenizas y gases producen un transtorno meteorológico global.

Geología.

El Pérmico está bien caracterizado con areniscas y conglomerados procedentes de estratos paleozoicos más antiguos, de vivos tonos rojizos. El Pérmico aflora en el Pirineo occidental en un perfil discontinuo al norte de las sierras interiores, entre los valles de Ansó y de Tena. Sus materiales proceden de la erosión de la cordillera hercínica.

Las ocasionales lluvias torrenciales, del tipo de los actuales monzones, caracterizaron una particular sedimentación de conglomerados y areniscas, y la formación de cubetas temporales de agua dulce en las llanuras. La radiación solar, el calor extremo, la ausencia de vegetación y los periodos de lluvias torrenciales provocan

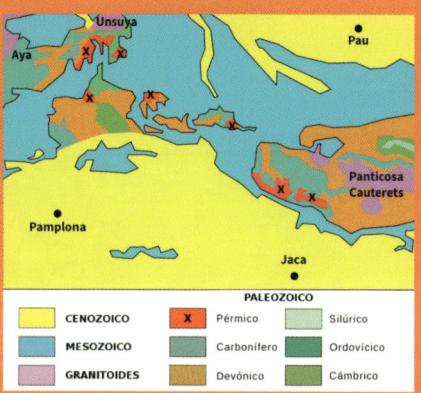

un fenómeno de oxidación-reducción de su contenido en hierro, de enrojecimiento del suelo, lo que en la actualidad se aprecia en los paisajes (Canal Roya, Castillo de Acher). También se producen los episodios volcánicos del pico Midi d'Ossau y del Anayet.

Paleontología.

La biología del Pérmico pirenaico se desenvolvió en un ambiente climático continental extremo, en una latitud ecuatorial con aridez desértica, solo interrumpida por episodios de torrencialidad monzónica.

Globalmente, el medio ambiente, muy árido obliga a los vertebrados a hacer una gran innovación: la reproducción con huevos amnióticos de cáscara rígida, lo que transformará a los anfibios en reptiles, saurios y aves. Más adelante y haciendo una gestación interior amniotica del huevo, evolucionan los marsupiales y los mamíferos. Por su parte, los vegetales incorporan las semillas leñosas y la reproducción por tallos subterráneos, para protegerse de la extrema aridez.

El Pérmico finaliza con el mayor ciclo de extinción de la historia del planeta, en el que sucumben el 95 % de las especies. El fin del Paleozoico es ocasión para el progreso de nuevos linajes evolutivos mesozoicos.

La pobreza en restos fósiles de los terrenos pérmicos tiene una excepción en los conglomerados, que muestran un contenido de fósiles del Devónico y del Carbonífero que han rodado de los estratos más antiguos.

Otros excepcionales sedimentos de la región remiten a lagos someros de carácter intermitente que formarían las lluvias torrenciales estacionales, donde desbordarían y desaguarían los torrentes para desecarse en la estación seca.

Estos sedimentos lagunares contienen calizas pisolíticas o laminadas, con abundantes pisolitos y oolitos, ostrácodos milimétricos, restos de gasterópodos, depósitos algares, estromatolitos y restos vegetales.

DOMINIO PROKARYOTA.

STROMATOLITHES.

Nódulos en torno a estromatolitos.

Los medios lagunares evaporíticos son apropiados tanto para la formación de estromatolitos (acumulaciones minerales formadas por superposición de tapices bacterianos) como por facilitar las deposiciones minerales en los periodos de evaporación, por lo que son un medio propicio para la formación de nódulos; en este caso, en torno a bultos de stromatolithes.

Detalle de estromatolitos

•REINO ANIMALIA•

•FILO ARTROPODA•

CLADO CRUSTACEA.

CLASE OSTRACODA.

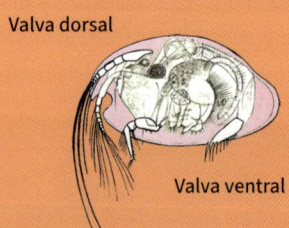

Valva dorsal

Valva ventral

Los **ostrácodos** son diminutos crustáceos milimétricos con el cuerpo protegido con dos valvas que están unidas y articuladas por una charnela y un ligamento, y se accionan con un músculo aductor. Las valvas pueden ser lisas u ornamentadas con carenas, lóbulos, espinas, etc. y son el resto que fosiliza. Son seres marinos, de agua dulce o, raramente, terrestres. Se extienden desde el Ordovícico al Holoceno y se utilizan para conocer la cronología y la paleoecología de los sedimentos.

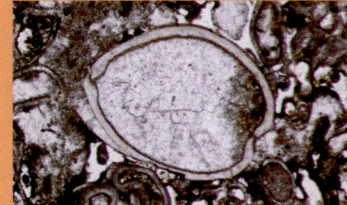

Ostrácodo indeterminado

Pisolito

Trigonocarpo sp.

Carbón humídico

Tronco leñoso

PISOLITHES.

Son cuerpos subesféricos milimétricos formados por un núcleo (de algas, materia orgánica, cuarzo o carbonato) en torno al cual se van formando capas concéntricas de calcita.

Los pisolitos pueden producirse sobre elementos flotantes, que al crecer en sus capas y ganar peso se hunden y depositan en el sustrato; o pueden formarse en el mismo fondo de la masa de agua como corpúsculos rodantes por las corrientes. Su origen puede estar en la actividad bacteriana que forma mantos concéntricos en torno al núcleo y facilita la deposición de calcita.

ORDEN LYGINOPTERIDALE.

• Género Trigonocarpus, Brongniart, 1828.

Son las primeras semillas fósiles con una cobertura leñosa, aunque sin fruto; pueden corresponder al orden de Lyginopteridale desde el Devónico superior. En esta ocasión, el resto sin identificar tiene aspecto de almendra con una forma ovalada comprimida bilateralmente convexa hacia un extremo y aquillada y apuntada hacia el extremo opuesto. ~ *Trigonocarpus* sp.

Carbones humídicos.

Del tipo de los azabaches, son restos vegetales carbonosos con superficie blanda, fractura concoidea, y que desprenden humo al ser expuestos al fuego por su alto contenido en carbón.

Troncos leñosos lignitificado.

En el otro extremo, el tipo de fosilización poco mineralizada fragmentos leñosos lignitificados.

MESOZOICO

LA FAUNA MEDIA Y LA
DISGREGACIÓN DEL SUPER CONTINENTE

○ El punto rojo señala la posición que ocuparían los Pirineos.

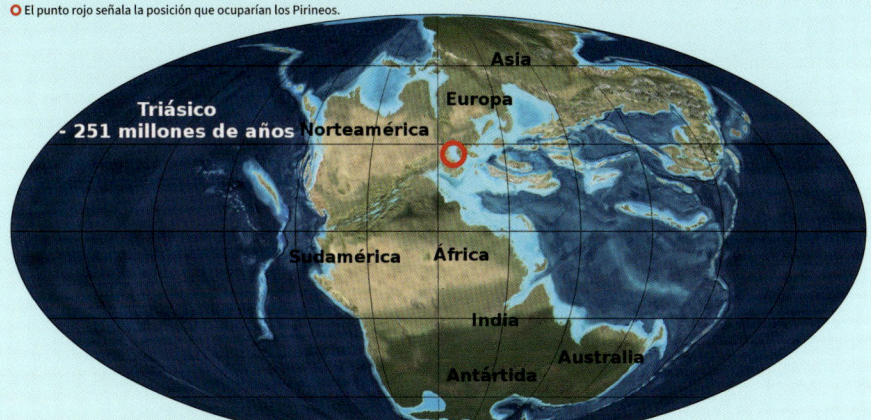

La placa ibérica se situa entre las placas americana, europea y africana, mientras el supercontinente Pangea se desintegra y nace el océano Atlántico; la mayor parte de los materiales pirenaicos del Mesozoico son de origen marino.

El supercontinente Pangea se mantiene unido al final del Paleozoico y la cordillera hercínica se continúa erosionando y se convierte en una extensa llanura, cuando se inicia la distensión entre las placas que forman el supercontinente y se inicia su fraccionamiento.

El Mesozoico es la época de la conquista de la tierra firme por los vertebrados, las condiciones estables de este largo período permiten que prosperen hasta el gigantismo los grandes saurios, que se dispersan por todos los continentes que ya están repoblados por vegetaciones más

evolucionadas, como las gimnospermas (plantas con semillas sin fruto). Conforme avanza la disgregación de Pangea también aumenta la diversificación de especies en las diferentes geografías del globo.

Localmente, en el inicio del Mesozoico (**Triásico**), se producen avances y retrocesos del nivel del mar con inmersiones y emersiones de los terrenos de la actual cordillera pirenaica. Los repetidos ascensos y descensos del nivel del mar sobre las llanuras litorales dan lugar, en casi toda el área europea, a ecosistemas de aguas someras y salobres, tipo marisma, y de plataforma marina extensa de poca profundidad.

El Triásico está formado en gran parte por calizas y arcillas con materiales muy finos, yesos y sales; sus sedimentos son el resultado de sucesivas evaporaciones y reinundaciones de mares someros.

Los sedimentos triásicos son materiales muy moldeables y plásticos, sobre ellos se acaban deslizando los mantos geológicos y sobre ellos se forman las grandes fallas

norpirenaica y subpirenaica; el Triásico es el lubricante que ha facilitado el deslizamiento, la compresión y la elevación de la cordillera.

Por tanto el Triásico aflora en las zonas de las grandes fallas norte y sur de los Pirineos, bajo los mantos de las sierras exteriores. En las sierras surpirenaicas lo delatan los yesos versicolores y sus contrastadas formas en el paisaje, blandas y duras: suaves y onduladas arcillas y yesos, junto a rígidos crestones calizos.

En las sierras nor-pirenaicas el Triásico aflora en amplios valles que han sido fácilmente excavados por los glaciales, como en la llanura de Bedous.

Los afloramientos Triásicos en las sierras exteriores oscenses aportan algunas faunas de moluscos gregarios. Excepcionalmente, en 1919 se halló un ejemplar de *Nothosaurus*, un primitivo reptil adaptado a la natación o proto-cocodrilo, en muy buen estado de fosilización, que se conserva en el Museo Nacional de Ciencias Naturales.

Suaves relieves triásicos en Bedous, bajo la falla nor-pirenaica.

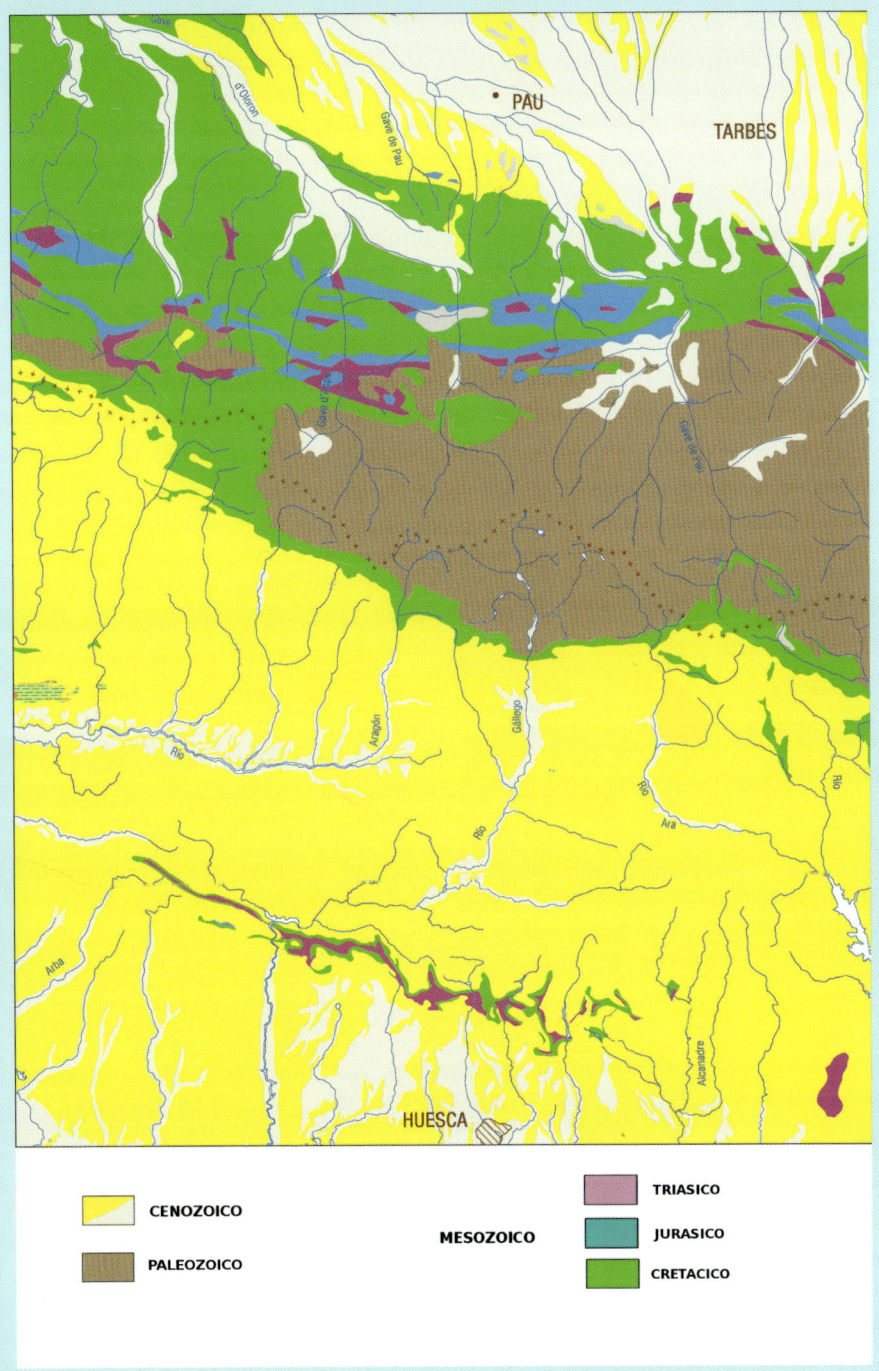

	CENOZOICO			TRIASICO
	PALEOZOICO	MESOZOICO		JURASICO
				CRETACICO

Las sierras nor-pirenaicas se repiten en un triple alineamiento al menos, por la sucesión de fallas en abanico; así, también los materiales mesozoicos repiten su afloramiento en la elevación de estas sierras y en la profundidad de los cañones que se abren entre ellas.

El **Jurásico** y el **Cretácico inferior** están mejor conservados en la vertiente norte, en la llamada geografía de los cañones del Bearne. Entre sus restos fósiles destacan las conchas cónicas de los belemnites, las conchas arrolladas de los ammonites, los ostreidos, los corales y los rudistas, que son bivalvos formadores de arrecifes.

Los materiales del **Jurásico** se formaron en mares maduros, con la plena disgregación del supercontinente Pangea. Lo forman rocas grisáceas, a veces, claras y compactas por el contenido cálcico.

Durante el Jurásico se inicia el alejamiento de América y Groenlandia respecto de la placa europea; es una época geológica muy prolongada. Durante el **Cretácico** la plataforma ibérica se aleja del bloque armoricano (costa oeste actual francesa) y se desliza hacia el sur girando hasta quedar comprimida entre África y la periferia del Macizo Central Francés.

A grandes rasgos, la fauna marina es muy similar. En cuanto a la terrestre la evolución de los grandes reptiles realiza todo su ciclo desde la diferenciación de los anfibios hasta su desaparición a final del Cretácico.

El **Cretácico superior** está bien conservado en ambas vertientes del Pirineo, aunque su límite final está mal definido. Los materiales finicretácicos son tanto marinos como continentales, lo cual denota el inicio del plegamiento del Pirineo, y a su vez están cubiertos por materiales cenozoicos nuevamente marinos.

Entre sus fósiles destacan restos de los últimos dinosaurios, en el límite de la aniquilación definitiva de las megafaunas por el impacto de un meteorito.

Entre los invertebrados destacan los bivalvos rudistas y los corales, ambos formadores de arrecifes que compitieron por ese nicho ecológico.

Crestas jurásicas coronan las sierras de los cañones norpirenaicos.

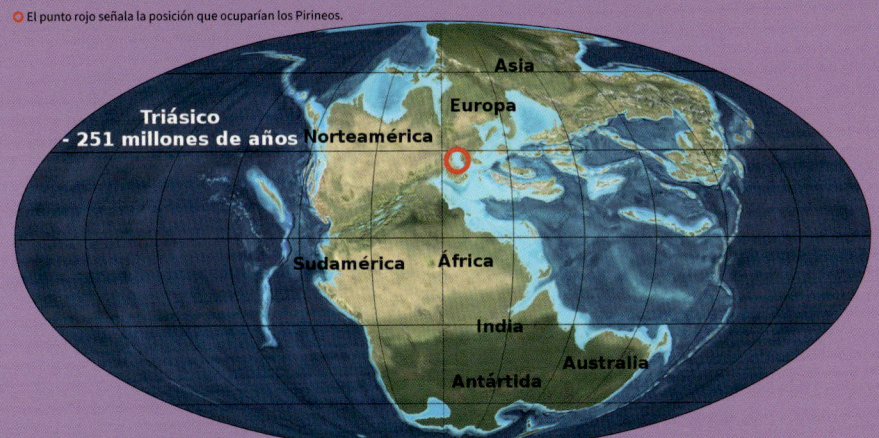

Triásico
- 251 millones de años

Asia
Europa
Norteamérica
Sudamérica   África
India
Australia
Antártida

Mesozoico TRIÁSICO
EL RENACER DESPUÉS DE LA MAYOR EXTINCIÓN

Paleogeografía.
Todas las tierras emergidas están reunidas en el supercontinente Pangea. La erosión de la cordillera hercínica forma en todo su entorno grandes llanuras, con extensas zonas inundables, con subidas y bajadas del nivel del mar, y con mucha acumula-ción de sales y yesos por la evaporación y las sucesivas inundaciones y desecaciones.

Clima.
Continúa la aridez del Pérmico, con un clima continental extremado: seco y caluroso en verano y muy frío en invierno, al

Aspecto típico del Cretácico y Jurásico en forma de crestones calizos.

mantenerse las grandes masas continentales con poca influencia de las corrientes oceánicas; aunque pudo tener etapas con lluvias estacionales al modo de los actuales monzones.

Geología.

Entre los sedimentos que se conservan de esta época dominan las sales y yesos producidos por la repetida evaporación de mares muy poco profundos. La sal común mineral disuelta ha sido extraída del agua de arroyos, fuentes y pozos, en numerosas salinas del Pirineo para su explotación doméstica o comercial.

Aparecen también rocas eruptivas en pequeños afloramientos, repetidos a lo largo de todo el Pirineo; son *ofitas*, con aspecto de piel de ofidio versicolor, son rocas sub-volcánicas ligeras, formadas debajo del suelo y proyectadas en erupciones; muy resistentes, se usan para las plataformas de las vías ferroviarias.

Los materiales triásicos, por su gran plasticidad, son los estratos sobre los que desliza, se rompe en fallas y se amontona la cordillera, al comprimirse las placas con la fuerza tectónica. Sobre la gran falla subpirenaica despegan las sierras exteriores al norte de la cuenca del Ebro; y la gran falla norpirenaica, también sobre el Triásico, cabalga la cordillera en sucesivos pliegues que forman sierras y cañones subparalelos.

Paleontología.

Durante el Triásico, los repetidos ascensos y descensos del nivel del mar dan lugar a ecosistemas muy pobres biológicamente, de tipo pantanoso litoral o de plataforma marina somera, en casi toda el área europea; y también en los terrenos correspondientes a las actuales ambas vertientes del Pirineo. Se ha estimado que estos ecosistemas tardaron 10 millones de años en recuperarse de la rigurosa extinción del final del Pérmico.

El Triásico del Pirineo occidental evoluciona de contener una fauna netamente marina a una sedimentación marina de poca energía (tipo laguna litoral), a un ambiente intersupramareal y, finalmente, a depósitos de llanura fangosa, con desarrollo ocasional de lagunas salinas.

En las sierras exteriores oscenses las especies fósiles son casi todas de muy pequeño tamaño, generalmente, en forma de faunas gregarias de moluscos (bivalvos y gasterópodos) y braquiópodos, y en forma de moldes de restos vegetales (*Fucoides* y *Chondrites*) que fueron menos afectados por la extinción pérmica.

Materiales triásicos en la gran falla norte, Osse en Aspe.

110

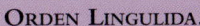

•FILO BRACHIOPODA•

ORDEN LINGULIDA.

Familia Lingulidae.

• Género Lingularia, Biernat & Emig, 1993. Tienen una típica forma de lengua y la cicatriz en el ápice de la inserción peduncular característica de los braquiópodos. Los rasgos externos de las valvas de los lingúlidos no son útiles para su clasificación taxonómica, que se basa en caracteres internos. Su presencia denota ambientes marinos de aguas someras, cálidas, de salinidad variable; y su acumulación suele producirse en entornos infra o supralitorales con poca energía de oleajes y corrientes. ~*Lingularia smirnovae.*

Lingularia smirnovae

•FILO MOLLUSCA•

CLASE BIVALVIA.

ORDEN NUCULIDA.

Familia Nuculidae.

• Género Nucula, Lamarck, 1799. Género muy antiguo con dentición taxodonta en su bisagra, tiene en cada valva y a ambos lados del ápice dos hileras de dientecillos que se corresponden con otras dos hileras de oquedades en la valva opuesta. ~*Nucula gregarea.*

ORDEN NUCULANIDA.

Familia Nuculanidae.

Nucula sp.

• Género Nuculana Link, 1807.

Conchas pequeñas, equivalvas, no equiláteras, frágiles, con estructura externa concéntrica, bisagra con dentición taxodonta, ligamento parcialmente interno resiliente y rostro bien desarrollado. ~*Nuculana tirolensis.*

ORDEN ARCIDA.

Familia Arcidae.

Nuculana sp.

• Género Arca, Linneo, 1758.

Otro género con dentición taxodonta como *Nucula*, adopta una forma de rectangular a trapezoidal con una línea de charnela alargada y recta, una línea de dentición ininterrumpida y una amplia área ligamentaria sobre la charnela. ~*Arca triasina.*

ORDEN PTERIOIDEA.

Familia Posidoniidae.

Arca triasina, en Lucas Mallada

• Género Posidonia, Bronn, 1834.

Es un bivalvo muy característico del Triásico europeo y el género se documenta en el Pirineo también en el Carbonífero. Presenta profundos surcos concéntricos y tiene forma subtriangular. ~*Posidonia minuta.*

ORDEN TRIGONIIDA.

Familia Myophoriidae.

Posidonia minuta

• Género Myophoria,
Bronn in Alberti, 1834.

Género extinto que está en el origen de los Trigoniida. Las conchas de las especies del orden y de este género son triangulares, con costillas prominentes que irradian desde el ápice y líneas de crecimiento finas. ~*Myophoria laevigata.*

Myophoria vulgaris

Pseudocorbula gregaria

ORDEN CARDITIDA.

Familia Myophoricardiidae.

• Género Myophoriopsis, Wöhrmann, 1889.

Género extinto, difiere de *Myophoria* por la lúnula (área deprimida y bien definida junto al ápice) y los dientes de la bisagra (un diente grande en una valva, un diente pequeño y otro afilado en la opuesta). Costillas como *Myophoria* pero en la parte posterior de la quilla (opuesta a la lúnula). ~*Myophoriopsis gregaria, M. conspicua.*

ORDEN VENERIDA.

Familia Trapezidae.

• Género Trapezium, Megerle von Mühlfeld, 1811.

Concha equivalva, desigual, oblicua o transversalmente alargada; con un lado (posterior) muy corto; bisagra con tres dientes en cada valva (dentro y detrás del umbo y un diente lateral alargado hacia el lado anterior); dos impresiones musculares laterales irregulares. ~*Trapezium* sp.

Cypricardia (Trapezium) sp.

CLASE GASTROPODA.

ORDEN VETIGASTROPODA.

Familia Turbinidae.

• Género Turbo, Linneo, 1758.

Arqueogasterópodo con concha cónica, en forma de trompo; base aplanada o turbinada y abertura circular sin escotaduras pero con un seno al falso ombligo; superficie de las vueltas aplanadas con ornamentación de series de costillas espirales.

Turbo sp.

ORDEN LITTORINIMORPHA.

Familia Naticidae.

• Género Natica, Scopoli, 1777.

Conchas globulosas, casi tan anchas como altas, con una última vuelta amplia y redondeada; superficie lisa u ornada con estrías de crecimiento; la parte superior de las vueltas forma en ocasiones un aplanamiento contra la sutura; el eje de la concha es hueco y abierto en su base en un ombligo que puede estar abierto, obturado por una callosidad o parcialmente lleno por un funículo ~*Natica gregarea*.

Natica gregarea

Familia Rissoidae.

• Género Rissoa, Desmarest, 1814.

Conchas de pequeño tamaño con forma turriforme a cónicas ovaladas, a veces turbiniforme; abertura circular o ovalada, con el borde entero. Especies terrestres, de agua dulce y marinas. ~*Rissoa* sp.

Rissoa sp.

ORDEN HYPSOGASTROPODA.

Familia Coelostylinidae.

• Género Omphaloptycha, Ammon, 1893.

Troquiformes a turbiniformes con el ápice agudo; abertura ovada, angulosa por la parte superior; vueltas poco abombadas y separadas por una profunda sutura; última vuelta más amplia, con una altura superior a la mitad de la altura de la concha; superficie lisa o con débiles líneas de crecimiento rectas o algo curvadas. Desde el Pérmico al Triásico. ~*Omphaloptycha gregaria, O. rhenana*.

Omphaloptycha gregaria

CLASE REPTILIA.

Orden Nothosauria.

Familia Nothosauridae.

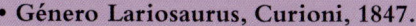

Lariosaurus (Sauropterygia) balsami

Fucoides

• **Género Lariosaurus, Curioni, 1847.**
Excepcionalmente, en 1919 se halló en el Prepirineo aragonés un ejemplar de *Nothosaurus*, un primitivo reptil adaptado a la natación, un protococodrilo, en muy buen estado de fosilización, que se conserva en el Museo Nacional de Ciencias Naturales. ~*Lariosaurus balsami.*

•ICNOGÉNERO•

• **Icnogénero Fucoides.**
Variedad de estructuras que se encuentran en los planos de sedimentación de los estratos y se atribuyen a Fucales: una especie de alga parda o alga marina. Sin embargo, algunos *Fucoides* han sido después reconocidos como huellas de animales y madrigueras.

• **Icnogénero Chondrites.**
Grandes complejos de pequeños túneles y ejes similares a raíces en patrones dendríticos. Por lo general, las galerías nunca se cruzan, excepto por un sistema de otro **Chondrites** diferente. El hecho de que las galerías no se crucen alimenta la interpretación de que se trate de raíces de organismos vegetales.

Chondrites

○ El punto rojo señala la posición que ocuparían los Pirineos.

Jurásico
- 199 millones de años

Groenlandia
Asia
Norteamérica
Europa
Mar Atlántico
Mar de Tethis
África
Sudamérica
Oceano
Panthalassa
India
Oceano
Panthalassa
Australia
Antártida

Mesozoico JURÁSICO
LA DISGREGACIÓN DEL SUPERCONTINENTE PANGEA

Paleogeografía.

En el Jurásico se inicia la disgregación del supercontinente Pangea. Groenlandia y las placas americanas derivan hacia el oeste y se empieza a formar el mar Caribe y el océano Atlántico.

La placa ibérica se desgaja de la plataforma de Armórica (oeste de Francia), se desplaza con un giro hacia el sur-este, hasta encajar al sur de la placa europea y al norte de la placa africana.

La llanura triásica se profundiza bajo el mar en los terrenos norpirenaicos, recibiendo regular acumulación de sedimentos durante el Jurásico.

En el sur domina la fase erosiva, por lo que hay poca acumulación de sedimentos, sobre todo en los territorios occidentales.

Sierras exteriores del norte coronadas por Jurásico y Cretácico.

En los territorios orientales se detecta el desmantelamiento de un macizo ibérico (macizo del Ebro), que aporta nuevos sedimentos en las sierras centrales del sur.

Clima.

El fraccionamiento del súper continente, y el ensanchamiento del Atlántico aumentan la influencia oceánica y proporciona un clima más húmedo al interior de los continentes, y a la insularidad de la región europea, configurada como un archipiélago. La temperatura continúa siendo cálida en general y favorece a la vegetación, rompiéndose la tendencia árida supercontinental del interior de Pangea, de final del Paleozoico.

Geología.

En el norte del Pirineo, es más notable la acumulación de sedimentos jurásicos que tienen continuidad a lo largo de la llamada *geografía de los cañones*: los pliegues paralelos de las sierras del Bearne, se alternan con los estrechos y profundos cañones fluviales, también paralelos al eje de la cordillera.

Los pliegues de las sierras exteriores francesas forman en sección transversal un abanico articulado por una sucesión de fallas; en las sierras y los cañones se repiten las secuencias de estratos jurásicos y cretácicos. Los sedimentos del mesozoico se acumularon al formarse un surco submarino previo a la orogenia pirenaica. Mientras en el sur se formaba un abom-bamiento preorogénico, también submarino, que produjo más erosión que acumulación durante el Jurásico.

Paleontología.

Esta época es muy prolongada, con un clima relativamente estable y con una geografía muy fraccionada; todo esto favorece el desarrollo y la diversificación de los vertebrados terrestres: primero, de forma homogénea en todo el globo por la existencia del supercontinente; después, con el fraccionamiento del supercontinente, de forma muy dispersa en las distintas regiones.

En los mares proliferan, muy diversificados también, los cefalópodos ammotines y belemnites; los corales scleractinios sustituyen en los edificios arrecifales a los corales paleozoicos; los erizos equiparan y superan la preponderancia de los crinoideos en el *filum* de los equinodermos.

Jurásico sobre Cretácico, Paleoceno y Eoceno en las sierras exteriores del sur.

•REINO ANIMALIA•

•FILO PORIFERA•

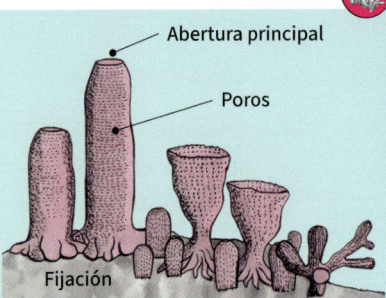

Abertura principal

Poros

Fijación

Metazoos acuáticos sin tejidos orgánicos, con células flageladas, extraen alimento del agua haciéndola circular por el interior de su estructura esquelética porosa. Forman estructuras arrecifales desde el Pre-Paleozoico. De la mayoría de esponjas no fosiliza su estructura esquelética íntegra, sino solo las espinas microscópicas que lo forman.

ORDEN LITHISTIDA.

Esponjas caracterizadas por espículas toscas llamadas desmas, que generalmente están tan entrelazadas o cementadas que dan lugar a estructuras rígidas.

SUBORDEN TETRACLADINA.

Desmas de tipo tetraclón, en su mayoría con espinas lisas, excepto en las puntas, pero algunas cubiertas de bultos o dientes; unión de desmas comúnmente en los contactos de las extremidades de las espinas esculpidas con profusión, formando una malla finamente reticulada y rígida.

Familia Hallirhoidae.

En su mayoría con pedúnculo (algunos con pedúnculos muy largos), comúnmente con protuberancias laterales lobuladas; superficie bastante lisa, con poros diminutos; apochetos generalmente paralelos a la superficie, con apóporos en hileras en el interior; prosochetes invariablemente delgados, subnormales en superficie.

Siphonia sp.

• Género Siphonia, Parkinson, 1822.

Cuerpo no lobulado sobre tallo largo con raíces grandes; sistema de canales bien desarrollado típico. *~Siphonia* sp.

ORDEN DICTYIDA.

Esqueleto rígido, formado por hexágonos dispuestos simétricamente, todos unidos de punta a punta, excepto en las filas exteriores, para formar un enrejado rectangular; sin espículas diácticas.

Tremadictyon sp.

Familia Staurodermatidae.

Comúnmente en forma de cuenco, invariablemente con una capa esquelética externa compuesta típicamente de stauractos, pero en algunos géneros incluye hexágonos en forma de stauractos, con el esqueleto principal por debajo.

• Género Tremadictyon, Zittel, 1877.

En forma de embudo o placa, con cloaca ancha y poco profunda; esqueleto dérmico especial en ambos lados, poco evidente en la superficie exhalante. ~*Tremadictyon* sp.

Orden Lychniskida.

Forma y esqueleto rígido que tiene un patrón general de Dictyida, pero la parte central de cada hexágono tiene contrafuertes diagonales cortos que conectan pares de espinas adyacentes para formar un patrón octoédrico (*lychnos*, lámpara); estos llamados nodos de linterna tienen las 12 costillas que confluyen en el octoedro y 8 pequeñas aberturas triangulares en la posición de las caras del octoedro.

Cipellia rugosa

Familia Cypelliidae.

Tiene una reticulación dérmica de malla fina, comúnmente formada por stauractos, pero el esqueleto endomosal es un marco regular, sin una estructura tubular contorneada.

• Género Cypellia, Pomel, 1872.

Subcilíndrico, expandiéndose hacia arriba, con una sola boca exhalante profunda. ~*Cipellia rugosa*.

• Género Discophyma, Oppliger, 1915.

En forma de copa, con paredes gruesas llenas de poros gruesos. ~*Discophyma* sp.

Discophyma sp.

Familia Cnemidiastridae.

Superficies laterales macizas a cilíndricas que tienen surcos y crestas verticales que comúnmente forman un patrón radiado en la cumbre; espículas lisas raras o ausentes.

• Género Cnemopeltia, Pomel, 1972.
Características comunes de la familia. ~*Cnemidium rimulosum* Goldfuss, 1833.

Cnemopeltia rimulosum

•FILO CNIDARIA•

CLASE ANTHOZOA.

ORDEN SCLERACTINIA.

Los corales tabulados y rugosos han desaparecido en el Mesozoico, cuando progresan los corales Scleractinia, que se distinguen por tener el interior del asiento del pólipo dividido por tabiques en número de seis o múltiplo de seis. Pueden ser solitarios o coloniales.

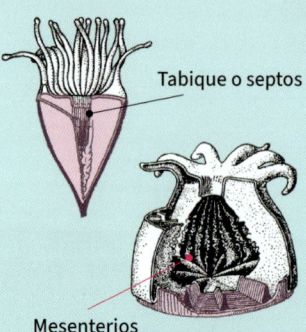

Tabique o septos

Mesenterios

SUBORDEN RHIPIDOGYRINA.

Superfamilia Stylinoidea.

Familia Rhipidogyridae.

Solitario y colonial, fijados; hermatípicos. Formación de colonias por gemación intratentacular. Coralitos unidos o engrosados externamente por un coenosteum sólido con superficie granulada, que oculta las costillas excepto cerca de los cálices. Pocos septos, proyectados, gruesos, no dentados. Columnilla laminar, delgada, continua, profunda. Epiteca ausente.

• Género Rhipidogyra, Milne Edwards & Haime, 1848.
Flabeliformes, coralitos en series lineales lateralmente libres, comúnmente contorsionados. ~*Rhipidogyra* sp.

Rhipidogyra sp.

Suborden Faviina.

Solitario y colonial. Pared de polípero epitecal, septotecal o paratecal. Septos formados por uno o más sistemas en abanico de trabéculas simples o compuestas, que van desde espinas aisladas hasta láminas imperforadas, con márgenes más o menos regularmente dentados. Disepimentos bien desarrollados. Sinaptículas muy raras.

Thecosmilia sp.

Familia Montlivaltiidae.

Solitario y colonial, hermatípico. Formación de colonias por varios planes de brotación intratentacular completa e incompleta; enlaces laminares entre centros de coralitos. Epiteca bien desarrollada. Septos proyectados, formados por un sistema de abanico de grandes trabéculas, en su mayoría simples, con denticiones cónicas regulares y estrías laterales o granulaciones. Disepimentos endotecales abundantes.

• Género Thecosmilia, Milne Edwards & Haime, 1848.

Colonias faceloides formadas por brotación polistomodal, mono a tristomodal. Polifilético. ~ *Thecosmilia* sp.

Isastrea sp.

• Género Isastrea, Milne Edwards & Haime, 1851.

Colonias laminares a masivas de superficie cerioide; paredes de poliperitos de septotecales a paratecales, pero en general parcialmente ausentes con septos confluentes; coralitos mono o dicéntricos. ~ *Isastrea* sp.

Montlivaultia sp.

• Género Montlivaultia, Lamaroux, 1821.

Solitario, cupulado, trocoideo a subcilíndrico, generalmente libre (no cementado) en la etapa efíbica. Columnilla generalmente débil. ~ *Montlivaultia* sp.

Suborden Stylinina.

Familia Stylinidae.

Colonial, hermatípico; colonias por brotación intra y extratentacular. Septoteca presente. Septos compuestos por un solo sistema de abanico de trabéculas simples, márgenes superiores lisos a rebordeados, lateralmente lisos o finamente granulados.

Aplophyllia sp.

• **Género Aplophyllia, D'Orbigny, 1849.**
Aglomeraciones faceloides por gemación extratentacular. Las costillas se distinguen solo cerca de los márgenes caliculares, cubiertas debajo por un denso estereoma granular. Columnilla débil, trabecular. Sin coenosteum. ~*Aplophyllia* sp.

• **Género Stylina, Milne Edwards & Haime, 1857.**
Plocoide; masivo o ramoso; coralitos protuberantes, unidos por costillas, coenosteum subtabular. Columnilla estiliforme o ausente. Septos dispuestos de diversas formas (hexameralmente, octameralmente, etc.). ~*Stylina* sp.

Stylina sp.

•FILO ECHINODERMATA•

CLASE ECHINOIDEA.

Los erizos desarrollan movilidad y defensa pasiva en forma de caparazón cubierto de espinas que, además, les ayudan en el movimiento y en otras funciones. Se diversifican y prosperan muy bien desde el Triásico a la actualidad.

Orden Cidaroida.

Subesférico, radialmente simétrico, rígido o con placas imbricadas. Ambulacro de 2 columnas; cada placa con un solo par de poros. Interambulacros de 2 o más columnas; cada placa interambulacral con un tubérculo primario con una espina prima-

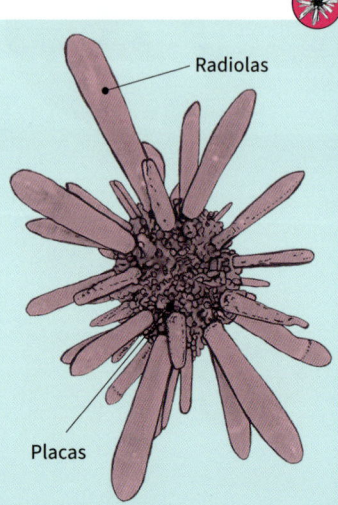

Radiolas

Placas

Cidaris sp.

ria; areola notable, generalmente con anillo escrobicular de tubérculos secundarios. Linterna bucal presente. Peristoma cubierto (en vida) por placas imbricadas; sin branquias ni hendiduras branquiales. Sistema apical que encierra el periprocto. Sin esferidios. Pedicelarios globíferos.

Familia Cidaridae.
Esqueleto rígido, globuloso. Tubérculos primarios perforados. Pares de poros ambulacrales uniseriales aborales. Placas ambulacrales en dos columnas.

Subfamilia Cidarinae.
Corona sin fosas ni surcos suturales. Tubérculos primarios crenulados o no crenulados; pero sí crenulados, espinas primarias cortas y gruesas. Poros horizontales, no conjugados.

• Género Cidaris, Leske, 1778.
Areolas profundas, bien separadas; tubérculos primarios no crenulados adoralmente, aboralmente no crenulados o subcrenulados. Espinas primarias con hileras longitudinales regulares de espínulas, a veces formando crestas. Primarias orales aplanadas, lisas, ligeramente aserradas. Pedicelarios grandes y pequeños globíferos con diente terminal; pedicelarios tridentados presentes. ~*Cidaris* sp.

• Género Balanocidaris, Lambert, 1910.
Tubérculos primarios no crenulados. Espinas primarias glandiformes. Ambulacro sinuoso, zona porosa angosta, área interporífera ancha, densamente tuberculada, tubérculos dispuestos en filas longitudinales y horizontales uniformes. ~*Balanocidaris* sp.

Subfamilia Rhabdocidarinae.
Esqueleto robusto, sin surcos suturales. Poros conjugados o subconjugados. Espinas primarias grandes y robustas.

Balanocidaris sp.

• **Género Rhabdocidaris, Desor, 1855.**
Esqueleto esférico, ligeramente aplanado en el ápice y peristoma grande. Areolas circulares, poco profundas, no confluentes; tubérculos primarios fuertemente crenulados. Ambulacro sinuoso, poros conjugados. Espinas primarias largas, típicamente deprimidas y expandidas para formar una placa ancha, obcordada o en forma de abanico, con una serie de espinas radiales longitudinales. ~*Rhabdocidaris* sp.

ORDEN PEDINOIDA.

Esqueleto subesférico, subcónico alto a hemisférico, rígido, placas sin imbricar. Ambulacros e interambulacros no se extienden en el peristoma. Cinco pares de placas orales; hendiduras branquiales; periprocto endocíclico. Tubérculos no crenulados. Espinas finamente estriadas, más o menos espinosas (pero no verticiladas); primarias sólidas, secundarias huecas. Pedicellaria incluidos los tipos globíferos, oficéfalos y tridentados.

Familia Pedinidae.

• **Género Diademopsis, Desor, 1855.**
Esqueleto de tamaño pequeño a mediano, hemisférico bajo o rotular. Placas ambulacrales compuestas y trigeminadas adoralmente, aboralmente simples pero cada 3ª placa con tubérculo primario. Zonas de poros rectas, excepto cerca del peristoma. Placas interámbulacrales bajas y anchas, con más de una serie de tubérculos agrandados, secundarios que se asemejan a los primarios y forman series paralelas a las series primarias. ~*Diademopsis* sp.

Rhabdocidaris sp.

Diademopsis sp.

124

ORDEN HOLASTEROIDA.

Sistema apical típicamente alargado o disjunto, sin 5° genital; plastrón débilmente diferenciado o meridiano; pétalos no siempre diferenciados, pétalos emparejados típicamente no impresionados; sin floscela; el sistema apical y el peristoma pueden ser opuestos entre sí; fasciolas variables.

Familia Echinocorythidae.

• Género Echinocorys, Leske, 1778.
Subcónico aboralmente; ambulacro no petaloide; poros redondos o poro exterior ligeramente alargado, cerca del centro de las placas; periprocto inframarginal; sin labrum; sin fasciolas. *~Echinocorys* sp.

Echicnocorys sp.

ORDEN CASSIDULOIDA.

Ambulacro petaloide adaptativamente; periprocto fuera del sistema apical; phyllodios y burletes suelen estar presentes; sin mandíbulas ni hendiduras branquiales en adultos.

Familia Nucleolitidae.

Sistema apical tetrabasal; pétalos moderadamente desarrollados, generalmente abiertos, con estrechas zonas poríferas; generalmente poros dobles en todas las placas ambulacrales; filodios angostos; burletes moderadamente desarrollados.

Plagiochasma sp.

• Género Plagiochasma, Pomel, 1883.
Pequeño a mediano, alargado; pétalos generalmente desiguales, todas las placas ambulacrales de doble poro; periprocto supramarginal, longitudinal; burletes ligeramente desarrollados; filodios ligeramente ensanchados; sin poros bucales. *~Plagiochasma* sp.

CLASE CRINOIDEA.

ORDEN ISOCRINIDA.

Familia Isocrinidae.

• **Género Isocrinus, Von Meyer en Agassiz, 1836.**

Copa baja y ancha, troncocónica. Basales pequeñas, separadas en la superficie de la copa. Brazos divididos en 2 y luego 3 veces. Columna redondeada de subpentagonal a pentalobulada, columnares proximales pentalobados, alternando en tamaño y con poros radiales en las suturas. Entrenudos cortos. Nodales con 5 alvéolos, cirros grandes, elípticos. Articulación de columnares con pétalos elípticos. ~*Isocrinus scalaris.*

Isocrinus sp.

Familia Pentacrinitidae.

• **Género Pentacrinites, Blumenbach 1804.**
~*Pentacrinites* sp.

Pentacrinites sp.

•**FILO BRACHIOPODA**•

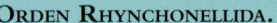

ORDEN RHYNCHONELLIDA.

Familia Basiliolidae.

• **Género Stolmorhynchia, Buckman, 1917.**
Conchas variables, uniplegadas, acostilladas. Con septo medio. Crura de tipo prefalcifer o falcifer. ~*Stolmorhynchia bouchardi* (Davidson, 1852): Pequeñas, tan o más anchas que largas, contorno subcircular a subpentagonal o subtriangular. Superficie poco ornamentada, entre 6 y 11 costillas en su tercio anterior, de las cuales de 2 a 4 están sobre el pliegue. Umbo erecto a incurvado, foramen pequeño y circular.

Stolmorhynchia bouchardi

Familia Rhynchonellidae.

• **Género Homoeorhynchia, Buckman, 1917.**
Conchas medianas, con pliegue dorsal alto y puntiagudo, y poco acostillado, puntiagudo anteriormente; ápice pequeño, curvado. Tabique dorsal corto; crura larga, radulífera;

Homoeorhynchia batalleri

Rhynchonella vasconcellosi

Septirhynchia sp.

cicatrices del músculo dorsal anteriores. *~Homoe-orhynchia batalleri* (Dubar): Conchas inequivalvas, medianas y subtriangulares.Valva peduncular plana a convexa, se inflexiona fuertemente en el seno medio sobre la valva braquial, comisura frontal uniplegada, comisura lateral recta. Mitad anterior de la superficie con entre 14 y 20 costillas muy agudas, de 3 a 6 sobre el pliegue.

• **Género Rhynchonella, Fischer, 1809.**
Concha mediana, subtriangular; pliegue dorsal alto, surco ventral algo aplanado; pocas costillas; umbo pequeño, curvado. Placas dentales fuertes, tabique poco profundo, tabique dorsal corto; crura radulífera. *~Rhynchonella vasconcellosi* (Choffat): Inequivalva, grande, contorno subromboidal. Valva peduncular plana, comisura frontal con seno poco profundo y ancho; valva braquial abombada en su mitad anterior, con pliegue separado por una débil depresión. Comisura lateral recta, y frontal uniplegada. Cerca de 23 costillas, 7 sobre el pliegue. Umbo curvado, área cardinal larga.

Familia Septirhynchiidae.

• **Género Septirhynchia, Muir-Wood, 1935.**
Concha grande, gruesa, contorno subpentagonal, costillas subangulares toscas, prominentes. Pliegue mediano bajo, seno mediano poco profundo; umbo ventral largo y curvado, que oculta el foramen y las placas deltidiales en el adulto. *~Septirhynchia* sp.

Familia Tetrarhynchiidae.
Concha uniplicada y cubierta de numerosas costillas, sin zonas lisas; pico no fuerte, placas deltidiales poco reforzadas. Crura radulifera, tabique comúnmente reducido; septalium variable, generalmente poco desarrollado o corto.

• **Género Quadratirhynchia, Buckman, 1917.**

Medianos a grandes, globosos o trilobulados. Contorno de ovalado a triangular. Perfil lateral de biconvexo a planoconvexo. Pliegue desde juveniles. Flancos del pliegue netos y paralelos. Comisura anterior fuertemente monoplegada en adultos. Numerosas costillas agudas cubren toda la concha. Umbo pequeño, suberecto y poco globo, con aristas laterales. Foramen de circular a ovalado. ~*Quadratirhynchia atenuata.*

Quadratirhynchia atenuata

ORDEN SPIRIFERIDA.

Familia Spiriferinidae.

Crura directamente continua con las bases de las laminillas primarias, que están situadas entre las espirales dirigidas lateralmente. Proceso yugal simple, completo o incompleto.

• **Género Liospiriferina, Rousselle, 1977.**
~*Liospiriferina alpina falloti, L. undulata.*

Liospiriferina falloti

• **Género Spiriferina, D'Orbigny, 1847.**

Conchas pequeñas a medianas, equidimensionales a algo transversales; extremos cardinales redondeados; costados entre lisos y con gruesos pliegues; superficie con finas laminillas de crecimiento y punteado de abundantes espinas tubulares finas. ~*Spiriferina oxyptera.*

ORDEN TEREBRATULIDA.

Spiriferina oxyptera

Familia Lobothyrididae.

• **Género Telothyris, Alméras & Moulan, 1982.**

Conchas subcirculares a elipsoidales. Corchete pequeño, corto y ancho. Foramen peduncular circular pequeño. Comisura frontal rectimarginada a planoplisada a surcoplisada. El plegado no afecta al borde anterior de la valva ventral, que permanece

Telothyris jauberti

regularmente convexo. Ángulo apical obtuso. ~*Telothyris jaubertí*; (Deslongchamps): Conchas inequivalvas, biconvexas a planoconvexas y contorno ovalado a subcircular. Máximo abombamiento cerca del umbo. La comisura lateral es recta, algo sinuosa, surcoplegada, en el frontal. El umbo recto o poco curvado, con foramen circular, que divide en dos a la interárea. Las estrías de crecimiento son numerosas cerca del borde.

Lobothyris subpunctata

• **Género Lobothyris, Buckman, 1917.**
Talla media, biconvexo, comisura anterior uniplegada, raramente surcoplegada; umbo subrecto, epithyridido, collar pedicular con corto septum, symphytium corto. ~*Lobothyris punctata, L. punctata arcta, L. subpunctata.*

• **Género Sphaeroidothyris, Buckman, 1917.**
Conchas pequeñas o medianas, planas a biconvexas o esferoides, comisura anterior plana, algo ondulada o uniplicata; umbo corto, curvado, con pequeño foramen, algunas líneas de crecimiento, prominentes. ~*Sphaeroidothyris dubari, S. perfida.*

Familia Terebratulidae.
Valvas lisas o con laminillas de crecimiento, semiplicadas; bucle terebratulido, procesos crurales no unidos para formar un bucle, placas de bisagra externas e internas en algunos géneros; tabique medio dorsal y placas dentales ausentes.

Sphaeroidothyris perfida

• **Género Terebratula, Müller, 1776.**
Medianas a grandes con valvas biconvexas, biplegadas anteriormente, con la comisura anterior de uniplegada a surcoplegada; umbo corto, fuerte, subrecto a incurvado, foramen mesothyrido a permesothyrido, symphytium estrecho, comúnmente oculto, collar pedicu-

lar desarrollado; concha lisa pero con líneas de crecimiento prominentes. ~*Terebratula jauberti, T. punctata.*

Familia Zeilleriidae.

Las valvas vinculadas, estranguladas, bilobadas o cuadrilobuladas, o ambas valvas convexas, o braquiales planas, o cóncavas; plano de la comisura anterior, rara vez uniplicado o sulcado; valvas normalmente lisas; placas deltidiales en conjunción, crestas del pico comúnmente angulares y persistentes, mesotirididas o permesotirididas.

Terebratula jauberti

• Género Zeilleria, Bayle, 1878.

Pequeñas a grandes, biconvexas, sin surcación dorsal posterior, desde estranguladas a bilobuladas o cuadrilobuladas, comisura anterior plana; umbo subrecto a muy curvado, crestas del ápice angulares, definiendo interárea, permesotiridido, no se observa collar pedicular. ~*Zeilleria indentata, Z. quadrifida, Z. sarthacensis culeiformis.*

Zeilleria quadrifida

•FILO MOLLUSCA•

CLASE CEPHALOPODA.

Ammonites y Belmnites.

Emparentados con los *Goniatites*, los **ammonites** han superado la gran extinción del Pérmico y son el molusco nadador más abundante en los mares mesozoicos. Adaptados a multitud de diferentes ambientes y muy diversificados, evolucionan adecuadamente hasta la gran crisis de final del Cretácico.

Los **belemnites** son parientes directos de los actuales calamares y sepias. Como los *Orthoceras* del Paleozoico, tienen una concha cónica dividida en cámaras, que les facilitan la flotabilidad a diferentes alturas; aunque en el caso de los

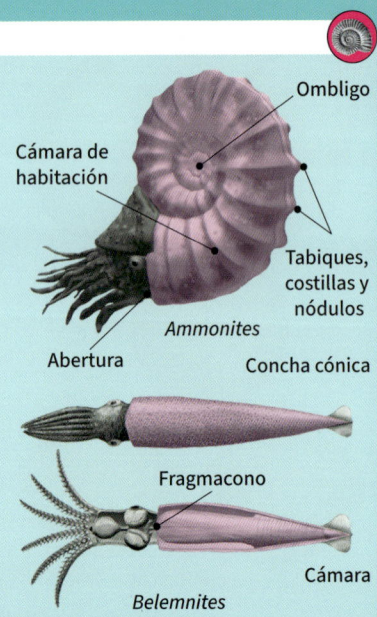

Ombligo

Cámara de habitación

Tabiques, costillas y nódulos

Ammonites

Abertura

Concha cónica

Fragmacono

Cámara

Belemnites

belemnites la concha es interna y está recubierta por el cuerpo blando. Muy abundantes en los mares jurásicos, se extinguen también al final del Cretácico.

CLASE AMMONITIDA.

ORDEN EODEROCERATOIDEA.

Conchas evolutas nervadas que comúnmente llevan espinas o tubérculos.

Familia Liparoceratidae.

Géneros con variedad de formas, incluidos dimorfos, que cambian de forma durante la ontogenia.

• Género Aegoceras, Howarth, 2013.
Arrollamiento evoluto, con costillas muy espaciadas. ~*Aegoceras capricornus* (Schlotheim, 1820): Giros bien redondeados, con costillas inclinadas hacia atrás y que progresan con un ligero seno sobre la región sifonal. Gran ombligo.

Aegoceras capricornus

Familia Polymorphitidae.

Vueltas comprimidas, vientre redondeado o con quilla débil. Lisa o costulada, las costillas suelen formar chevrones ventrales durante el crecimiento. Hay nervaduras secundarias en las vueltas exteriores de algunas formas. Las costillas pueden ser lisas o tener tubérculos umbilicales ventrolaterales en ciertos períodos de crecimiento.

• Género Acanthopleuroceras, Hyatt, 1900.
Platicono con hasta 7 vueltas. Ombligo de hasta el 50 % del diámetro. Vientre hinchado, redondeado en las vueltas externas. Sección comprimida, lados planos. Vueltas internas casi lisas, las adultas con tubérculos gemelos y tendencia a rursiacostillado. Costillas secundarias débiles. ~*Acanthopleuroceras* sp.

Acanthopleuroceras sp.

• Género Polymorphites, Haug, 1887.

Ammonite con caparazón evoluto y con nervaduras fuertes. ~*Polymorphites jamesoni:* Forma de sección elíptica, comprimida, y área ventral relativamente deprimida en las vueltas internas y claramente redondeada en las vueltas externas. El tubérculo lateroventral suele estar bien marcado hasta un diámetro de unos 50 mm.

Polymorphites sp.

Familia Dactylioceratidae.

Ammonites coroniformes o serpentiformes, conchas evolutas o involutas, acostilladas y comúnmente tuberculadas.

• Género Dactylioceras, Simpson, 1855.

Con sección ovoide o redondeada, sin tubérculos laterales. Costillas bifurcadas y, en parte, simples, cruzan el ventral, posible ligero seno hacia la abertura. ~*Dactylioceras commune* (Sowerby, 1815): Giros de sección redondeada y ausencia de senos ventrales, pronunciados a nivel de las costillas secundarias. ~*Dactylioceras* (*Eodactylites*) *sp.,* *Dactylioceras* (*Orthodactylites*) *ernsti, Dactylioceras* (*Orthodactylites*) *semicelatum.*

Dactylioceras commune

Familia Amaltheidae.

Oxiconos discoides creciendo en ammonites aplanados, fuertemente acostillados y espinosos, con vueltas cuadráticas. Carena típica acordonada. Suturas con el lóbulo externo corto, con el lóbulo lateral grande y largo, el segundo lateral pequeño y una gradación de auxiliares reducidos.

• Género Amaltheus, de Montfort, 1808.

Oxyconos con ombligo algo abierto, carena ventral y acostillamiento sigmoide. Estriaciones longitudinales en muchas de sus especies y tubérculos laterales en algunas. Abertura con rostro. ~*Amaltheus margaritatus.*

Amaltheus margaritatus

Arisphinctes sp.

Perisphinctes sp.

Superfamilia Perisphinctoidea.

Familia Perisphinctidae.

Generalmente aplanado. Costillas simples a trifurcadas. Macroconchas a menudo gigantes, con cámara de habitación larga y lisa o con costillas distantes.

• **Género Arisphinctes, Buckman, 1924.**

Grandes, con sección cuadrática, costulación cambia con el crecimiento, el ventral se vuelve redondeado, presenta constricciones. Vueltas poco redondeadas y lóbulos suspensivos poco retraídos. Lóbulos del lado externo y suspensión de la misma longitud, el lóbulo lateral a veces puede ser más corto. *~Arisphinctes* sp.

• **Género Perisphinctes, Waagen, 1869.**

Género que reagrupa formas de macroconcha (subgéneros *Kranaosphinctes*, *Arisphinctes*, *Perisphinctes* y *Ampthillia*) y formas de microconcha (subgéneros *Otosphinctes*, *Dichotomosphinctes*, *Dichotomoceras* y *Microbiplices*). *~Perisphinctes falculae*, *P. lucingensis*, *P. marconi*, *P. sorlinensis*, *P. stenocycloides*, *P. occultefurcatus*.

• **Subgénero P. (Dichotomosphinctes) Buckman, 1926.**

Microconchas. Talla pequeña a mediana; enrollamiento evoluto; sección de vuelta cuadrática, redondeada o deprimida; acostillado fino que persiste en los adultos (curvatura del acostillado siempre creciente); presencia de constricciones y de apophysis jugales; suturas bien separadas, con elementos relativamente poco profundos. *~Dichotomosphinctes wartae* (es forma microconcha de gran talla de *P. (P.) caustinigrae*), *D. rotoides*, *D. kiiiani*.

Dichomotomosphinctes wartae

• **Género Procerites, Siemiradzki, 1898.**
Macroconchas planulares moderadamente involutas, grandes. Costillas parabólicas en las primeras vueltas superpuestas a costillas simples o dicotómicas. Costillas tripartita en vueltas siguientes. La ornamentación disminuye con la edad, primero por las nervaduras primarias, luego las secundarias antes del final del phragmoconus. Cámara de habitación lisa. Suturas septales muy recortadas. ~*Procerites* sp.

Procerites sp.

• **Género Properisphinctes, Spath, 1931.**
Pequeño, redondeado, vueltas deprimidas, constricciones numerosas, sin cambios en costulation en cámara de habitación. ~*Properisphinctes bernensis*: Formas gruesas, evolutas, con vigorosa ornamentación (costillas primarias fuertes pero no tuberculadas) y marcadas constricciones, siempre desprovistas de lazos parabólicos.

Properisphinctes bernensis

Subfamilia Leptosphinctinae.
Primeros Perisphinctidae típicos.

• **Género Leptosphinctes, Buckman, 1920.**
Comprende el subgénero de macroconchas Leptosphinctes y el subgénero de microconchas Cleistosphinctes Arkell, 1953. ~*Leptosphinctes* sp.

Leptosphinctes sp.

• **Género Bigotites, Nicolesco, 1918.**
Mediano, evoluto, peristoma simple, sección deprimida redondeada. Ombligo abierto y profundo. Costillas primarias gruesas. Costillas secundarias más débiles, pueden estar a ambos lados de un surco sifonal. Fuertes constricciones. ~*Bigotites* sp.

Bigotites sp.

Familia Aspidoceratidae.

Tuberculados, una o dos filas de tubérculos nodulares a espinosos. Dimorfismo sexual, pronunciado en Peltoceratinae y Euaspidoceratinae por tamaño y ornamentación; poco marcado en Aspidoceratinae.

Aspidoceras perarmatum

• Género Aspidoceras, Zittel, 1868.

Pequeñas conchas a grandes, macizas, sección ovalada, de comprimida a deprimida. Al menos en algunas etapas, desarrollan dos filas de tubérculos medianos a grandes, que varían en posición relativa en el flanco. En algunas especies pueden aparecer verdaderas costillas, asociadas con la fila exterior de tubérculos. ~*Aspidoceras perarmatum.*

• Género Euaspidoceras, Oppel, 1863.

Macroconcha evoluta muy acostillada, bituberculada. Tubérculos a menudo en cuña. Sección cuadrática, deprimida a comprimida. Nódulos parabólicos y peristoma con constricciones. ~*Euaspidoceras hirsutum.*

Euaspidoceras hirsitum

Familia Ataxioceratidae.

Formas robustas e hinchadas, con giros gruesos, generalmente de entornos de plataformas poco profundas. Costulación densa, fina, multidividida.

• Género Orthosphinctes, Schindewolf, 1925.

Agrupa formas de costulación esencialmente bifurcada y creciente; en formas más evolucionadas aumenta el grado de complicación ornamental, poligiradas y fasciculadas. ~*Orthosphinctes* sp.

Orthosphinctes sp.

Familia Parkinsoniidae.

Costulación aguda interrumpida en la zona abdominal por una banda o un surco liso. Los tubérculos suelen desarrollarse en el punto de bifurcación. Suturas relativamente simples, con lóbulo suspensivo ligeramente retraído.

• Género Parkinsonia, Bayle, 1878.
Comprimida, costillas fuertes, puntiagudas, bifurcadas, que persisten hasta la etapa adulta. Pequeños tubérculos laterales, si los hay. ~*Parkinsonia parkinsoni*.

Parkinsonia sp.

Familia Reineckeiidae.

Formas evolucionando de hinchadas a comprimidas, creciendo en altura lentamente. Macro y microconchas. Costillas que se proyectan fibrosas, monosquizotomas a disquizotomas, interrumpidas en el ventral por un surco. Hilera lateral de espinas o tubérculos lamelares débiles, hasta 3 filas en macroconcha, incluida una ventral. Numerosas constricciones. Suturas muy dentadas con lóbulos profundos.

• Género Reineckeites, Steinmann, 1881.
División relativamente baja de las nervaduras en el centro de la concha, es decir, hacia el tercio interno de los flancos, está ligada a la aparición de una etapa inicial crateriforme característica. ~*Reineckeites* sp.

Reineckeites sp.

Superfamilia Hildoceratoidea.

Comprimidas o planuladas, tienden a desarrollar bordes externos agudos; generalmente con costillas arqueadas o sigmoideas.

Familia Hildoceratidae Hyatt, 1867.

Costillas flexuosas. Suturas relativamente simples.

Arieticeras algovianum

Harpoceras falciferum

**• Género Arieticeras,
Seguenza, 1885.**
Bastante evolutos. Sección subcuadrática a subrectangular o subelíptica. Carena acentuada, generalmente bordeada por 2 surcos. Costillas espaciadas fuertes proyectadas hacia adelante e interrumpidas al inicio del ventral. Algunos con costillas fusionadas en la región umbilical. Vueltas internas lisas hasta un diámetro de 5 a 10 mm. ~*Arieticeras* **sp.**

**• Género Harpoceras,
Waagen, 1869.**
Dimórfico, con grandes macroconchas, involutas y comprimidas, borde umbilical nítido, pared umbilical inclinada a excavada, carena ahuecada y alta, costillas simples y falculiformes. ~*Harpoceras falciferum.*

Hildoceras bifrons

**• Género Hildoceras,
Fucini, 1908.**
Surco lateral por el segundo punto de inflexión de las costillas, que forman un ángulo agudo hacia el frente, y están débilmente marcadas en la parte interna y fuertemente marcadas en la externa. ~*Hildoceras bifrons*: Surco lateral intermedio entre suturas, separa el flanco en un área exterior fuertemente estriada y un área interior lisa a débilmente ornada. ~*Hildoceras levisoni.*

Polyplectus sp.

**• Género Polyplectus,
Buckman, 1890.**
Talla grande. Ombligo reducido. Costillas aplanadas y a menudo falculiformes. Suturas septales bastante ornamentadas en comparación con toda la familia. Oxycono con un ventral afilado. Suturas modificadas, muy dentadas. ~*Polyplectus* **sp.**

• Género Hildaites, Buckman, 1921.

Hildoceratinae con costillas sigmoideas sin surco lateral. Ombligo abierto, área sifonal tricarenada y suturas poco recortadas. ~*Hildaites levisoni.*

Hildaites levisoni

• Género Orthildaites, Buckman, 1923.

Sección cuadrangular con ombligo amplio y fuerte quilla en el centro. Costillas casi rectas que se curvan hacia adelante en el borde ventral. Enrollado evoluto. Dio lugar a *Hildoceras*, del que se diferencia en morfología por vueltas más anchas y costillas rectas. ~*Orthildaites douvillei.*

Orthildaites douvillei

• Género Grammoceras, Hyatt, 1867.

Evolutas, comprimidas, sección ovalada y suturas poco incisas. Costillas delgadas, poco flexibles, más estrechas que los espacios intercostales. La carena es abierta. ~*Grammoceras striatulum, G. thouarsense.*

Grammoceras thouarcense

• Género Protogrammoceras, Spath 1914.

Formas planulatiformes, ombligo ancho, lados planos, vientre afilado o plano con quilla y surcos. Costillas rectas, onduladas o falculiformes, finas y densas, gruesas y distantes, o anchas y aplanadas en la parte superior, generalmente proyectadas hacia adelante en el ventral. Algunas formas desarrollan costillas fuertes, distantes y rursi radiadas en la mitad exterior del flanco, terminado por un tubérculo lateroventral. ~*Protogrammoceras madagascariense.*

Familia Graphocertidae.

Dimórficas involutas, con sección comprimida y quilla. Costillas de débiles a fuertes, en cuña, sinuosas, a veces ausentes en las vueltas exteriores. Tubérculos raros. Constricciones ausentes. Microconchas con procesos yugales. Macroconchas 3 a 5 veces mayores, con único peristoma sinuoso.

Protogrammoceras sp.

Graphoceras sp.

• **Género Graphoceras, Buckman, 1902.**
Concha involuta comprimida con un borde umbilical elevado y nervaduras sinuosas. ~*Graphoceras* **sp.**: Microconcha, la cámara del cuerpo ocupa 3/5 de los verticilos, muestra el desenrollamiento de la costura umbilical. Peristoma con dos orejeras.

Superfamilia Stephanoceratoidea.
Formas diversas, generalmente con nervaduras afiladas y líneas de sutura complejas

Familia Macrocephalitidae.
Formas envueltas, globulares, con costillas afiladas. Cámara de habitación de la macroconcha lisa en muchos géneros. Peristoma simple, sin constricción, cuello ni ensanchamiento.

Macrocephalites sp.

• **Género Macrocephalites, Zittel, 1884.**
Vueltas discoides de medianas a grandes, de casi oxiconas a globulares. Ombligo estrecho con pared vertical o saliente. Sección de vueltas más alta que ancha. Brida ventral redondeada. Costillas finas y densas. Dimorfismo. Suturas con 9 lóbulos. ~*Macrocephalites* **sp.**

Familia Sphaeroceratidae.
Vueltas internas involutas muy hinchadas, habitación adulta contraída, con sutura umbilical excéntrica. Acostillado hasta completo y peristoma estrechado.

Sphaeroceras sp.

• **Género Sphaeroceras, Bayle, 1878.**
Pequeñas, globulares, costillas finas, densas y superficiales. Vueltas internas con estrecho arrollamiento y ombligo cerrado. Suturas complejas, finamente cortadas e intercaladas. Macroconcha dos veces mayor. Peristoma variable, con labios, cuellos o procesos. ~*Sphaeroceras* **sp.**

Superfamilia Haploceratoidea.

Discoides comprimidos con o sin quilla, tienden a oxicónicos (discoides con vientre afilado), con costillas generalmente falcadas.

Familia Oppeliidae.

Oxiconos y ombligo estrecho, incluso ocluido. vueltas internas carenadas. Ventral afilado o romo. Flancos lisos o con costillas acuñadas que se debilitan en su exterior. Frecuente surco espiral lateral o banda lisa.

Ochetoceras sp.

• Género Ochetoceras, Haug, 1855.

Formas oxicónicas con costillas falciformes. Presencia de un surco lateral y una carena ventral. ~*Ochetoceras hispidum, O. marantianum.*

• Género Oxycerites, Imlay, 1953.

Vientre más afilado y desaparición muy temprana de sus costillas secundarias. ~*Oxycerites* sp.

Oxicerites sp.

Orden Belemnitida.

Familia Belemnitidae.

• Género Nannobelus, Pavlov, 1913.

Belemnite cónico. Contorno y perfil simétrico, de cónico a cilíndrico. Ápice agudo. Secciones transversales subcuadradas a piriformes. Ápice generalmente liso, a veces con estrías apicales. Línea apical ortholineada. El phragmacono penetra de un cuarto a un tercio en el rostrum. Las líneas laterales consisten en dos débiles depresiones subparalelas en cada flanco. ~*Nannobelus acutus* (Miller 1826): Longitud de 4 a 4,5 veces anchura. Perfil casi simétrico y cilíndrico a cónico. El contorno es similar, siempre simétrico. Secciones transversales subcuadradas, más infladas y redondeadas en la región alveolar. Ápice sin surcos, estriados que se asemejan a surcos incipientes. El phragmocono penetra de un tercio a la mitad del rostrum.

Nannobelus sp.

CLASE BIVALVIA.

ORDEN OSTREOIDA.

Muy desarrollados y formadores de bancos. Aletas posteriores en la familia Ostreidae pero no en la más primitiva Gryphaeidae. La cicatriz del músculo aductor es simple, con una única cicatriz central. La valva derecha es menos convexa que la izquierda.

Familia Gryphaeidae.

Conchas cementadas a un sustrato, frágiles, desiguales, con la valva izquierda (inferior) cementada, convexa; y la valva derecha (superior), no cementada, plana o ligeramente cóncava.

Gryphaea sp.

• **Género Gryphaea, Lamarck, 1801.**
Valvas articuladas bien diferenciadas: una valva exageradamente curvada, y otra pequeña y plana con función opercular. Las bandas de crecimiento muy características en las valvas. El rápido crecimiento de la valva inferior (izquierda) le permitía elevarse sobre el fondo fangoso y su grosor la estabilizaba. *~Gryphaea* sp.

• **Género Exogyra, Say, 1820.**
Valva izquierda enroscada en espiral y muy ornamentada, valva derecha más pequeña y aplanada opercular. La charnela es curvada hacia un lado. A diferencia del género *Gryphaea*, sus conchas son palmeadas y menos gruesas. *~Exogyra virgula.*

ORDEN MYTILOIDA.

Familia Mytilidae.

Concha asimétrica con periostracum adherente y grueso. Se adhieren a un sustrato sólido generando barbas.

Exogyra virgula

• **Género Inoperna, Conrad in Kerr, 1875.**
Concha alargada y estrecha, con márgenes dorsal y ventral casi paralelos. Superficie dividida

por cresta diagonal, con numerosas costillas fuertes sobre la cresta y concha lisa debajo de la cresta. Sedentarios en fondos marinos. ~*Inoperna* sp.

Inoperna plicata

• Género Arcomytilus, Agassiz, 1843.

Caracterizado por una charnela disodonta (con dos o tres dientes muy pequeños) y una concha mitiliforme adornada con numerosas costillas radiales. ~*Arcomytilus* sp.

Arcomytilus sp.

ORDEN PECTINIDA.

Familia Pectinidae.

Concha subcircular, costillas radiantes. Una valva mas aplanada que la otra. Línea de bisagra recta, sin dientes (anodonta), con orejetas cortas a cada lado de los umbos. Una sola cicatriz muscular del aductor.

• Género Pseudopecten, Bayle, 1878.

Entre 12 y 27 pliegues radiales casi lisos o con espinas en la valva derecha. ~*Pseudopecten aequivalvis* (Sowerby 1816): Lenticular, con costillas divergentes redondeadas y muchas estrías de crecimiento concéntricas agudas; valvas igualmente convexas, la inferior más lisa; orejetas iguales.

Pseudopecten aequivalvis

Familia Plicatulidae.

• Género Plicatula, Lamarck, 1801.

Pequeñas, conchas poco convexas, irregularmente ovaladas a casi triangulares. La valva derecha se adhieren a una superficie dura. El ligamento es interno y triangular. ~*Plicatula* sp.

Plicatula spinosa

ORDEN LIMOIDA.

Familia Limidae.

Concha delgada, delicada, alargada-ovalada a lo largo de un eje dorsoventral. Equivalva. Equilateral o inequilateral, con lado anterior mayor que el posterior y la curvatura del margen anterior más pronunciada. Umbos separados, con un área cardinal diferenciada entre ellos. Finas nervaduras radiantes. Inserción del ligamento interno, en un condróforo bien marcado. Sin dientes de bisagra. Solo una cicatriz del músculo aductor.

Plagiostoma sp.

• Género Plagiostoma, Sowerby, 1814.

Conchas oblicuamente ovaladas, moderadamente infladas, con orejetas posteriores obtusas y orejetas anteriores más pequeñas. *~Plagiostoma* sp.

ORDEN ANOMALODESMATA.

Familia Pholadomyidae.

**• Género Pholadomya,
G. B. Sowerby, 1823.**

Conchas alargadas, ovaladas, a subtriangulares, con partes anteriores de fuertemente convexas y redondeadas a completamente planas. Valvas muy delgadas. Engrosamientos en lugar de dientes de bisagra. Escudo bordeado por crestas. Abertura posterior de sifón no retráctil. Hasta 40 costillas a menudo se cruzan con pliegues concéntricos. *~Pholadomya* sp.

Familia Ceratomyidae.

Pholadomya gigantea

• Género Ceratomya, Sandberger, 1864.

Conchas medianas, ovadas, gibosas, con umbos muy prosógiros, hasta enroscados; sin abertura en los márgenes de las valvas; cicatrices aductoras pequeñas; la línea paleal se dobla hacia arriba bruscamente en la parte posterior, con una sinuosidad poco profunda en algunas especies; superficie con ondulaciones concéntricas u oblicuas, o lisa. ~*Ceratomya concentrica*.

Ceratomya concentrica

ORDEN PHOLADIDA.

Familia Pleuromyidae.

• Género Pleuromya, Agassiz, 1845.
Concha elongada, con aberturas sifonal y pedal y profundo seno paleal, concha de moderada a fuertemente inflada. ~*Pleuromya varians, Pleuromya* sp.

Pleuromya sp.

•ICNOGÉNERO•

• Icnogénero Zoophycos, Massalongo, 1855.
Estructuras de galerías complejas con numerosas variaciones morfológicas, divididas en 2 formas básicas: una helicoidal y otra planar. Son formas en amplia espiral, cónicas, poco profundas. Pueden estar abiertas al sedimento en ambos extremos, aunque las formas planas de *Zoophycos* son similares a espirales cerradas.

El icnofósil no tiene una interpretación unánime, ha sido interpretado de diferentes maneras: como huellas de algas marinas, como restos corporales de corales o esponjas, como restos inorgánicos producidas por corrientes de Foucault, como galerías de alimentación de animales vermétidos de cuerpo blando y como huellas de partes vegetativas de plantas.

• Icnosubgénero Cancellophycus, Saporta, 1872.
  ~*Cancellophycus* sp.

Cancellophycus sp.

○ El punto rojo señala la posición que ocuparían los Pirineos.

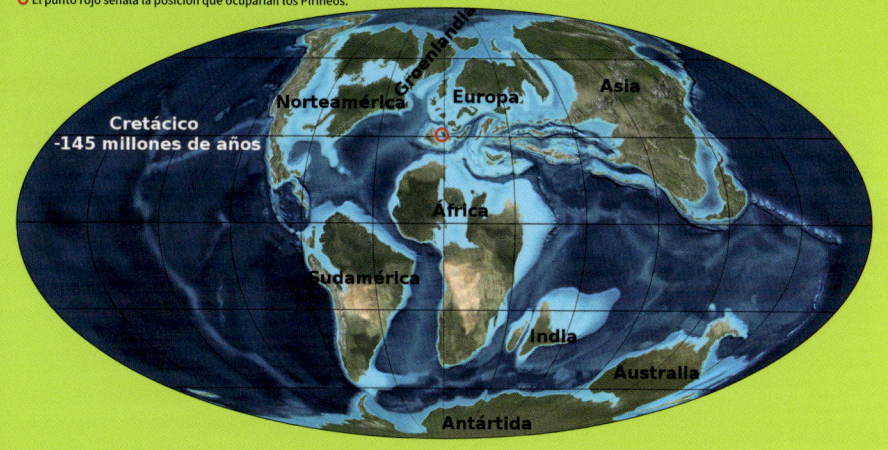

Cretácico
-145 millones de años

Groenlandia
Norteamérica · Europa · Asia
África
Sudamérica
India
Australia
Antártida

Mesozoico CRETÁCICO
LA CORDILLERA EMPIEZA A EMERGER

Paleogeografía.

Pangea se divide durante el Cretácico hasta en una docena de continentes. El océano Atlántico se ensancha entre América, África y Europa; y en el Pirineo se ejercen tensiones y distensiones de la placa ibérica contra la placa europea. Al inicio del Cretácico se forma una extensa plataforma submarina poco profunda desde el Cantábrico al Levante. En el norte, el surco bearnés se ha profundizado durante el Jurásico y se está rellenando con los materiales de la erosión de un Pirineo incipiente que ya comienza a estar parcialmente emergido. Al final del Cretácico, el Prepirineo emerge al sur parcialmente, dando lugar a sedimentos de tipo lacustre. Los estratos rojizos del Garumnense marcan el fin del Cretácico y del Mesozoico y delatan que el Pirineo emerge parcial y temporalmente en esta época.

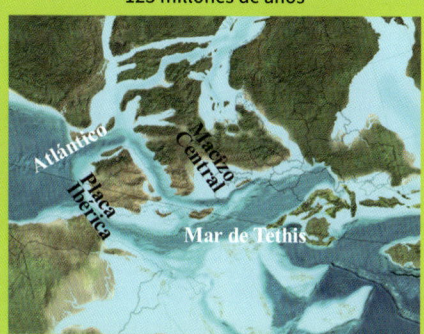

125 millones de años

Atlántico
Placa Ibérica
Macizo Central
Mar de Tethis

65 millones de años

Atlántico
Placa Ibérica
Macizo Central
Mar de Tethis

El Cretácico da continuidad a las sierras interiores (Aspe-Collarada).

Clima.

La disgregación de Pangea aumenta la influencia marina y la pluviosidad, lo que unido a las altas temperaturas, permite un gran desarrollo de la cubierta vegetal y facilita la evolución de las plantas con flores y frutos. Al final del Cretácico las temperaturas descienden hasta en 10 °C según las latitudes, lo que influye en la extinción masiva del final de la era junto a un catastrófico impacto meteorítico en el golfo de México.

Geología.

El afloramiento cretácico tiene gran continuidad al norte y al sur de la cordillera, a lo largo de las sierras exteriores e interiores. Materiales calizos, carbonatados y arenosos delatan la plataforma marina poco profunda y, por su consistencia, dan solidez y continuidad a los mayores relieves de la cordillera. El desmantelamiento de la incipiente cordillera comienza a generar sedimentos detríticos como en el flysch negro norpirenaico, donde llega a acumular 4 000 m de potencia. Las aguas son ricas en plancton y sus sedimentos van a dar lugar a los depósitos de gas de Lacq-Aquitania y Serrablo-Jacetania.

Paleontología.

En líneas generales, el Pirineo comienza a emerger desde el este y se configuran sendos surcos marinos al norte y al sur, rodeados por las placas europea e ibérica. Las tensiones tectónicas y las fluctuaciones del nivel del mar hacen emerger algunos sectores en el entorno de las sierras exteriores (Gratal-Santo Domingo), lo que queda patente en los estratos lagunares con fauna de *Lichnus* (gasterópodos) y lignitos (madera fósil). En la plataforma sumergida, gracias a las buenas condiciones ambientales de clima y nutrientes, progre-

Cretácico marino (izda.) y Cretácico continental en estratos garumnenses (dcha.).

san arrecifes de coral, arrecifes de rudistas y bancos de ostreidos. Se han documentado también vestigios de grandes saurios: restos óseos y de sus huevos en las sierras cretácicas del Pirineo; aunque es difícil su exploración por lo abrupto del terreno, la verticalidad de los estratos y la abundante cubierta vegetal. El final del Cretácico ha acumulado más sedimentos en el Pirineo meridional, mientras que el Cretácico inferior es más abundante en el Pirineo septentrional. En el entorno de Tercis-les-Bains, una capa de arcilla negra enriquecida con iridio atestigua el fin del Cretácico.

Cretácico marino

•REINO PROTISTA•

•FILO FORAMINIFERA•

Seres unicelulares que generan un esqueleto o concha formado por una o más cámaras conectadas. Tienen movilidad gracias a pseudópodos y pueden ser bentónicos o plactónicos. Su gran diversidad y adaptabilidad los convierten en un indicador del tiempo geológico.

CLASE GLOBOTHALAMEA.

Orden Loftusiida.

Familia Orbitolinidae.

• Género Orbitolina, d'Orbigny, 1850.

Cáscara en forma ahusada, formada por cámaras oblongas que envuelven el eje en espiral, la abertura forma una hendidura longitudinal. ~ *Orbitolina concava.*

Orbitolina concava

•REINO ANIMALIA•

•FILO PORIFERA•

CLASE HEXACTINELLIDA.

Orden Lychniscosa.

Familia Coeloptychidae.

• Género Coeloptychium, Goldfuss, 1826.

Esponja en forma de hongo, con fijación al sustrato y colonia radial suspendida con relieve vertical en superficies axiales y relieves radiales en superficies transversales. ~*Coeloptychium agaricoides.*

Coeloptychium agaricoides

•FILO CNIDARIA•

CLASE ANTHOZOA.

ORDEN SCLERACTINIA.

Superfamilia Faviicae.

Solitarios y coloniales. Pared septotecal o paratecal. Septos laminares con perforaciones escasas, márgenes dentados.

Familia Montlivaltiidae.

Solitario y colonial, hermatípico. Formación de colonias por brotación intratentacular, enlaces laminares entre centros de coralitos, epitecados.

Subfamilia Placosmiliinae.

Columnilla laminar bien desarrollada.

• Género Placosmilia, M. Edwards-Haime, 1848.

Flabelado, con una serie lineal contorsionada. ~*Placosmilia vidali.*

Familia Cyclolitidae.

Solitario y colonial, juvenil libre, subdiscoide, patelado o cupulado; hermatípico. Formación de colonias por gemación intratentacular, circumoral o circummural. Sinapticulotecado, epitecado. Septos perforados generalmente rellenos de forma secundaria; el eje de divergencia trabecular se inclina hacia afuera. Disepimentos endotecales y columnilla débil o ausente.

Placosmilia vidali

Cyclolites elipticus

Rhizangia sp.

Hydnophora styriaca

• **Género Cyclolites, Lamarck, 1801.**
Solitario, cupulado; septos mayormente perforados, eje de divergencia casi vertical. ~*Cyclolites elipticus, C. giganteus.*

Familia Rhizangiidae.
Colonial, ahermatípico. Formación de colonias por brotación extratentacular del borde o expansiones en forma de estolón, colonias con coralitos dispersos sin conexión aparente, o unidos basalmente por coenosteum, o formando masas compactas. Coralitos pequeños y bajos. Septos compuesto por un sistema en abanico de trabéculas simples o compuestas. Columnilla trabecular. Disepimentos endotecales delgados.

• **Género Rhizangia, M.Edwards–Haime, 1848.**
Timpanoides, reptoides; todos los tabiques dentados; columnilla en un solo tubérculo. ~*Rhizangia* sp.

Familia Faviidae.
Solitario y colonial, en su mayoría hermatípico. Formación de colonias por brotación extratentacular o varios planos intratentaculares. Septotecado o paratecado, rara vez parcialmente sinapticulotecado. Septos proyectados, laminares, formados por 1 o 2 sistemas en abanico de trabéculas simples. Lóbulos paliformes formados por un sistema en abanico interno comúnmente desarrollado. Columnilla trabecular o laminar, rara vez estiliforme o ausente.

• **Género Hydnophora, Fischer, 1807.**
Hidnoforoide (cálices en forma de protuberancias cónicas); formación de colonias por gemación de polistomodaeal circunmural. Collines discontinuas, cortas, cónicas. Columela trabecular a laminar, discontinua. ~*Hydnophora styriaca.*

Familia Meandrinidae.

Solitario y colonial; hermatípico, formación de colonias por gemación intratentacular. Pared septotecal o raramente paratecal, costada. Septos formados por un sistema de abanico de trabéculas simples, proyectados, márgenes minuciosamente dentados. Columnilla laminar o trabecular. Disepimentos endotecales bien desarrollados; disepimentos exothecales en algunas formas.

• Género Diploctenium, Goldfuss, 1827.

Colonial, flabelada, con costillas terminales continuas, otras dividiéndose. Series curvas de poliperitos hacia la base, no horizontales. Columnilla en lámina delgada, generalmente continua, profunda en cálices o en serie. *~Diploctenium* sp.

Diploctenium sp.

•FILO ECHINODERMATA•

CLASE ECHINOIDEA.

ORDEN PEDINOIDA.

Familia Pedinidae.

• Género Micropedina, Cotteau, 1866.

Esqueleto de tamaño pequeño a mediano (25-40 mm), subglobular a subcónico. Pares de poros dispuestos en arcos de 3, de los cuales el par adapical es más externo (inverso). Numerosos tubérculos mayores en ambos ambulacros e interambulacros, formando muchas series. Peristoma pequeño. Espinas delgadas, longitudinalmente estriadas. *~Micropedina* sp.

ORDEN PHYMOSOMATOIDA.

Linterna stirodonta. Sistema apical sin placas subanales poligonales grandes. Tubérculos primarios imperforados. Placas ambulacrales simples en su totalidad o (más generalmente) compuestas de manera diadematoide, trigeminadas o poliporosas.

Micropedina sp.

Familia Phymosomatidae.

Tubérculos primarios crenulados, los ambulacrales generalmente tan grandes como los interambulacrales. Placas ambulacrales simples o compuestas. Sistema apical dicíclico o monocíclico. Peristoma grande, con hendiduras branquiales distintivas. Espinas primarias con corteza delgada y cuello diferenciado.

Phymosoma maresi

• **Género Phymosoma, Haime, 1853.**
Esqueleto bajo, aplanado por encima, de tamaño mediano. Placas ambulacrales compuestas, poliporosas, pares de poros en doble serie. Tubérculos primarios sin estrías radiantes conspicuas, formando series regulares. ~*Phymosoma maresi*.

INFRACLASE IRREGULARIA.

ORDEN HOLASTEROIDA.

Familia Holasteridae.
Plaston meridosterno; oculares II y IV yuxtapuestos; ambulacro con doble poro; interambulacro típicamente amphiplaco; sistema apical no disjuntivo.

• **Género Echinocorys, Leske, 1778.**
Subcónico aboralmente; ambulacro no petaloide; poros redondos o poro exterior ligeramente alargado, cerca del centro de las placas; periprocto inframarginal; sin labrum; sin fasciolas. ~*Echinocorys vulgaris, E. elevata, E. scutata, Ananchytes (E.) ovatus, A. (E.) tenuituberculatus.*

Familia Stenonasteridae.
Interambulacro en V protoesternoso; ambulacro con doble poro, no petaloide; sistema apical sin placas complementarias, etmofracto, no alargado.

Echynocoris vulgaris

• **Género Stenonaster, Lambert, 1922.**
Subcónico aboralmente, aplanado oralmente, con peristoma hundido; ambulacro similar, po-

ros algo alargados, los de un par dispuestos en circunflejo, poros del lado oral grandes, solo alargados verticalmente; sistema apical con 4 poros genitales, central; periprocto inframarginal; peristoma anterior, subpentagonal; labrum no bien desarrollado; sin fasciolas. ~*Stenonaster tuberculata*.

ORDEN HOLECTYPOIDA.

Hemisférico a globular u ovoide; ambulacro petaloide o no, más angosto que interambulacro; sistema apical monobasal o con 4 o 5 placas genitales; periprocto supramarginal a infamarginal.

SUBORDEN HOLECTYPINA.

Ambulacro no petaloide; aurículas radiales; hendiduras branquiales distintas; ornato interambulacral regular; 5 placas genitales.

Stenonaster tuberculata

Familia Holectypidae.

Placa genital 5 presente; peristoma y periprocto de contorno regular.

• Género Holectypus, Desor, 1842.

Placas ambulacrales planas o cóncavas del lado oral en grupos de 3 por vía oral; placa genital 5 imperforada; hendiduras branquiales bien desarrolladas; periprocto grande, marginal o inframarginal; contrafuertes internos poco desarrollados. ~*Holectypus* sp.

Familia Anorthopygidae.

Sistema etomolítico apical; peristoma transversalmente alargado; periprocto variable en contorno.

• Género Camerogalerus, Questedt, 1873.

De tamaño mediano a grande, aboralmente muy inflado; placas ambulacrales numerosas, placas reducidas irregularmente por encima del ambi-

Holectypus sp.

Camerogalerus sp.

Conoclypus lamberti

tus, semiplacas muy reducidas por debajo del ambitus; sistema apical pequeño, placa genital 5 imperforada. ~*Camerogalerus* sp.

SUBORDEN CONOCLYPINA.
Ambulacro petaloide o subpetaloide; poros de pétalos al menos parcialmente conjugados; aurículas interradiales; ornamento irregular; sistema apical monobasal, 4 poros genitales.

Familia Conoclypidae.
Corona grande, hemisférica; ambulacro petaloide; burletes conspicuos; periprocto grande; peristoma con embudo oral; poros separados en pétalos, poro exterior alargado.

• Género Conoclypus, Agassiz, 1839.
Armazón ligeramente alargado, posteriormente alto, oralmente aplanado, margen bastante nítido; placas ambulacrales todas las primarias excepto cerca del peristoma, periprocto inframarginal, ovalado; tubérculos primarios perforados, crenulados. ~*Conoclypus lamberti*.

ORDEN CASSIDULOIDA.
Ambulacro petaloide adapical; periprocto fuera del sistema apical; phyllodios y burletes suelen estar presentes; sin mandíbulas ni hendiduras branquiales en adultos.

Familia Faujasiidae.
Sistema apical monobasal o tetrabasal; periprocto supramarginal o inframarginal; pétalos iguales, anchos, cerrados, poro exterior en forma de hendidura; poro único en todas las placas ambulacrales más allá de los pétalos; burletes fuertemente desarrollados; filodios muy anchos; poros bucales; zona granular desnuda en interambulacro 5.

153

• **Género Faujasia, D'Orbigny, 1856.**

De tamaño pequeño a mediano, anterior romo, posterior puntiagudo; sistema apical monobasal, poros genitales en interambulacro; pétalos cortos, anchos, iguales, cerrados; periprocto inframarginal, transversal; filodios con poros dispuestos en arco. ~*Faujasia* sp.

ORDEN SPATANGOIDA.

Con 4 o menos gonoporos. El lado oral del área interambulacral posterior en un plastrón con un par de placas esternales detrás del labrum. Placas ambulacrales con un par de poros para la salida de cada pie ambulacral, pero muchas formas con pies ambulacrales sensoriales y peribucales (filodales) que emergen de un solo poro. Peristoma excéntrico y labiado, pero algunas formas con peristomas redondos o pentagonales en el centro. Periprocto situado cerca del extremo posterior. Espinas poco conocidas, cubierta uniforme de pequeñas espinas.

Familia Micrasteridae.

Petaloides con fasciola subanal, a veces con fasciola peripétala o interna.

• **Género Micraster, L. Agassiz, 1836.**

Esqueleto acorazonado, rostrado; 4 gonoporos; pétalos pares anchos, con poros conjugados redondos o alargados. ~*Micraster coranguinum*.

Faujasia sp.

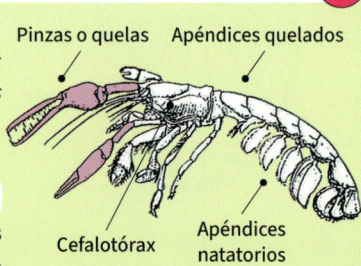

Micraster coraguinum

•FILO ARTHROPODA•

Invertebrados dotados de un esqueleto externo y apéndices articulados; entre otros, insectos, arácnidos, crustáceos y miriápodos.

Pinzas o quelas   Apéndices quelados

Cefalotórax   Apéndices natatorios

•SUBFILO CRUSTACEA•

Con exoesqueleto articulado de quitina, con dos pares de antenas, con un par de maxilas (apéndices

bucales), y pasan por periodos de muda e intermuda para poder crecer. Evolucionan desde formas nadadoras, con un largo abdomen dotado de apéndices natatorios, hacia formas andadoras dentro y fuera del agua. Desarrollan un comportamiento anfibio con fuertes patas y un abdomen reducido y plegado debajo del cefalotorax; y tienden a la hipertrofia de sus patas delanteras con fuertes pinzas.

•FILO BRACHIOPODA•

SUBORDEN CRANIIDINA.

Conchas fuertemente punteadas, calcáreas; libres o adheridas por cementación de todo o parte de la valva pedicular.

Familia Craniidae.

Valva braquial cónica, valva pedicular subcónica a convexa cuando es libre.

• Género Crania, Retzius, 1781.

Adherido por parte o la totalidad de la valva peduncular; ornamento de líneas concéntricas de crecimiento, líneas radiales mas o menos presentes; márgenes engrosados en ambas valvas; valva braquial cónica a subcónica. ~*Crania ignabergensis.*

Superfamilia Rhynchonellacea.

Familia Rhynchonellidae.

Concha sin tabique mediano prominente en la valva braquial y ninguno en la valva peduncular; pilar comparativamente corto, proceso cardinal ausente; margen anterior de las valvas rectomarginado o multiplicado.

Crania ignabergensis

Subfamilia Rhynchonellinae.

Concha cinocéfala, con uniplicaciones y pliegues dorsales fuertes y afilados; etapas largas y lisas posteriormente, solo unas pocas costales anteriormente.

• **Género Rhynchonella, Fischer, 1809.**
Pequeña a mediana, triangular; pliegue dorsal alto, surco ventral aplanado; pocas costillas afiladas anteriormente; dorso curvado. Placas dentales fuertes, tabique poco profundo, tabique dorsal corto; crura radulífera. ~*Rhynchonella difformis, R. eudesi, R. octoplicata, R. compressa.*

Rhynchonella compressa

Subfamilia Cyclothyridinae.

Multicostadas; umbo macizo, placas deltidiales alrededor del pedúnculo. Tabique medio dorsal reducido o ausente. Fuertes costillas, algunas con finos capilares en la parte posterior que pasan a las costillas en la parte anterior; puede ser asimétrico.

• **Género Cyclothyris, Mc Coy, 1844.**
Grandes, anchas, deprimidas, con uniplicación arqueada baja, comúnmente asimétricas con muchas costillas finas, pueden ser capilares posteriormente; umbo erecto. Tabique dorsal muy corto o ausente. ~*Cyclothyris eudesi, C. difformis.*

Cyclothyris difformis

• **Género Cretirhynchia, Pettitt, 1950.**
Uniplicado biconvexo, pliegue dorsal bajo; liso o con muchas costillas bajas y redondas; pico corto, dientes grandes; tabique medio bajo, o sin tabique. ~*Cretirhynchia subplicata. C. limbata.*

ORDEN TEREBRATULIDA.

Braquiópodos articulados punteados con pedículo funcional, deltirio más o menos cerrado por placas deltidiales o alguna estructura simi-

Cretirhynchia subplicata

lar; braquidio muy variable que surge de cardinalia o en parte del tabique medio; placas dentales presentes o ausentes; pequeñas espículas calcáreas internas en algunas familias.

Superfamilia Terebratulacea.
Proceso cadinal y placas de bisagra externas comúnmente desarrolladas, placas de bisagra internas en algunos géneros o placas de bisagra ausentes; placas dentales y septales raramente desarrolladas excepto en formas tempranas.

Familia Cancellothyrididae.
Las valvas capilarizadas, anillo braquial corto; placas de bisagra y tabique medio desarrollados excepcionalmente.

• Género Terebratulina, d'Orbigny, 1847.
Pequeñas a grandes, ovadas a subpentagonales, ligeramente auriculadas, biconvexas; comisura anterior rectomarginada a uniplicada; capilares superficiales; umbo suberecto, foramen incompleto, placas deltidiales separadas, collar pedicular presente; tabique medio y placas de bisagra ausentes. ~ *Terebratula larteti, T. venei.*

Terebratulina venei

•FILO MOLLUSCA•

CLASE CEPHALOPODA.

ORDEN AMMONITIDA.

Superfamilia Acanthoceratoidea.

Familia Brancoceratidae.

• Género Dipoloceras, Hyatt, 1900.
Evoluta; sección ancha a deprimida: quilla prominente; costillas densas a espaciadas, redondeadas a agudas, simples o bifurcadas; a veces con tubérculos umbilicales y ventrolaterales. Suturas con proyecciones grandes y finamente cortadas. ~ *Dipoloceras delaruei.*

Dipoloceras delaruei

• **Género Hysteroceras, Hyatt, 1900.**

Quilla persistente junto al acostillado; costillas bifurcadas o alternativamente largas y cortas, con tubérculos umbilicales romos y, en algunas formas, ventrolaterales; costillas variables de altas y agudas a anchas y bajas: ~*Hysteroceras orbignyi, H. carinatum carinatum, H. carinatum ascendens.*

Hysteroceras orbignyi

• **Género Pervinquieria, Böhm, 1910.**

Los tubérculos umbilicales generan costillas individuales o pares de costillas; costillas adicionales intercaladas. Las costillas están reforzadas en el hombro lateroventral en una terminación tosca, roma y espatulada. Puede ir acompañada de una hilera de tubérculos lateroventrales, de ventrales laterales, de laterales, de ventrales laterales internos y/o externos. Estrigaciones espirales presentes en los lados y los hombros lateral y ventral. En los adultos, la abertura puede tener una tribuna ventral. ~*Pervinquieria inflata, P. inflata sparsicostata.*

Pervinquieria inflata

Superfamilia Desmoceratoidea.

Familia Desmoceratidae.

• **Género Desmoceras, Zittel, 1885.**

Moderada a muy involuta, con sección más ancha que alta, baja y redondeada, subcuadrática u ovalada; puede presentar constricciones rectas a sigmoideas que forman fuertes costillas redondeadas en la concha; estrías apretadas o costillas débiles entre las constricciones. ~*Desmoceras latidorsatum.*

• **Género Puzosia, Bayle, 1878.**

Macroconchas grandes, pero solo microconchas y núcleos son conocidos para la mayoría de las

Desmoceras latidorsatum

158

Puzosia sp.

especies. Sección de vueltas de redonda a comprimida; costillas delgadas y presencia de constricciones generalmente paralelas a las costillas. En general bien evoluta, con constricciones bien marcadas y una sutura compleja con un lóbulo suspensivo bien retraído. ~*Puzosia sharpei, P. spathi.*

Superfamilia Hoplitoidea.

Familia Hoplitidae.

Discohoplites sp.

• **Género Discohoplites, Spath, 1925.** Concha comprimida a moderadamente ancha; involuta a evoluta; ventral no aplanado presenta un surco; generalmente con costillas falcoides y tubérculos umbilicales; sin tubérculos ventrolaterales. ~*Discohoplites coelonotus densecostatus.*

Familia Lyelliceratidae.

Stoliczkaia dispar

• **Género Stoliczkaia, Neumayr, 1875.** En general involuta; desenrollamiento de cámara de habitación en adultos; sección de vueltas alta y comprimida a subcuadrática; costillas principales rectas o ligeramente curvadas, redondeadas, con numerosas costillas intermedias o bifurcadas; costillas generalmente finas en ejemplares jóvenes y que se vuelven más fuertes con la edad, pueden desaparecer en la cámara de habitación; ejemplares jóvenes con ventral aplanado, con tubérculos; en edad adulta las costillas tienden a engrosarse en el vientre y los tubérculos a debilitarse o desaparecer; suturas con foliolos redondeadas y tendencia a simplificar. ~*Stoliczkaia dispar.*

Superfamilia Lytoceratoidea.

Familia Lytoceratidae.

• **Género Protetragonites, Hyatt, 1900.**
Sección circular de las vueltas; pocas constric-ciones, de rectas a ligeramente curvadas. *~Pro-tetragonites aeolus.*

Superfamilia Tetragonitoidea.

Familia Gaudryceratidae.

Protetragonites sp.

• **Género Kossmatella, Jacob, 1907.**
Sección redondeada y baja en las primeras vueltas, más alta, comprimida y más involuta en las vueltas exteriores; constricciones profundas en el molde interno, con un gran abultamiento lateral entre las constricciones que en algunos casos forman tubérculos laterales, o en el borde umbilical, que se bifurcan o trifurcan; concha con liras finas, simples o bifurcadas; sutura con numerosas sillas auxiliares curvas. *~Kossmatella muehlenbecki.*

SUBORDEN PHYLLOCERATINA.

Kossmatella muehlenbecki

Superfamilia Phylloceratoidea.

Familia Phylloceratidae.

• **Género Phylloceras, Suess, 1865.**
Concha involuta, moderadamente gruesa, adornada con densas costillas falciformes en forma de hoz; a veces presencia de pliegues va-gos en los lados y agrupación de costillas en haces; línea septal con pliegues difílicos, trifí-licos o tetrafílicos moderadamente indentados. *~Phylloceras velledae velledae.*

Phylloceras sp.

Anisoceras armatum

Idiohamites sp.

Lechites sp.

Hemiptychoceras gaultinum

Superfamilia Turrilitoidea.

Familia Anisoceratidae.

• Género Anisoceras, Pictet, 1854.
Espiral abierta, arrollamiento helicoidal, costulación radial y sutura compleja con lóbulos laterales y umbilicales regularmente bífidos; ocasionalmente aparecen lóbulos subtrífidos: ~*Anisoceras armatum.*

• Género Idiohamites, Spath, 1925.
Arrollamiento bastante irregular, en el mismo plano; costillas radiales u oblicuas, con un par de tubérculos ventrales, generalmente conectados por una sola costilla en el vientre. ~*Idiohamites* sp.

Familia Baculitidae.

• Género Lechites, Nowak, 1908.
Sección circular u ovalada; sin constricciones; costillas bajas, proversas, estrechas o distantes, regulares o no, generalmente simples, pudiendo agruparse en dos o tres o incluso amalgamarse para formar hinchazones en escalones; presencia de tubérculos ventrolaterales en algunas especies; la superficie dorsal del peristoma tiene un cuello leve y una constricción: ~*Lechites* sp.

Familia Hamitidae.

**• Género Hemiptychoceras,
Spath, 1925.**
Próximo a *Hamites*, con tres tramos unidos y costillas que pueden reforzarse en los acodados y cambiar de densidad en el tramo final; posible presencia de constricciones. ~*Hemiptychoceras gaultinum.*

• Género Hamites, Parkinson, 1811.

En general, con tres ramas subparalelas claramente distintas; el enrollamiento espiral o helicoidal inicial puede persistir; sección baja o comprimida; costillas rectas, radiales u oblicuas, finas y densas a gruesas y espaciadas. Sutura de compleja a bastante simple, con un lóbulo lateral bífido grande y un lóbulo umbilical más pequeño, trífido o subbífido. ~*Hamites duplicatus.*

Hamites duplicatus

Familia Turrilitidae.

• Género Ostlingoceras, Hyatt, 1900.

Enroscado muy apretado, con un ángulo apical agudo; sección de las vueltas angulosa y lados algo aplanados; costillas apretadas, rectas o ligeramente sinuosas, con hasta tres tubérculos en la base. ~*Ostlingoceras puzosianum, O. sublaevigatum.*

• Género Metahamites, Spath, 1930.

Con 3 ejes subparalelos; nervaduras en el fragmocono sobre y entre pliegues regulares y fuertes o con bases de espinas grandes, planas y regulares que cubren varias costillas; en la cámara de habitación, costillas más destacadas y distantes; los tubérculos, si persisten, cubren solo una costilla. ~*Metahamites sablieri, M. arrogans.*

Ostlingoceras puzosianum

Suborden Ancyloceratina.

Superfamilia Deshayesitoidea.

Familia Deshayesitidae.

• Género Deshayesites, Kasansky, 1914.

Moderadamente involuto, con ligero desenrollamiento con el crecimiento; comprimido; flancos y vientre de convexos a planos; costillas

Metahamites sablieri

Desayesites desayesi

Dufrenoyia sp.

Arca sp.

sigmoideas principales y secundarias bifurcadas o intercaladas; la costulación puede desaparecer a mitad del crecimiento pero en este caso se refuerza en las cámaras de habitación; sin tubérculos diferenciados. ~*Desayesites desayesi.*

SUBORDEN ANCYLOCERATINA.

Superfamilia Deshayesitoidea.

Familia Deshayesitidae.

• **Género Dufrenoyia,
Kilian & Reboul, 1915.**
Concha discoide con giros moderadamente envolventes; vientre aplanado y estrecho, a veces liso, a cada lado del cual aparecen clavos o tubérculos que terminan la costulación de los flancos. Sección trapezoidal. Lados con nervaduras alternas largas, gruesas o delgadas según la especie, ligeramente sinuosas, partiendo del borde umbilical y nervaduras cortas que parten del primer tercio o de la mitad de los lados. ~*Dufrenoyia dufrenoy, D. furcata.*

CLASE BIVALVIA.

ORDEN ARCIDA.

Familia Arcidae.

• **Género Arca, Linnaens, 1758.**
Alargada, subtrapezoidal a subrectangular, muy asimétrica, expandida o auriculada en una larga línea de articulación recta, umbos prominentes; área cardinal amplia; series dentales largas y casi rectas; escultura de la superficie radial y fina. ~*Arca* sp.

ORDEN OSTREIDA.

Familia Eligmidae.

• Género Heligmina, Douville, 1907.
Ovaladas a subpoligonales, ambas valvas con un gran seno redondeado en el margen posterodorsal que se extiende hasta la región de la cicatriz muscular, que está enrasada y tiene una posición central; área ligamentaria agudamente triangular; superficie concéntricamente lamellosa. *~Heligmina* sp.

Heligmina sp.

Familia Ostreidae.

• Género Margostrea, Vyalov, 1936.
Concha no arqueada longitudinalmente, con una superficie lisa central muy amplia; más allá de la cual presenta solo una ondulación o almenado en los márgenes de la concha. Los individuos crecen sobre un sustrato alargado y convexo, es decir, en bancos más o menos cilíndricos.

• Género Lopha, Röding, 1798 (sinónimo, Alectryonia).
De tamaño pequeño a mediano (hasta unos 11 cm de largo); ambas valvas, convexas, subequivalvas, con hasta más de 50 pliegues radiales agudos cuyo patrón es poco variable en cada subgénero. Principalmente, tropical y, en parte, subtropical. *~Lopha larva, L. deshayesi.*

Margostrea sp.

Familia Gryphaeidae.

• Género Exogyra, Say, 1820.
Talla media. Conchas muy desiguales, valvas derechas planas a cóncavas, valvas izquierdas hinchadas, convexas, mayores; umbo de valva

Lopha larva

164

Exogyra parvula

izquierda convexo y bastante hinchado, su contorno es orbicular a ovalado. Ornamentación con escamas de crecimiento concéntricas;. valva izquierda con amplia plataforma comisural sin chomata o con chomata y canalón contiguo. ~*Exogyra pyrenaica, E. plicifera, E. matheroni, E. parvula.*

• **Género Hyotissa, Stenzel, 1971.**
De tamaño mediano a grande, valvas subiguales y similarmente esculpidas, valva inferior algo más convexa, contorno suborbicular a oval o subespatulado y acuñado; área de fijación grande. Los pliegues en la comisura se originan en costillas plicadas radiales fuertes, irregulares, dicotómicas, y atravesadas por escamas de crecimiento que pueden formar espinas prominentes. ~*Hyotissa deshayesi.*

• **Género Pycnodonte,
Fischer de Waldheim, 1835.**
De pequeñas a grandes; valva inferior muy convexa, con área de fijación; valva izquierda con umbo curvado; márgenes dorsales rectos largos; repisa comisural prominente; los surcos radiales varían de ausentes a amplios y de poco profundos a profundos; escamas de crecimiento. ~*Pycnodonte* sp.

Hyotissa deshayesi

ORDEN PECTINIDA.

Familia Neitheidae.

• **Género Neithea, Drouët, 1825.**
Concha libre, con valvas desiguales, simétricas, auriculadas; valva inferior cóncava con un embrión curvado hacia el interior; valva superior plana; bisagra casi lineal, multidentada, con dientes seriados en las aurículas; dos dientes

Pycnodonte sp.

cardinales oblongos, divergentes, aplanados a los lados y estriados transversalmente; hoyuelo del ligamento interno, insertado debajo de la parte superior. ~*Neithea quinquecostata, N. quadricostata.*

Familia Pectinidae.

• **Género Chlamys, Roding, 1798.**
Más alto que largo o redondeado, comúnmente algo oblicuo; valva izquierda más convexa; aurículas claramente delimitadas, generalmente grandes; muesca de bisal grande; ctenolio generalmente presente; escultura de elementos radiales y concéntricos, con espinas en forma de escamas comúnmente desarrolladas en sus uniones, especialmente en la valva izquierda, pero algunas conchas son casi lisas; espacios intermedios de muchas formas con intercalarios en los adultos, margen festoneado, pilares cardinales variables en número y tamaño. ~*Chlamys* **sp.**

Familia Spondylidae.

• **Género Spondylus, Linneo, 1758.**
Pectiniforme deformada por la fijación al sustrato de la valva derecha, que es mayor y más convexa, con un área cardinal triangular, alta, con un hoyo entre dos dientes fuertes; escultura principalmente radial, con nervios primarios, secundarios y terciarios, los primarios con fuertes espinas; espinas menores o nódulos puntiagudos frecuentes en secundarios y terciarios; la valva derecha puede ser concéntricamente foliácea. ~*Spondylus filosus.*

Familia Limidae.

Neithea quinquecostata

Chlamys sp.

Spondylus filosus

Lima sp.

• **Género Lima Bruguiere, 1797.**

Subtrigonales, más altas que anchas, con margen de bisagra bastante corto; aurículas diferenciadas, la anterior ligeramente más pequeña; cresta umbonal anterior no muy marcada; moderadamente abombadas; leves aberturas de los márgenes de las valvas; bisagra desdentada o con dentículos débiles cerca del margen de la bisagra; nervaduras radiales escamosas. ~*Lima* **sp.**

• **Género Plagiostoma,
J. Sowerby, 1814.**

Conchas medianas a grandes, ovaladas oblicuamente, opistoclinas, más largas que altas comúnmente, moderadamente infladas; umbos anteriores al centro del área cardinal, que es moderadamente larga; hoyo del ligamento ancho; aurículas obtusas; reborde umbonal anterior bien definido, con lúnula excavada en frente; aberturas marginales pequeñas o ausentes; desdentado o con 1 o 2 dientes anchos, dirigidos longitudinalmente en cada ángulo dorsal; superficie lisa, radialmente estriada o con costillas débiles, comúnmente con intervalos puntiformes. ~*Plagiostoma gigantea.*

Plagiostoma gigantea

ORDEN MYALINIDA.

Familia Inoceramidae.

• **Género Inoceramus,
J. Sowerby, 1814.**

Conchas grandes a muy grandes. Valvas de subiguales a muy diferentes; ovaladas, trapezoidales o subcirculares; aleta posterior con un desarrollo variable; área ligamentaria cóncava transversalmente; sin ornamento radial, con relieve concéntrico muy acentuado e irregular. ~*Inoceramus balticus, Inoceramus* **sp.**

Inoceramus sp.

Orden Carditida.

Familia Carditidae.

• Género Cyclocardia, Conrad, 1867.
Conchas subtrigonales o trapezoidales, cortas a cordiformes, engrosadas o algo comprimidas; margen ventral bien redondeado; las costillas radiales, regulares, pueden estar poco espaciadas, cruzadas por numerosas líneas de crecimiento equidistantes; umbos muy pequeños, tienden a estar erectos. ~*Cyclocardia* **sp.**

Cyclocardia sp.

Familia Astartidae.

• Género Astarte, J. Sowerby, 1816.
Trigonoelíptico a subtrapezoidal, con nervaduras u ondulaciones concéntricas regularmente espaciadas, al menos alrededor de umbos prominentes, pero pequeños. Margen interior denticulado o no. ~*Astarte* **sp.**

Astarte sp.

Orden Hippuritoida.

Orden de rudistas y pachydontos; son bivalvos con diversa dentición (heterodontos), amorfos y gruesos; con conchas gruesas, adheridas y adaptadas en crecimiento aberrante a un entorno arrecifal; con densos bancos de individuos y rápida acumulación de sedimento, principalmente adheridas y fuertemente desiguales, con tendencia a formas giratorias o cónicas, operculadas y edéntulas que se asemejan a corales solitarios.

Superfamilia Hippuritacea.

Familia Hippuritidae.

Valva derecha cónica a cilíndrica de fijación al sustrato, con ornamentación variable (incluso en un mismo espécimen) de costillas y líneas de crecimiento; en el interior de la región posterior dorsal presenta tres repliegues radialmente alineados que en la cara externa se traducen en tres surcos; valva izquierda opercular, pequeña, aplanada. Organismos elevadores con crecimiento en vertical.

Hippurites canaliculatus

Hippuritella lapeirousei

Vaccinites archiaci

• **Género Hippurites, Lamarck, 1801.**

Concha inferior casi cilíndrica, lisa, con 2 surcos en algunas, pero no en todas las especies; cresta ligamentaria corta o ausente; pilares Ep y Sp distintos, L ausente o ajustado a la curvatura de la pared. Concha superior casi plana, con 2 ósculos y poros lineales simples, bien separados o vermiculados. ~*Hippurites canalicatus.*

• **Género Hippuritella, Douville, 1908.**

Con poros poligonales, con cresta ligamentaria triangular, que puede ser muy reducida o ausente. Difiere de *Hippurites* en tener poros simples o denticulados en valva superior. ~*Hippuritella lapeirousei.*

• **Género Vaccinites, Fischer 1887.**

Valva inferior cilindrocónica, grande; con 3 pilares bien desarrollados, Ep, Sp y L que ocupan menos de 0,25 % del perímetro; pilar L generalmente largo, ángulo entre L y dientes menor de 45 grados; la cresta ligamentaria grande y lamelar que generalmente se trunca; Sp y, especialmente, Ep tienden a contraerse proximalmente; cavidad dorsal grande; margen interior de la capa exterior ondulada. Valva superior plana a ligeramente convexa; con poros reticulados o denticulados, 2 ósculos. ~*Vaccinites archiaci.*

Familia Radiolitidae.

Conchas muy desiguales: derecha mayor de cilíndrica a cónica más o menos amplia; izquierda opercular con dos grandes dientes internos. Capa externa con estructura celular, poligonales o alargadas en sentido radial. Bandas sifonales hasta la comisura en la región posteroventral.

Biradiolites lameracensis

• Género Biradiolites, d'Orbigny, 1850.

Valva inferior cónica, más o menos desarrollada, recta o arqueada; bandas sifonales lisas o con líneas de crecimiento; 1 nervadura entre las bandas; pared exterior de celdas finas; diente de valva inferior ausente, cresta ligamentaria ausente; valva superior operculiforme convexa a cóncava con ornamentación como en la inferior. ~*Biradiolites lameracensis, B. osensis.*

• Género Praeradiolites, Douvillé, 1902.

Valva inferior cónica, con pliegues externos suaves en forma de pila de conos invertidos que en las especies más jóvenes se desarrolla en un patrón de galón ondulado; pliegues sifónicos convexos, placas dobladas hacia arriba, separadas por un pliegue saliente; capa exterior de calcita con celdas rectangulares y celdas poligonales en bandas radiales; valva superior operculiforme, convexa a plana; apófisis de mióforos presentes; la banda sifonal ondulada y apilada se pliega distintivamente. ~*Praeradiolites ciryi, P. fuxeensis, P. subtoucasi.*

Praeradiolites

• Género Radiolites, Lamarck, 1801.

Valva inferior cónica, ornamentada con fuertes pliegues longitudinales en toda la valva; suaves bandas sifónicas con pliegues regulares acentuados; estructura de la pared exterior toscamente reticulada. Valvas superiores pequeñas, cónicas, fuertemente convexas o raramente planas; apófisis mióforos presentes. ~*Radiolites nouleri, R. sauvagesi.*

Radiolites sauvagesi

Radillitella sp.

Rosellia sp.

• Género Radiolitella, Douvillé, 1904.

Valva inferior cónica, con reborde ligamentario y bandas sifonales; pared exterior en estadios juveniles de celdas poligonales gruesas que se vuelven rectangulares en el adulto; concha superior en forma de gorro con fuertes bandas sifonales. ~*Radiolitella pulchellus.*

• Género Rosellia, Pons, 1977.

Tabiques anchos que forman celdillas redondeadas y de gran tamaño; valva derecha cilíndrica con láminas en su capa externa plegadas en todo su perímetro; bandas sifonales limitadas por dos pliegues diferenciados; cresta ligamentaria larga y estrecha. Radiolítidos grandes que pueden llegar a los 20 cm de diámetro. ~*Rosellia* sp.

•FILO ANNELIDA•

Gusanos con cabeza distinta, tronco segmentado y pygidium no segmentado.

Opérculo

Tubos calcáreos

Abertura

Comunidades gregarias

CLASE POLYCHAETIA.

Segmentos de tronco que portan haces laterales de cerdas llamadas chaetas. Mayoritariamente marinos, pero algunos viven en aguas salobres y dulces.

•FILO CHORDATA•

Animales con un cordón dorsal, notocordio o columna vertebral y un sistema nervioso central tubular.

Vértebra, vista lateral

Vértebra, vista articular

Piezas dentales

Garra

Hueso largo

Huevo *Sauropodo* Loarre

•SUBFILO VERTEBRATA•

Columna vertebral bien desarrollada, simetría bilateral y esqueleto interno; cráneo que aloja la boca y órganos sensoriales y nerviosos; dos pares de extremidades con elementos esqueléticos, desarrollados en forma de aletas, patas o alas. El Maastrichtiense superior de los Pirineos, en el límite del Cretácico y el Terciario, presenta una buena representación de anfibios, lacértidos, quelonios, crocodrilomorfos, hadrosaurios, terópodos (incluyendo aves) y saurópodos.

CLASE REPTILIA.

Tetrápodos con endoesqueleto y epidermis escamosa o de placas oseas.

Sus restos orgánicos fosilizados aparecen con mayor frecuencia en sedimentos continentales, especialmente en sedimentos palustres o lacustres anóxicos, donde es más fácil la fosilización. En sedimentos de lutitas y areniscas pueden aparecer sus huellas fosilizadas en forma de icnofósiles.

ORDEN ORNITHISCHIA.

Dotados de pies con tres dedos, son herbívoros y presentan el aparato masticador más complejo de los reptiles. Desde el Jurásico inferior al Cretácico final proliferan en el hemisferio norte.

• Género Arenysaurus, Pereda y col., 2009.

Ornitópodo herbívoro de tamaño mediano (5 a 6 metros de longitud), del Cretácico terminal (-66 Ma), que podía caminar opcionalmente con dos patas. Conocido por un cráneo y esqueleto parciales de la especie ~*Arenysaurus ardevoli*; el nombre genérico hace referencia a la localidad oscense de Arén.

Familia Hadrosauridae.
Ornitópodos con pico córneo en forma de boca de pato.

• **Género Blasisaurus, Cruzado y col., 2010.**
Ornitópodo de tamaño mediano conocido a partir de un cráneo y un esqueleto parciales del Cretácico superior, proximo a su límite con el Paleógeno. El pómulo tiene una proyección trasera con un borde superior en forma de gancho y la ventana infratemporal de la mejilla es estrecha y en forma de D. ~*Blasisaurus canudoi.*

CLASE AMPHIBIA.

Orden Gymnophiona.

Familia Albanerpetontidae.

• **Género Albanerpeton, Estes & Hoffstetter, 1976.**
Género extinto similar a las salamandras. Originado en el Cretácico, con cráneos fuertes, bien osificado y tanto las orbitas oculares como los pabellones auditivos sobreprotegidos. El cuello estaba adaptado para la excavación; sobrevivió hasta el Plioceno en el norte de Italia. ~*Albanerpeton* aff. *nexuosum.*

Arenysaurus ardevoli,
techo craneal y dentario izdo.

Blasisaurus canudoi,
yugal izdo. y dentario izdo.

Yugal

Dentario

Albanerpetontidae especie

CLASE SAUROPSIDA.

ORDEN COCODRYLIA.

Familia Allodaposuchidae.

• **Género Arenysuchus, Puértolas y col., 2011.**
Definido a partir de fósiles del Pirineo oscense, es el representante de Crocodryloidea más antiguo de Eurasia. ~*Arenysuchus gascabadiolorum.*

Arenysuchus gascabadiolorum

ORDEN EUSICHIA.
Verdaderos cocodrilos. Oden de los actuales cocodrilos, aligators, gaviales y caimanes actuales; con paladar secundario óseo.

• **Género Allodaposuchus, Nopcsa, 1928.**
Cocodrilomorfo sureuropeo de tamaño pequeño a mediano. El surco de la parte posterior del cráneo, visible desde los lados. ~*Allodaposuchus subjuniperus*: Tenía un cráneo con un hocico de mayor longitud que la bóveda craneana (mesorrostrino).

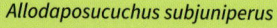

Allodaposucuchus subjuniperus

Restos de vegetación terrestre.

Tensiones y distensiones entre las placas de la cordillera, junto a las alternantes temperaturas y situaciones climatologicas, generan transgresiones y regresiones del nivel del mar con la deposición en el sedimento de restos de vegetación continental. Testigos de estos cambios son lentejones de sedimentos con restos de lignitos en las sierras exteriores surpirenaicas, con poca extensión y volumen.

Vegetales lignitos e impresiones de
ambas vertientes

CENOZOICO

LA OPORTUNIDAD
DE LOS MAMÍFEROS

El Cenozoico es el periodo de la fauna moderna, desde la extinción de los grandes saurios (-66 Ma) hasta la actualidad. Integra lo que tradicionalmente se conocía como Era Terciaria y Era Cuaternaria; distinguiéndose esta última era por ser la época en la que aparecen los homínidos (últimos 2 millones de años).

Paleogeografía.

Destaca, por una parte, el ensanchamiento del océano Atlántico y el alejamiento de Groenlandia y las placas americanas, que acaban uniéndose en el itsmo centroamericano y con la placa siberiana.

Por otra parte, la deriva de África, de la península arábiga y de la India lleva a estas placas a la colisión con el continente euroasiatico, dando lugar al plegamiento alpino y a otra megacordillera de la cual el Pirineo es la porción occidental y el Himalaya la oriental. Europa tiene durante este período una acentuada insularidad por el alto nivel del mar, a excepción de las épocas glaciales.

Clima.

Al final del Cretácico la temperatura global disminuye en unos 10 °C y el Paleoceno comienza siendo frío, aunque la temperatura aumenta al final del mismo periodo hasta 12 °C, más que la media actual, en lo que se conoce como el *máximo termal Paleoceno-Eoceno*. A partir de entonces la tendencia general es la disminución de las temperaturas hasta las eras glaciales.

El alto nivel del mar amplía la influencia marina; humedad, pluviosidad y altas temperaturas generan un clima tropical o subtropical en todo el planeta (flora subtropical en Groenlandia y Patagonia).

Paleontología.

El Cenozoico es también la edad de los mamíferos, que progresan, se diversifican, se irradian y ocupan multitud de nichos ecológicos, incluidas las aguas marinas. Una evolución similar siguen las aves y, entre los vegetales terrestres, las gimnospermas (plantas con flor), que se convierten en la vegetación dominante.

En los mares han desaparecido algunos de los fósiles característicos del Mesozoico como ammonites y belemnites, mientras que otros moluscos como los gasterópodos y los bivalvos tienen una extraordinaria radiación.

En el Pirineo.

La tendencia general es la elevación de la cordillera y la simultánea erosión y acumulación de sedimentos en las depresiones intrapirenaicas y en las cuencas de Aquitania y del Ebro, entonces ocupadas por los mares. La cuenca del Ebro, queda aislada como un mar interior, aislado del Atlántico por la propia elevación de la cordillera hacia el Cantábrico, y del Mediterraneo por la elevación del macizo corso-sardo-balear, entonces anexo a la placa ibérica.

Sobre el terreno actual se aprecian sucesiones de episodios regresivos (retroceso del nivel del mar) y transgresivos (avances del nivel del mar) por los cambios en las faunas fósiles conservadas.

El contenido fósil del **Paleoceno** es escaso. En la franja meridirional pirenaica se reduce a pistas de bioturbación (producidas por raíces vegetales y por la fauna del subsuelo), residuos de algas calcíferas, raíces calcificadas y otros restos de vegetales, micro-crustáceos y gasterópodos; todos ellos en sedimentos continentales.

Peñas del Oligoceno sobre el relleno Eoceno de la depresión intrapirenaica sur.

En las sierras interiores, el Paleoceno está bien definido en rígidos estratos calizos marinos que caracterizan las crestas de esas sierras en ambas vertientes; su contenido fósil se reduce a una variedad de microfósiles y foraminíferos. En Aquitania, el Paleoceno está formado por calizas y margas litorales con faunas de equinodermos y moluscos en el valle de Pau.

El **Eoceno**, por el contrario, es un amplísimo conjunto de sedimentos de espesor hasta kilométrico con una abundante representación de faunas marinas de invertebrados fósiles, que reflejan la regresión marina de este a oeste.

En el sur, el Eoceno aflora extensamente en los relieves de la depresión intrapirenaica y las sierras exteriores. En el norte, al coincidir con una geografía de llanura, que está intensamente poblada, los afloramientos se descubren con ocasión de las grandes obras públicas o en explotación de canteras.

Durante el **Oligoceno** la vertiente sur denota ya su carácter continental. En las estribaciones de las sierras exteriores se acumulan materiales fluvio-aluviales (incluidos las peñas conglomeráticas) entre los que se descubren restos y huellas fósiles de mamíferos, que son los más destacados restos fósiles descritos en la depresión intra-pirenaica. En la vertiente norte, sin embargo, persiste el dominio marino, en regresión hacia el oeste, donde puede seguirse la evolución de las faunas litorales entre la cordillera y los *Petits Pyrénées*. De esta regresión marina en el norte se sigue bien la aparición sucesiva de faunas marinas del **Mioceno**,

ya en el prelitoral de las Landas; aflora frecuentemente y aporta numerosas faunas de moluscos y otros invertebrados marinos.

El Mioceno surpirenaico se reduce a la cuenca del Ebro, donde ya se manifiesta el desprendimiento del bloque corso-sardo-balear y el drenaje del mar interior; los restos fósiles de la cuenca del Ebro son en su totalidad de origen continental y han dado nombre a uno de sus pisos estratigráficos, el Aragoniense, mientras que al norte los materiales marinos dan nombre a otro de los pisos del Mioceno, el Aquitaniense.

Los sedimentos del **Plioceno** y el **Cuaternario** (**Pleistoceno** y **Holoceno**) en la cordillera se manifiestan especialmente en los cursos fluviales donde se sedimentan los materiales desplazados por la erosión. Estos sedimentos padecen una gran energía de arrastre por la intensidad del régimen erosivo y las grandes pendientes, por lo que son pobres en muestras de restos fósiles. Los cauces, sin embargo, muestran los aterrazamientos superpuestos residuales de los antiguos paisajes durante las diferentes glaciaciones, escalonados por las brutales riadas de las deglaciaciones.

El cuerpo principal de los yacimientos paleontológicos cuaternarios se haya en cuevas, abrigos y simas, donde precisamente han quedado protegidos de la acción humana posterior, aunque no siempre.

Geología.

En el Pirineo, el tránsito del Cretácico al **Paleoceno** está muy bien representado

Los valles del Norte, muy antropizados, han proporcionado numerosos yacimientos de edades cenozóicas, especialmente en canteras y obras públicas.

por los estratos rojos de origen continental conocidos como Garumnense. Desde el aumento de la temperatura y del nivel del mar, en el **Eoceno** los sedimentos son estrictamente marinos: las calizas blancas con foraminíferos recubren al Garumnense y el Eoceno se manifiesta además en amplias superficies de margas grises y azuladas, además de en los espesos flyschs.

El **Oligoceno** netamente continental se aprecia en el paisaje por sus colores rojizos y por su textura de conglomerados de grava, de areniscas y lutitas, que denotan el cambio a una potente erosión fluvial y la culminación de la elevación

de la cordillera. El **Mioceno** tiene un aspecto similar y en los territorios del sur la mayor parte de los restos fósiles se han hayado en sedimentos lacustres anóxicos. Mientras que en el norte la sucesion de transgresiones y regresiones del nivel del mar permite que sedimentos marinos del Mioceno recubran sedimentos continentales del Oligoceno.

Por último, los materiales del **Plioceno** y **Cuaternario** (**Pleistoceno** y **Holoceno**) están mayoritariamente en los cauces fluviales de los ríos, particularmente en su curso medio; mientras que en su curso alto puede apreciarse las modificaciones por las glaciaciones.

PALEOZOICO

MESOZOICO

CENOZOICO

PALEOCENO

PALEOCENO A
EOCENO

EOCENO

OLIGOCENO

MIOCENO

PLIOCENO Y
CUATERNARIO

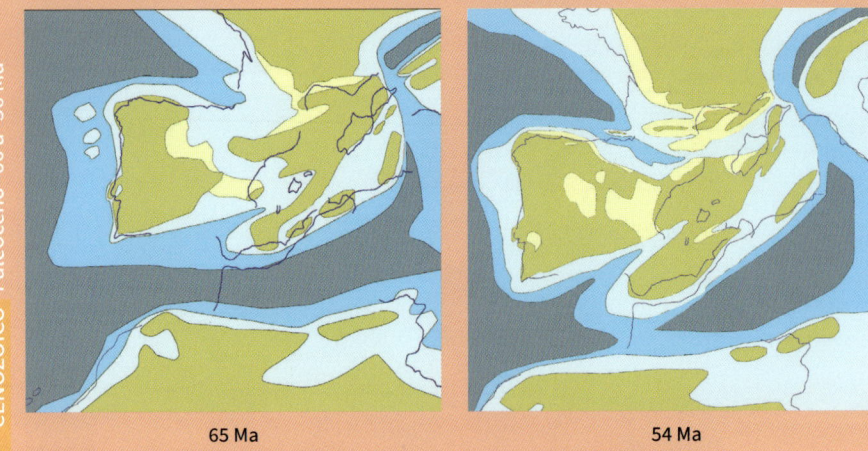

65 Ma   54 Ma

■ Océano profundo / ■ Mar abierto / □ Mar superficial
□ Cuencas litorales o intracontinentales / ■ Tierras emergidas

Cenozoico PALEOCENO
EL INICIO DE LA VIDA NUEVA

El Paleoceno es el periodo inicial del Cenozoico y el que sigue a la crisis biológica de la extinción del final del Cretácico. Es un periodo breve, de unos diez millones de años y, a la vez, es un periodo marcado por dificultades.

Clima.

Se inicia con unas temperaturas más bajas que el precedente Cretácico y termina en el máximo termal con 12 °C más que las temperaturas medias actuales.

Paleogeografía.

Como se ha descrito en los apartados anteriores, se sigue manifestando el inicio de la orogenia, con los materiales garumnenses, marinos pero de origen continental; con una profundización progresiva de los fondos marinos.

Geología.

En este sector del Pirineo los estratos del Paleoceno se definen más que por sí mismos, por su posición entre el Cretácico y el Eoceno: tanto en la parte final del Garumniense prepirenaico, a norte y sur de la cordillera, como en una porción de los estratos calizos que soportan las sierras interiores, como en la depresión norte entre las sierras exteriores y los *Petites Pyrénées*.

Paleontología.

Algunos fósiles característicos permiten distinguir el Paleoceno, por ejemplo, *Operculina* (*Nummulites*) *heberti,* igual que restos algales fosilizados como *Lithothamnium,* ambos son característicos del Paleoceno.

En las sierras exteriores del sur, con su compleja orografía, el Paleoceno está además comprendido entre estratos fluviolacustres y estratos marinos que se extienden desde Cataluña hasta el País Vasco, que no son simultáneos y que nunca han sido bien definidos en su integridad.

Así, por ejemplo, no acaba de estar claro si las faunas de *Lychnus* (gasterópodos lacustres) son finicretácicas o paleocenas; igual de dudosa es la posición de las faunas con *Teredo* (bivalvos perforadores tubícolas) o *Miliolites*, si son todavía paleocenas o son ya eocenas. Aunque, por otra parte, se da por seguro que los estratos con *Velates* (gasterópodo bentónico) son ya del Eoceno, mientras que los estratos con braquiópodos son finicretácicos.

A pesar de la escasez paleontológica del Paleoceno pirenaico, en la región han sido descritas un buen número de nuevas especies entre sus fósiles: en el norte una docena de equinodermos y, en el sur, al menos tres especies de gasterópodos; además del sorprendente descubrimiento del cocodrilo de Ordesa.

Las faunas de *Lychnus* se descubren a mediados del XIX, por Felipe Martín Donayre cuya colección paleontológica fue a parar al Museo de Historia Natural de Berlín, de donde Paul Oppenheim describe en 1895 *Palaeostoa hispanica*.

En 1920, Repelen y Parent publican su breve monografía sobre el género *Lychnus*, y entre los fósiles de la garganta del Gállego describen la especie *Lychnus aragoniense*, entre cinco especies del género Lychnus allí presentes.

Al norte de la cordillera el Eoceno ya había llamado la atención de los exploradores paleontológicos del XIX en los alrededores de Pau. En 1888, Seunes estudia y describe en esa zona el Daniense y el Montiense, los dos pisos inferiores de los tres que tiene el Paleoceno, aportando una interesante relación de especies fósiles, entre las que describe 8 nuevas especies de equinodermos: *Isopneustes munieri, Coraster beneharnicus, C. marsooi, C. sphaericus, C. munieri, Jeronia pyrenaica, Echinocorys arnaudi* y *E. pyrenaicus*.

Estratos paleocenos garumnenses de las sierras exteriores.

Maxilar de cocodrilo de las calizas con silex de Ordesa.

Paleoceno marino.

•REINO PROTISTA•

•FILO FORAMINIFERA•

Superfamilia Nummulitoidea.

Familia Nummulitidae.

• Género Operculina, D'Orbigny, 1826.

Foraminífero bentónico y nerítico con caparazón de crecimiento rápido dividido en cámaras por tabiques curvos perpendiculares a la espira, con unas 5 vueltas en conchas de hasta 3,5 cm. Aparece en el Paleoceno y persiste actualmente. ~*Operculina heberti* (Munier-Chalmas, 1884): Aplanada, con formas microesféricas y megalosféricas. Espira irregular, con crecimiento rápido de las vueltas. Ornamentación con pilotes sobre los tabiques y entre ellos. Tabiques rectos recurvados en la mitad superior de las cámaras y con distribución densa. Crecimiento evoluto en las etapas ontogenéticas finales, con una espira operculiniforme suelta.

Operculina heberti

•FILO ECHINODERMATA•

Superfamilia Cidaroidea.

Familia Cidaridae.

• Género Cidaris, Leske, 1778.

Agrupa especies fósiles de Cidaroida que no pueden ser asignados con certeza a un género existente (a partir de ejemplares incompletos o radiolas sin esqueleto asociado, por ejemplo). ~*Cidaris beaugeyi* (Seunes, 1888): Radiolas grandes, cilíndricas, apuntadas en los extremos. Tallo cubierto de gránulos gruesos, redondeados, alargados o subespinosos, próximos o contiguos, generalmente en series longitudinales regulares que desaparecen cerca del collarete. Collarete corto; botón poco desarrollado; anillo poco saliente.

Cidaris beaugeyi

INFRACLASE IRREGULARIA.

ORDEN SPATANGOIDA.

Familia Micrasteridae.

• Género Cyclaster, Cotteau in Cotteau & Leymerie, 1856.

Esqueleto acorazonado. Vértice adelantado. Ambulacro corto, en surco, con poros conjugados. Boca transversa, bilabiada. Fasciolas peripetala y subanal. ~*Cyclaster gindrei* (Seunes, 1888): Especie mediana, subcilíndrica, alargada, redondeada por delante, estrechada y truncada por detrás. Superficie superior hinchada, redondeada en los lados; surco anterior casi nulo. Envés convexo. Vértice adelantado. Aparato apical pequeño, cubierto de granulaciones. Zonas porosas rectas y muy estrechas; espacio

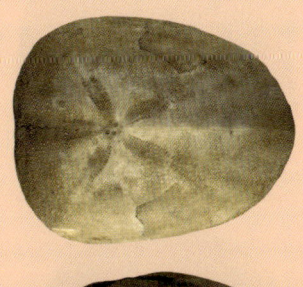

Cyclaster gindrei

interzonal granulado; poros pequeños, redondeados, en pares oblicuos muy próximos y separados por un bulto granulado. Áreas ambulacrales poco excavadas. Peristoma transversal, con labio saliente, en el cuarto anterior. Periprocto subredondeado, en la parte superior de la zona posterior. Tubérculos pequeños, numerosos, ligeramente escrobiculados. Áreas miliares cubiertas de granulación fina. Fasciola peripétala sinuosa. Fasciola subanal bien desarrollada.

Familia Aeropsidae.

Dermoesqueleto hinchado, ápice biseriado, aunque difícil de identificar. Fasciola peripétala presente, pero tenue. Periprocto en el ambitus o supra-ambital.

• Género Coraster, Cotteau, 1886.

Pequeños, gruesos, hinchados, redondeados, subtruncados por detrás, convexos por debajo. Vértice ambulacral excéntrico adelantado, surco anterior insinuado. Ambulacros rectos, se ensanchan a distancia del ápice.

Zonas poríferas con pequeños poros redondeados, en pares oblicuos. Tubérculos abundantes, escrobiculados. Peristoma excéntrico adelantado, estrecho, circular, con un pequeño labio saliente. Periprocto redondeado, alto, en la parte superior de la superficie posterior. Aparato apical subcompacto, con cuatro poros genitales. Fasciola peripétala. ~*Coraster munieri.*

ORDEN SPATANGOIDA.

Familia Hemiasteridae.

Ambulacros petaloides. Aparato apical etmofracto. Fasciola únicamente peripétala.

• Género Hemiaster, Desor, 1847.

Erizos pequeños e hinchados. Vértice ambulacral excéntrico atrasado. Ambulacros en surcos anchos y poco profundos; los traseros notablemente más cortos que los delanteros. Marca de fasciola sub-anal. Fasciola angular peripétala que rodea la estrella ambulacral. Se diferencia

Coraster munieri

Hemiaster canaliculatus

del género *Micraster* por su forma más hinchada y por su fasciola peripétala, y del género *Brissopsis* por su ambulacro más desigual y por la ausencia de una fasciola subanal. Todas las especies son de terrenos calcáreos y nummulíticos. ~*Hemiaster canaliculatus.*

• Género Bolbaster, Pomel, 1869.

~*Bolbaster nasutulus* (Sorignet, 1850): Tamaño pequeño, forma general globular. La cara superior algo inclinada al frente, un poco más estrecha al frente que en el centro, superficie inferior poco convexa; la faceta anal en forma de arco, cortada longitudinalmente por un pequeño surco en cuyo extremo superior se aloja el ano. Vértice genital casi central. Fasciola peripétala conspicua y angular rodea el ambulacro, cuyos brazos posteriores son extremadamente cortos. Los poros del ambulacrum impar son aparentes y están muy espaciados. En el ambitus, el surco anterior es superficial y muy abocinado. Tubérculos escrobiculados, apretados, no seriados y no sobresalientes en la cara ventral.

Bolbaster nasutulus

• Género Isaster, Desor, 1858.

Género sin fasciola ni surco anterior. Aparato apical compacto con 3 gonoporos en la zona apical. Pétalos iguales Tamaño mediano, con ambulacros estrechos. Marca del surco anterior. ~*Isaster aquitanicus.*

Familia Micrasteridae.

Disco apical biseriado; tuberculación aboral de pequeños tubérculos simétricos colocados en una masa densa de gránulos; fasciola subanal generalmente presente; placas esternales emparejadas y simétricas, pero placas epiesternales desplazadas; la fasciola subanal cruza la parte posterior de las placas esternales.

Isaster aquitanicus

• **Género Pseudogibbaster, Moskvin, 1983.**
Especie ovalada con surco anterior poco profundo; cara posterior truncada. Fisonomía baja a subcónica, a veces muy inflada. Disco apical con cuatro gonoporos. Ambulacro anterior hundido. Otros ambulacros petaloides y débilmente hundidos. Peristoma pequeño y pentagonal; no cubierto por el labrum. Placa del labrum alargada longitudinalmente. Placas esternales asimétricas con sutura mediana oblicua. Periprocto en la cara posterior truncada a media altura. Fasciola subanal presente. ~*Pseudogibbaster tercensis*.

Pseudogibbaster tercensis

ORDEN HOLASTEROIDA.

Familia Stegasteridae.

• **Género Jeronia, Seunes, 1888.**
Esqueleto grueso, sin surco anterior, ovalado, estrechado hacia atrás. Superficie superior abovedada, superficie inferior con un esternón aquillado y hundido. Disco apical alargado con tres gonoporos. Ambulacro emparejado al ras, con pares de poros pequeños e indiferenciados bien oblicuos a la horizontal. Peristoma circular. Plastrón meridosterno, con una sola placa esternal, y doble serie posterior de placas. Periprocto inframarginal. Tubérculos primarios más grandes alrededor del ámbito y a cada lado. Sin fasciolas. ~*Jeronia pyrenaica*.

Familia Echinocorythidae.
Estructura habitual de «holasteroide». Sistema apical alargado con 4 gonoporos. Ambulacro idéntico no petaloide con poros redondeados, plastrón meridiano. Los poros de los ambulacros impares son idénticos en tamaño a los de los otros ambulacros.

Jeronia pyrenaica

Echinocorys arnaudi

Antedon sp.

• **Género Echinocorys, Leske, 1778.**
Especímenes grandes, ovalados, hinchados, gibosos, a veces subcónicos. Zonas apetaloides poríferas, que convergen en línea recta desde el ápice hasta el peristoma; el ambulacro impar no es diferente de los demás. Tubérculos muy pequeños, crenados, perforados, iguales y espaciados. Peristoma reniforme, muy excéntrico adelantado. Periprocto ovalado, inframarginal. Aparato apical alargado, todas las placas, a excepción de alguna placa ocelar, están directamente superpuestas y se tocan en el medio; sin fasciola. ~*Echinocorys arnaudi*.

CLASE CRINOIDEA.

ORDEN COMATULIDA.

• **Género Antedon,
de Freminville, 1811.**
Crinoideos sin tallo que nadan libremente. El género apareció por primera vez en el registro fósil en el Jurásico. Su nombre común es comátula o clavelina. Tienen cinco pares de brazos plumosos que surgen de un disco cóncavo central. En su base una serie de cirros o apéndices no ramificados parten desde un osículo dorsal. La boca y los surcos ambulacrales también se encuentran en la superficie superior. Los cirros ganchudos en la superficie inferior proporcionan una unión temporal al sustrato. ~*Antedon douvillei*, (Valette, 1929): Cáliz de pequeña talla conocido por su pieza central, subpentagonal en la cara oral y hemisférica en la cara dorsal, recubierta de las inserciones de sus cirros, y en su cara oral de la inserción de los brazos plumosos.

•FILO BRYOZOA•

ORDEN CYCLOSTOMATIDA.

• Género Multitubigera, D'Orbigny, 1853.

Colonia de discos subregulares, enteros o con-fluentes, cóncavos hacia arriba, embudiformes, agrupados, con paredes comunes e indivisas, con los lados confluyentes sin ninguna separa-ción visible; así resulta en una colonia múltiple, formada por un gran número de subcolonias unidas pero indivisas. Cada disco o subcolonia tiene los bordes biselados, la superficie está cu-bierta de gran número de células germinales y está estructurada con una serie de pliegues radiales; unos, desde el propio centro, pertene-cen al primer ciclo, y otras más cortas. ~*Multitubigera campicheana. M. gregaria.*

Multitubigera campicheana

•FILO MOLLUSCA•

CLASE CEPHALOPODA.

ORDEN NAUTILIDA.

• Género Nautilus, Linneo, 1758.

Concha discoide, ligeramente comprimida, lisa, subumbilicada; vueltas iniciales interio-res completamente ocultas. Dorso redonda-do; abertura elíptica, estrecha y redondeada al frente con ángulos laterales redondeados prominentes: septos profundamente sinuados, formando un lóbulo redondeado obtuso en el centro de los laterales. Los ángulos basales del lóbulo son también redondeados; el borde dorsal es recto o ligeramente convexo hacia el frente; sifón un poco por encima del centro del tabique. ~*Nautilus danicus.*

Nautilus danicus

CLASE BIVALVIA.

ORDER OSTREIDA.

Superfamilia Ostreacea.

Cáscara cementada en el sustrato por la valva izquierda, excepto en algunas especies; cáscaras foliáceas postlarvarias, inequivalvas, desdentadas, con área ligamentaria dividida en tres partes y en su centro el resilifer.

Familia Griphaeidae.

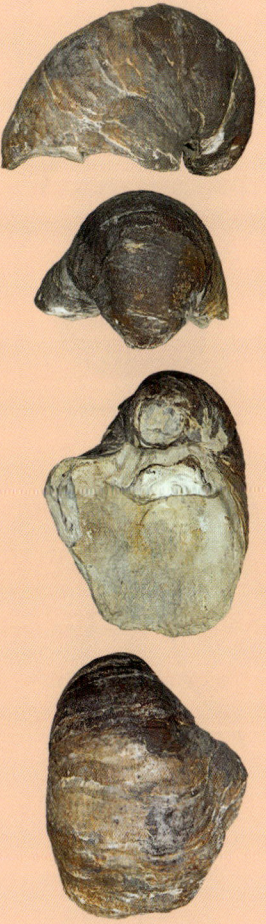

Pycnodonte vesicularis

• **Género Pycnodonte, Fischer von Waldheim, 1835.**
Pequeñas a grandes, inferior muy convexa, con área de fijación y ápice curvado. Repisa comisural prominente; chomata y vermiculaciones. Líneas de crecimiento laminares muy próximas en ambas valvas. *~Pycnodonte vesicularis*: Valvas asimétricas, con extensiones en sus bordes. Valva izquierda más grande, fuertemente arqueada, ahuecada y engrosada. Valva derecha relativamente plana en forma de tapa. Puntos de inserción muscular, ubicados en los bordes y en el centro. El caparazón liso sin otra ornamentación que las aristas de las láminas de crecimiento.

ORDEN VENERIDA.

Superfamilia Cyrenoidea.

Familia Cyrenidae.

• **Género Cyrena, Lamarck, 1818.**
Caparazón grueso e inflado, forma acorazonada, bordes en una curva continua, salvo los bordes trasero y delantero que forman un ángulo casi recto. Los umbos, suavemente curvados se tocan en el centro; lúnula en forma de corazón. La ornamentación consiste únicamente en la-

minillas de crecimiento anchas, que son fuertemente pronunciadas en la parte anterior de
las valvas, pero que se difuminan hacia la parte
posterior hasta desaparecer en el borde posterior. ~*Cyrena laietana*.

Cyrena sp.

• **Género Corbicula,
Megerle von Mühlfeld, 1811.**
Género viviente en el río Eufrates. Concha subtriangular redondeada, con un borde completo.
La bisagra está casi en el centro, donde tiene
seis dientes centrales y cuatro dientes laterales
alargados, en su mayoría con muescas. Interior
subtriangular, grueso, festoneado y acanalado.
~*Corbicula laietana* (Megerle, 1811): Concha
más ancha que alta, gruesa, muy inequilateral:
umbos muy encorvados y contiguos. superficie
con 26-30 costillas; el borde es redondeado en
el lado bucal y anguloso en el opuesto.

Corbicula laietana

CLASE GASTROPODA.

Superfamilia Lymnaeoidea.

Familia Physidae.

• **Género Physa, Draparnaud, 1801.**
Ovalada u oblonga, ampullacea; abertura lanceolada. Tentáculos setáceos, oculados en su
base interna. ~*Physa galloprovincialis* (Matheron, 1842): Caparazón siniestro, ovado, alargado,
longitudinalmente estriado; espira afilada, vueltas convexas; abertura ovalada, afilada, pequeña;
columnilla submarginal, torcida, el borde de la
abertura se extiende sobre ella formando una
especie de callo. En estado de molde interno
el lugar de la columnilla está indicado por una
muesca que simula un ombligo. La boca es un
poco más corta que la espira.

Physa sp.

SUBCLASE CAENOGASTROPODA.

Familia Campanilidae.

• Género Campanile, P. Fischer, 1884.
Conchas turriculadas de ambientes salobres que alcanzan gran tamaño con crecimiento regular y pliegues columnares en el interior de la espira. ~*Campanile ganesha* (Noetling, 1897): Tamaño considerable, concha turricular de aspecto pupoideo; vueltas bajas, que aumentan con extrema lentitud en vueltas numerosas, planas, de sección rectangular, separadas por una sutura profunda, con la última vuelta muy desarrollada e hinchada en la base. Pliegues columnares en la superficie interna anterior ausentes, en la superficie posterior provista en cambio con tres pliegues en espiral, de los cuales el central más prominente de todos, el interno es muy fino y agudo, el externo ancho y redondeado.

Campanile ganesha

Paleoceno continental.

Superorden Eupulmonata.

Familia Anadromidae.

• Género Lychnus, Matheron, 1832.
Concha elíptica a redondeada, convexa, con borde redondeado o carenado, con verticilo oblicuo, sobresaliente y parcialmente cubierto por la última vuelta. Abertura entera, ovalada o redondeada, en plano oblicuo al cono. Peristoma discontinuo, con un delgado callo que une sus extremos. Caparazón imperforado, con un falso ombligo. Arrollamiento extraordinario con una fase juvenil con caparazón mas verticalizado, y una fase adulta horizontalizada. ~*Lychnus bourguignat*.

Lychnus sp.

Superfamilia Clausilioidea.

• **Género Palaeostoa, Andreae, 1884.**

Conchas de aguas continentales, de tamaño medio a pequeño, turriculadas, con surcos palatinos espirales en el interior de las vueltas de la concha. ~*Palaeostoa hispanica* (Oppenheim 1895): Concha cilíndrica, con una punta roma en forma de estenogiro; hasta 15 vueltas de espiral que aumentan muy lentamente, la última vuelta tiene 1/4 de la altura total. Superficie lisa. Suturas profundas, 6-11 palatinos de casi el mismo grosor en el interior de la última vuelta.

Palaeosta hispanica

ORDEN LITTORINIMORPHA.

Familia Pomatiidae.

• **Género Dissostoma, Cossmann, 1888.**

Conchas medianas, cónicas, infladas, formada por 8-9 vueltas dimórficas: muy estrechas, subplanas y regularmente enrolladas en el ápice, desarrollándose luego amplia y rápidamente a partir de la cuarta vuelta; últimas vueltas de convexidad creciente, enfatizadas por el estrechamiento progresivo en su base. Suturas horizontales en la etapa juvenil, luego cada vez más oblicuas. Abertura ovalada, en gota. Peristoma continuo, revestido con un cordón externo, que oculta un pequeño ombligo. Ornamentación formada por finas redes espirales en las primeras vueltas visibles, finas estrías de crecimiento en las siguientes vueltas. ~*Dissostoma pyrenaicum*.

• **Género Bauxia, Caziot, 1890.**

Caparazón cónico, con 7-9 vueltas de espira envolventes que aumentan rápidamente su anchura la última vuelta; que es suavemente redondeada también hacia su base, alcanza aproximadamente el 70% de la altura total. Las vueltas juveniles

Dissostoma pyrenaicum

Bauxia sp.

tienen quilla. El tamaño y la forma varían incluso en un mismo ejemplar, con vueltas más o menos abultadas hacia el exterior, incluso adoptando una fisonomía pupoide; pero, en general, su perfil es sinuoso. La ornamentación de la concha consiste en líneas espirales ligeramente onduladas, profundas y numerosas, y líneas oblicuas de crecimiento. ~*Bauxia bulimoides*.

ORDEN LITTORINIMORPHA.

Familia Pomatiidae.

• Género Pomatias, Studer in Coxe, 1789.
Pequeños caracoles terrestres operculados. ~*Pomatias vilanovanum* (Verneuil y Lartet): Concha con estrías longitudinales estremadamente finas. Molde interior oblongo, cónico, obtuso en el ápice, con seis vueltas convexas, la última apenas más grande en proporción. Borde de la abertura ligeramente dilatado.

Pomatias vilanovanum en Verneuil y Lartet

ORDEN CAENOGASTROPODA.

Familia Melanopsidae.

• Género Campylostylus, F. Sandberger, 1870.
Conchas turriculadas. La pared exterior de la abertura no está cubierta por un callo triangular, sino simplemente engrosada, el huso interior es arqueado y la cresta de su base es afilada. ~*Campylostylus turriculus* (Matheron, 1842): Con numerosas vueltas rugosas, longitudinalmente estriadas, transversalmente rayadas, con surcos subiguales, numerosos; concavidad en el centro de la cara exterior de las vueltas, sutura en rampa escalonada; abertura oblonga, entera en su base.

Campylostylus turriculus en Matheron 1842

Orden Architaenioglossa.

Familia Cyclophoridae.

• Género Palaeocyclophorus, Wenz, 1923.
Conchas orbiculadas-conoides, deprimidas, ampliamente umbilicadas por debajo y acanaladas transversalmente; apertura muy pequeña; labio con margen dilatado. ~*Palaeocyclophorus solarium* (Matheron, 1843): Pequeña concha discoidal, cónica, con la ornamentación tenue, lo que

Palaeocyclophorus solarium

las hace parecerse a un Hélix. Vértice algo afilado. Ombligo muy ancho. Última vuelta notablemente mayor, con 7 a 8 pequeñas costillas longitudinales, las centrales más prominentes, lo que hace que parezca aquillada en su circunferencia. Suturas planas. Bien umbilicada y aplanada en la base. Abertura inclinada oblicuamente al eje, circular, con un margen continuo engrosado.

•FILO CHORDATA•

CLASE REPTILIA.

Familia Crocodylidae.

Subfamilia Tomistominae, Eastman, 1902.
Cocodrilos con hocicos alargados y estrechos; barras postorbitales delgadas detrás de las cuencas oculares y un gran alvéolo para el quinto diente maxilar. El falso gavial malayo (*Tomistoma schlegelii*) es su única especie actual. Han sido cocodrilos piscívoros de zonas de costa y desembocaduras fluviales, con cierta abundancia durante el Eoceno. El tomistomino de Añisclo es en la actualidad la especie mas antigua estudiada. ~*Tomistominae* sp. (Cocodrilo de Ordesa).

Tomistominae sp.

Cenozoico EOCENO
CORDILLERA ENTRE MARES

El periodo Cenozoico tiene su época de mayor estabilidad durante el Eoceno. Esta era se inicia con una temperatura global muy elevada, de al menos 10 grados más que en la actualidad, lo que supuso un clima tórrido (cálido y húmedo) hasta en la proximidad de los círculos polares. Los océanos amplían su extensión, su altura y su influencia sobre las tierras emergidas.

El Pirineo incipiente, que había gozado de condiciones continentales durante el Paleoceno, vuelve al dominio marino. Durante el Eoceno, fases alternantes de elevación de la cordillera y de distensión de la corteza, con hundimientos parciales (transgresiones y regresiones del nivel del mar), prolongan el dominio marino en la mayor parte de las cuencas del espacio pirenaico durante todo el periodo.

Los derrubios de la joven cordillera rellenan las cuencas intra y extrapirenaicas, al tiempo que la disminución paulatina de la temperatura juega a favor del descenso del nivel del mar.

Eoceno inicial -54 Ma.

■ Océano profundo

□ Mar abierto

□ Mar superficial

□ Cuencas litorales o intracontinentales

■ Tierras emergidas

Paleogeografía.

Al alcanzarse el *Máximo Termal*, el elevado nivel del mar indunda grandes extensiones de los litorales de los continentes, entre ellos amplias extensiones del norte de África y de Europa.

En Europa, amplias zonas de los países bajos, el norte de Francia y el sur de Inglaterra permanecen bajo el mar durante el Eoceno; mientras al este la cordillera de los Alpes, inicia un proceso orogénico similar al del Pirineo, el mismo que da forma al cinturón alpino desde las serranías Béticas y el Atlas hasta el Himalaya, formando un formidable sistema de cordilleras similar al plegamiento hercínico del Paleozoico.

Entre el Pirineo y los Alpes la presión tectónica produce el desgarramiento de los bloques corso-sardo-balear, que comienzan su deriva insular desde su origen en el litoral levantino.

Clima.

Desde el *Máximo Termal*, las temperaturas comienzan a bajar, y el clima pasa a ser más frío y seco en Europa y Asia.

La evolución de la temperatura media del fondo del mar, medida por procedimientos paleontológicos, baja de unos 12 °C a inicios del Eoceno, hace 50 millones de años, a 6 °C al final del periodo (es de 2 °C en la actualidad).

Geología.

Europa comienza el periodo con un nivel del mar más elevado y un litoral mucho más recortado que en la actualidad, con una gran insularidad. En sus mares poco profundos se forman los típicos depósitos

Margas azuladas del Eoceno en los paisajes de la depresión intrapirenaica.

de rocas calizas y bioclásticas (con mayor abundancia de material orgánico).

En el Pirineo estos materiales se depositan en los surcos marinos que hay al norte y al sur de la cordillera. Además, se depositan abundantes materiales procedentes de la erosión de la propia cordillera emergente. Estos materiales transportados y deformados por el plegamiento integran, al sur, la mayor parte de la depresión interna entre las sierras exteriores e interiores; y al norte la depresión entre la cordillera, los Pequeños Pirineos y otras sierras de las estribaciones pirenaicas.

Paleontología.
El inicio del Paleógeno transcurre con un clima muy cálido: cocodrilos y tortugas habitan en latitudes árticas, crecen palmeras en el sur de Siberia, el agua del mar está varios grados más caliente que en la actualidad, y los corales ocupan un sector costero muy amplio hacia el norte y hacia el sur, mayor que el sector tropical de la actualidad.

Al final del Eoceno, hace unos 33 millones de años, se unen Europa, Asia y África y se produce un bajón de las temperaturas. En los continentes, muchas zonas de bosque boreal se convierten en tundra sin arbolado. Más al sur, los paisajes boscosos pasan a ser paisajes esteparios.

Los restos fósiles europeos, asiáticos y africanos señalan grandes migraciones de faunas entre los subcontinentes. La fauna de estos subcontinentes se vuelve más homogénea y se producen extinciones masivas.

En el Pirineo, la elevación de la cordillera, desde el este hacia el oeste, hace que

Flysch o milhojas del Eoceno en los paisajes de la depresión intrapirenaica.

el nivel del mar se vaya desplazando hacia el oeste también, y con este se desplaza la franja costera, que es donde se acumula una mayor cantidad de restos paleontológicos.

Tanto la cuenca de Aquitania como la depresión sur intrapirenaica tienen un registro fósil muy amplio del Paleógeno. Este periodo, de entre todos los que se conservan en el Pirineo, es el que más ha llamado la atención de los paleontólogos Las acumulaciones de sedimentos del flysch eoceno, por ejemplo, alcanzan kilómetros de espesor e incluyen infinidad de rastros fósiles, en una multiplicidad de suelos fosilizados.

En general, la paleontología pirenaica da testimonio de un clima tropical. La geografía es propicia para albergar las comunidades coralinas en un mar cálido que los mamíferos y los reptiles han vuelto a colonizar, y en la franja costera prosperan los bosques de manglar.

•REINO PROTISTA•

•FILO FORAMINIFERA•

ORDEN FORAMINIFERIDA.

Seres unicelulares con núcleo diferenciado, pseudópodos y con una concha que envuelve su cuerpo protoplasmático. La concha tiene una o más cámaras comunicadas entre si por una abertura (foramen); además la concha tiene una o más aberturas al exterior para permitir el paso de los pseudópodos. Los foraminíferos bentónicos que viven sobre el fondo marino adquieren un tamaño centimétrico. Sus conchas fósiles tienen una fisonomía muy variada y muy variable, además, tienen un doble ciclo reproductivo que genera unas formas gaméticas por reproducción sexual y otras formas clónicas.

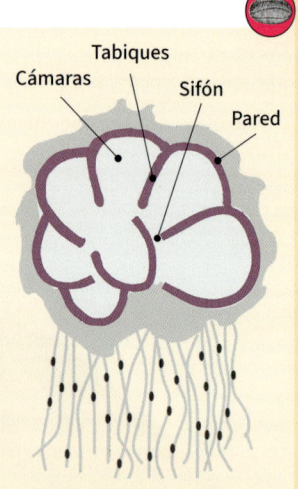

Tabiques
Cámaras
Sifón
Pared

SUBORDEN MILIOLIDA.

Superfamilia Alveolinacea.

Embrión generalmente quinqueloculiniforme (con cinco cámaras), estructura interna compleja con cámaras divididas mediante tabiques.

Familia Alveolinidae.

Formas planiespiraladas involutas de aspecto fusiforme, alargadas según el eje de enrollamiento, con perforaciones complejas alineadas, división secundaria de las cámaras en camarillas tubulares; última cámara con aberturas múltiples de cada una de las camarillas.

Alveolina ovoidea

**• Género Alveolina,
D'Orbigny, 1826.**
Concha ovoidal o fusiforme con estadio inicial de crecimiento miliolinido en las formas microsféricas y con canal flexostilo en las macroesféricas; la capa basal puede estar muy desarrollada; con tabiques alternados y dos filas de aberturas en posición alternada. ~*Alveolina ovoidea*.

Familia Soritidae.

Orbitolites sp.

• Género Orbitolites, Lamarck, 1801.
Concha cíclico-anular, con camarillas espatuladas; las formas microsféricas suelen presentar un estadio inicial planiespiralado. ~*Orbitolites* sp.

ORDEN ROTALIIDA.

Familia Nummulitidae.
Concha planiespiralada evoluta o involuta, de forma lenticular biconvexa, cámaras simples y sistema de canales y estolones; la superficie presenta diferentes relieves ornamentales por la inserción de los tabiques internos, además de pilares internos que en la superficie forma gránulos regularmente distribuidos en forma de diferentes patrones. Embrión mayor en formas A o macrosféricas, que son más pequeñas, con menos cámaras y menos vueltas de espira.

Los géneros se diferencian por su carácter evoluto o involuto, por el crecimiento de las cámaras y por la subdivisión de las mismas, o no, mediante séptulos.

Assilina sp.

• Género Assilina, D'Orbigny, 1839.
Concha planiespiralada evoluta, con crecimiento en altura de las cámaras lento y regular (cámaras equidimensionales). ~*Assilina* sp.

- **Género Nummulites, Lamarck, 1801.**
Concha planiespiralada involuta, con crecimiento en altura de las cámaras lento y regular (cámaras equidimensionales). ~*Nummulites* sp.

- **Género Operculina, D'Orbigny, 1826.**
Concha planiespiralada evoluta, con crecimiento en altura de las cámaras rápido. ~*Operculina* sp.

Familia Discocyclinidae.

Crecimiento anular con cámaras ecuatoriales subrectangulares y camarillas laterales que se conectan con el exterior y entre sí por estolones; las camarillas se conectan con estolones con las de su mismo anillo y con las de anillos adyacentes. Superficie granular con rosetas de camarillas laterales en torno a las cimas de los pilares. Embrión de formas A con protoconcha y deuteroconcha; embrión de formas B con crecimiento planiespiralado.

- **Género Actinocyclina, Gümbel, 1870.**
Concha lenticular biconvexa, Pueden presentar multitud de costillas radiales. Género en discusión. ~*Actinocyclina* sp.

- **Género Discocyclina, Gümbel, 1870.**
Concha de crecimiento anular y con camarillas ecuatoriales subrectangulares, lenticular biconvexa y superficie granular. ~*Discocyclina* sp.

Familia Asterocyclinidae.

Crecimiento anular con cámaras ecuatoriales subrectangulares y camarillas laterales que se conectan con el exterior y entre sí por estolones; además, las camarillas se conectan con estolones solo con las de anillos adyacentes. Superficie granular con rosetas de camarillas laterales en torno a las cimas de los pilares. Embrión de formas A

Nummulites sp.

Operculina sp.

Actinocyclina sp.

Discocyclina sp.

Asterocyclina sp.

con protoconcha y deuteroconcha; embrión de formas B trocoespiralado.

• Género Asterocyclina, Gümbel 1870.

Crecimiento cíclico con fisonomía pentagonal con cámaras ecuatoriales subrectangulares. Cinco costillas radiales por la subdivisión de las cámaras ecuatoriales. Otras costillas pueden intercalarse con el crecimiento. ~*Asterocyclina* sp.

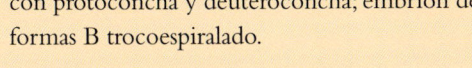

•REINO ANIMALIA•

Abertura principal

•FILO PORIFERA•

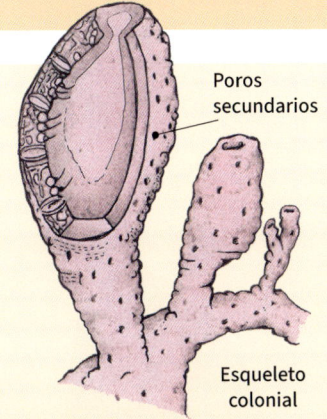

Poros secundarios

Esqueleto colonial

Colonias sedentarias de células especializadas, interdependientes, sin órganos, unidas por una matriz extracelular. Construyen un edificio óptimo para la circulación del agua que aporta el oxígeno y los nutrientes.

Las esponjas tienden a agruparse y forman parte de algunos edificios arrecifales. Algunos tipos también pueden perforar sustratos calcáreos como las conchas de moluscos (entobia) y esqueletos de corales.

CLASE HEXACTINELLIDA.

Esponjas con un esqueleto hecho de espículas silíceas de cuatro y/o seis puntas, cuyos ejes forman ángulos rectos en su forma más típica de triaxonas hexactinélidas. En general, son leuconoides.

ORDEN SCEPTRULOPHORA.

Forma típica con un sistema de tubos ramificados y anastomosados con ósculo terminal o una forma de copa o embudo, con o sin divertículos laterales; incluye formas cilíndricas simples con o sin ósculo lateral, y formas en hoja sin ósculo.

Familia Craticulariidae.

Cuerpo esponjoso simple o nudoso. Ambas superficies con numerosas ostias redondeadas u ovaladas, que se colocan en filas verticales y horizontales que se cruzan en ángulo recto; a veces, las ostias de una superficie también se encuentran en surcos longitudinales. Los canales radiales son rectos, fuertes. Esqueleto formado por grandes espículas fusionadas de seis radios con densos nodos de intersección, que forman una red regular y suelta con mallas cúbicas. A veces, en forma de telaraña.

• **Género Pleuroguettardia, Reid, 1963.**

Se caracteriza por tener canales dispuestos en un patrón cuadrangular (*craticulariid*) y ser largos. ~*Pleuroguettardia iberica, Pleuroguettardia* sp.

• **Género Laocoetis, Pomel, 1872.**

Sección esquemática de la pared que muestra una capa perforada densa externa, una capa subdérmica con un esqueleto reticulado endeble y un esqueleto interno principal con prosochetes. ~*Laocoetis patula* (Pomel, 1872): Esponjas anchas o estrechas en forma de copa o de vaso, a veces también de hojas, con aberturas rectangulares en la superficie externa y aberturas ovales en la superficie interna. Superficie del esqueleto dictional, con nódulos agrandados hemisféricos, que están tuberculados.

ORDEN LYSSACINOSIDA.

Esqueleto completo formado por agujas, que no están conectadas directamente, solo están conectadas por sarcodes (excepcionalmente también por sustancia de sílice plana de manera irregular). Las espículas suelen ser abundantes y muy diferenciadas.

Familia Euretidae.

Tubos de paredes delgadas, de aproximadamente 1 cm de diámetro, que comúnmente se ramifican y anastomosan, con ósculos en las puntas de las ramas. La naturaleza de las espículas sueltas es útil para diferenciar las formas vivas, pero rara vez se conservan en asociación con esqueletos firmes de fósiles.

Pleuroguettardia iberica

Laocoetis patula

Eurete sp.

• **Género Eurete,
Semper, 1868.**

Dos o más capas de dictiina en las paredes del tubo. ~*Eurete clava*.

ORDEN HEXACTINOSA.

Esqueletos compuestos de espículas superpuestas de seis puntas. La esponja suele estar firmemente unida por su base a un sustrato duro.

Familia Cribrospongiidae.

Hexactinosida con marco euretoide canalizado; apórisis radiales dispuestas en un patrón quincuncial o dispuestas irregularmente.

Guettardiscyphia sp.

• **Género Guettardiscyphia,
Fromental, 1860.**

Con *Guettardia* (Michelin, 1847), son dos géneros diferentes pero homeomórficos basados en la organización ostial. *Guettardiscyphia* con ostia alternando en filas verticales particulares o irregularmente dispuestas, y postica en patrón cuadrangular regular; este género pertenece a la familia Cribrospongiidae. El segundo género se caracteriza por ostia y postica en el patrón cuadrangular regular (*craticulariid*), y pertenece a la familia Craticulariidae. ~*Guettardiscyphia thiolati*.

Familia Tretodictyidae.

Con forma de jarrón, paredes gruesas que se distingue por el predominio del esqueleto reticulado fuerte en comparación con la estructura correspondiente de la región endosómica; el espesor de la pared puede exceder el diámetro de la cloaca

Hexactinella informis

• **Género Hexactinella, Carter, 1885.**

En forma de cuenco a arrugado, irregular; espículas granulosa o con espinas diminutas. ~*Hexactinella informis*.

CLASE DEMOSPONGEA, SOLLAS, 1875.

Porífera con esqueleto compuesto de espongina, mezcla de espongina y espículas silíceas o espículas silíceas construidas en monoaxonas o tetraxonas en las que las espinas no se encuentran en ángulo recto.

Arquitectura compacta. Espículas silíceas o esponjosas, o ambas, o ninguna presente. En muchos se producen diversos tipos de inclusiones extrañas.

ORDEN LITHISTIDA.

Esponjas caracterizadas por espículas grumosas llamadas desmas, con nodos y ramificaciones, y estas generalmente están tan entrelazadas o cementadas que resultan estructuras rígidas.

Familia Heteroscleromorpha.

• **Género Lithistida,**
Schmidt, 1870.
Género en desuso. ~*Lithistida* sp.

ORDEN STROMATOPORIDA.

Esqueleto macizo calcáreo, denominado cenostio (coenosteo), conformado por una sucesión de láminas levemente curvadas (lamelas) unidas por elementos verticales (pilares), perpendiculares. La superficie externa muestra un patrón poligonal con montículos o domos (mamelones) y estructuras esteladas formadas por canales superficiales (astrorriza), que representan a un sistema de canales exhalantes. Esta estructura varía levemente en los distintos grupos.

Lithistida sp.

Familia Stromatoporidae.

• **Género Stromatopora,**
Goldfuss, 1826.
~*Stromatopora* sp.

ORDEN TABULOSPONGIDAE.

Familia Acanthochaetetidae.

Stromatopora sp.

• Género Chaetetes, Fischer de Waldheim, 1830.

Organismos con esqueleto calcáreo laminar, hemisférico o incrustante. Durante mucho tiempo considerados corales tabulados por el parecido superficial con los cnidarios, debido a su esqueleto, que presenta bandas rítmicas de crecimiento y en sección muestra una estructura subpoligonal de celdas o cámaras (cálices), a veces con paredes irregulares que asemejan seudoseptos. Las espículas se hallan incluidas en estas paredes y corresponden principalmente a monaxonas silíceas. Las paredes pueden presentar espinas en hileras verticales o dispuestas irregularmente hacia el interior de las cámaras. ~*Chaetetes* **sp.**

Chaetetes sp.

•ICNOGÉNERO•

Familia Entobiaidae.

Huellas fósiles de bioerosión.

• Género Entobia, Bronn, 1837.

Oquedades taladradas en sustratos carbonatados, compuestas por una sola cámara, o redes o grupos de cámaras, o galerías no acameradas, conectadas a la superficie del sustrato por varias o numerosas aberturas. Las galerías muestran aumento de tamaño durante el crecimiento. La superficie perforada de la mayoría de las formas tiene una microescultura en forma de cúspide. Suelen estar presentes finos hilos pioneros (exploratorios), que surgen de todas o algunas superficies del sistema. Los canales conducen a aperturas (poros de inhalación y exhalación). ~*Entobia* **sp.**

Entobia sobre concha de bivalvo

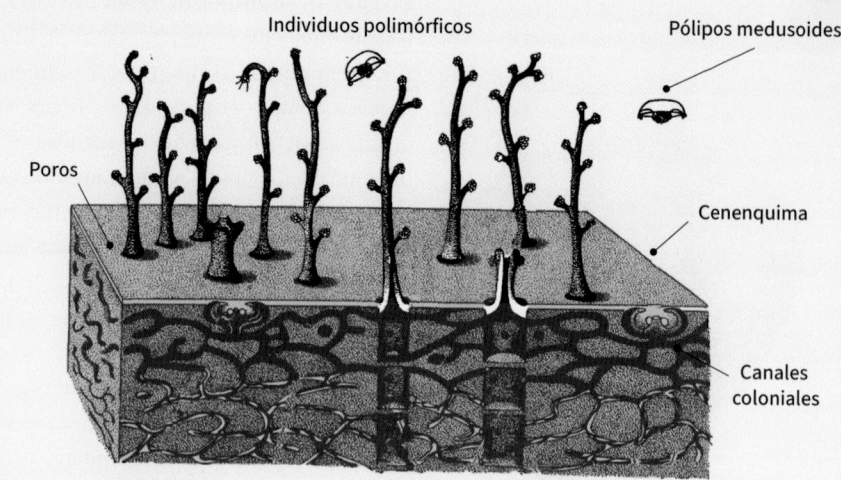

Individuos polimórficos

Pólipos medusoides

Poros

Cenenquima

Canales coloniales

CLASE HIDROZOA.

Colonias con individuos polimórficos: gastroporos, gastrostylos, dactyloporos y dactylostylos, que desarrollan diversas funciones; las cavidades habitacionales sin tabiques, están interconectadas y es difícil precisar dónde acaba una y comienza otra.

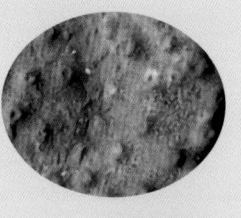

ORDEN MILLEPORINA.

Gastrozoos cortos, cilíndricos, con 4 tentáculos cortos; dactilozoos alargados, con 5 a 7 tentáculos; tentáculos grandes; generación sexual de medusas de natación libre.

Familia Milleporidae.

Colonias con gastroporos y dactyloporos menores y numerosos; sin gastrostylos ni dactylostylos.

• Género Millepora, Linneo, 1758.

Colonias arborescentes, como placas verticales, o incrustantes. Gastroporos y dactyloporos circulares a poligonales, con orificios a veces estrellados; 5 a 7 dactyloporos alrededor de cada gastroporo. Las ampollas pueden formar algún bulto en la superficie. ~*Millepora reussi, M. berrucosa.*

Millepora reussi

Orden Hydroida.

Colonias dominadas por pólipos, con exoesqueleto córneo, ocasionalmente calcáreo.

Familia Axoporidae.

Gastroporos diferenciables de los gastrostilos; sin dactiloporos.

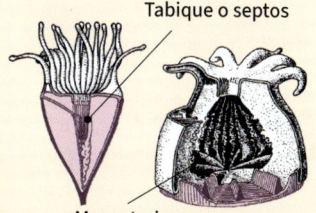

Axopora solanderi

• Género Axopora, Edwards–Haime, 1850.

Colonias incrustantes, forman protuberancias globulosas o arborescentes; gastroporos con abertura circular; gastrostylos estriados longitudinalmente. Ampollas desconocidas. ~*Axopora solanderi.*

Tabique o septos

Mesenterios

CLASE ANTHOZOA.

Poliperos, solitarios o coloniales. Su estómago está dividido radialmente, plegado en fuelle; en la base exterior de estos pliegues el pólipo segrega tabiques esqueléticos radiales que le sujetan sobre el conjunto del asiento esquelético.

SUBCLASE OCTOCORALARIA.

Antozoo sedentario, colonial; sus pólipos tienen 8 tentáculos y 8 tabiques radiales o septos en su asiento a la estructura esquelética que tiene un eje córneo calcificado, o un eje de espículas fusionadas.

Familia Helioporidae.

Octocorales sin espículas, con esqueleto masivo de aragonito fibrocristalino. Colonia con pozos anchos ocupados por los pólipos y con tubos estrechos de crecimientos ciegos del sistema colonial; ambos tipos de tubos se tabican regularmente; cálices con pseudoseptos que varían en número, y no se corresponden con los 8 septos blandos.

Heliopora bellardi

• Género Heliopora, Blainville, 1830.

Colonias azules, masivas, verticales, lobuladas con 10 a 16 pseudoseptos; arrecifal. ~*Heliopora bellardi.*

ORDEN GORGONACEA.

Octocorales coloniales arborescentes, con estructuras axiales especializadas, en forma de un eje central, o de una zona medular central de material córneo o calcáreo.

SUBORDEN SCLERAXONIA.

Capa superficial de la colonia con los cálices de los pólipos; el cilindro axial o la médula pueden contener canales, pero las cavidades de los pólipos no los penetran.

Familia Corallidae.

Forma arbórea o masiva con núcleo duro no articulado; cálices diferenciables en toda la superficie; corteza de grosor variable con pequeños cordones; predominantemente corales rojos, rosas, amarillentos o blancos.

• **Género Corallium,
Cuvier, 1798.**
Con cordones paralelos en superficie.
~*Corallium* sp.

Corallium sp.

Familia Parisididae.

Arborescente, sin núcleo diferenciado, con ramas conectadas por entrenudos; porciones ramales acostilladas.

• **Género Parisis,
Verrill, 1864.**
Colonias rígidas, grandes, ramificadas en un solo plano. ~*Parisis dachiardii.*

ORDEN PENNATULACEA.

Octocorales coloniales no ramificados, no firmemente adheridos, que consisten en un pólipo primario (oozooide) que se alarga para producir un tallo estéril y proximal, que ancla a la colonia en el lodo, y un raquis del que brotan los pólipos secundarios (autozooides).

Parisis dachiardii

Graphularia wetherelli

SUBORDEN SUBSELLIFLORAE.
Pólipos unidos por sus bases, situados en hileras en protuberancias laterales, o en laminas con brotes de pólipos.

Familia Virgulariidae.
Ramas esbeltas; los individuos se sitúan en filas transversales y se unen entre sí por sus bases, en la rama; pie robusto.

• **Género Graphularia, M. Edwards-Haime, 1850.**
Varillas comprimidas, subparalelos, planos o curvos; con núcleo central. Radios calcáreos largos e irregulares que se extienden desde el núcleo a la periferia, donde forman una zona cortical. Del pie se despliegan finas ramas o pínulas. ~ *Graphularia wetherelli.*

SUBCLASE ZOANTHARIA.

Antozoos solitarios y coloniales, con o sin exoesqueleto trabecular calcáreo, con mesenterios acoplados y pareados, y por la inserción de nuevos pares de mesenterios, generalmente después de los primeros 6.

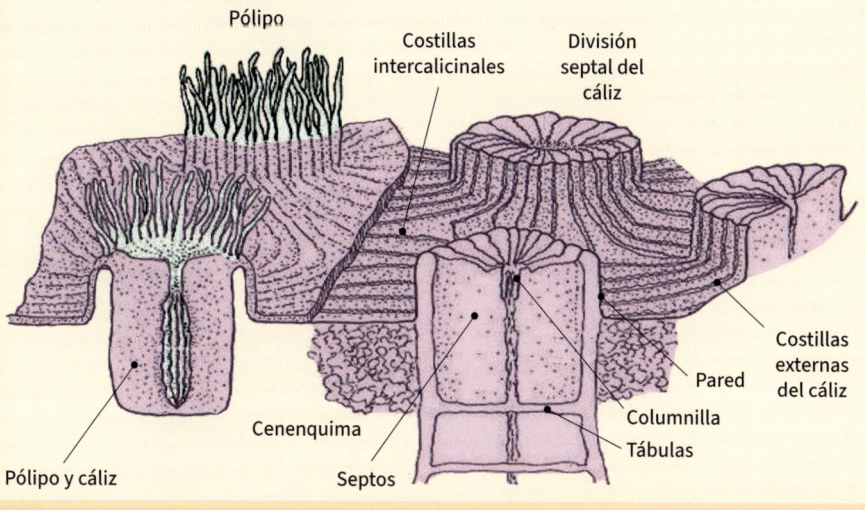

ORDEN SCLERACTINIA.

Solitarios o coloniales con esqueleto externo calcáreo, en particiones radiales o septos, además de estructuras de soporte (placa basal, epiteca, disepimentos, sinapticulas y estructuras murales). Septos desarrollados en la ontogenia siguiendo el patrón de los mesenterios: septos adicionales, después de los 6 primeros, se insertan en ciclos sucesivos de 6, 12, 24, 48, y sucesivamente, en orden dorsoventral.

SUBORDEN ASTROCOENIINA.

Coloniales, rara vez solitarios: coralitos pequeños; hasta 6 u 8 septos, trabéculas simples o compuestas en un sistema poroso.

Familia Acroporidae.

Colonias masivas, almohadilladas o dendroides con reproducción extracalicular; políperos pequeños separados por peritheca, con pseudo-costillas; superficie espinosa; muralla perforada; septos no desbordantes, poco numerosos (en 2 ciclos), desde septos rudimentarios hasta láminas compactas; columnilla ausente o débil; endoteca y exoteca poco abundantes.

• Género Acropora, Oken, 1815.

Colonias ramosas, masivas o incrustantes; ramas con un coralito pionero más grande que el resto, unidos por coenosteum ligero, reticulado, espinoso o pseudocostado. Columnilla y diseptimentos ausentes; endoteca rara o ausente. ~*Acropora haidingeri*.

Acropora haidingeri

• Género Astreopora, Blainville, 1830.

Colonias masivas, laminares, incrustantes o subramosas; sin coralitos guía; coralitos hundidos o que sobresalen en conos; septos cortos, numerosos y bien espaciados; columnilla profundas y compactas; coenosteum interior reticular y superficial espinoso; coenosteum y paredes con poco desarrollo; murallas sólidas, no perforadas, ligeramente porosas; exoteca y endoteca tabulares. ~*Astreopora decaphyllia*.

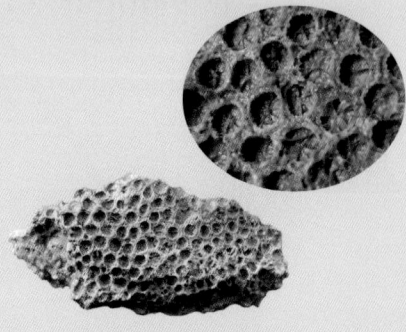

Astreopora decaphyllia

Dendracis sp.

Stylophora contorta

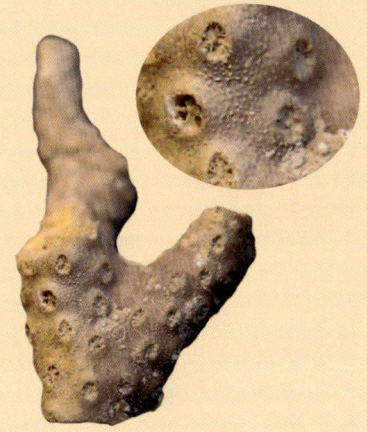

Madracis sp.

• Género Dendracis, Edwards & Haime, 1849.

Parecido a *Acropora* pero sin polípero axial; colonial, en finas ramificaciones, rara vez masiva o incrustante; pequeños cálices circulares sobresalientes; gemación extracalicinal; los coralitos pueden proyectarse o estar incrustados en el coenosteum poroso; hasta 14 septos espinosos, subiguales y algo desbordantes; columnilla ausente; coenosteum denso y granuloso en superficie. ~*Dendracis* sp.

Familia Pocilloporidae.

Plocoide, ramoso, arrecifal, reproducción extracalicinal. Septos en 2 ciclos, reducidos a estrechas láminas, a estrías o incluso a espinas. Columnilla estiliforme, vertical. Coenosteum sólido o vesicular.

• Género: Stylophora, Schweiger, 1819.

Ramoso a submasivo. Los cálices tienden a formar una espiral alrededor de las ramas; coenosteum espinoso. Septos de primer ciclo unidos con una columnilla estiliforme. ~*Stylophora contorta*.

Familia Seriatoporidae.

• Género Madracis, Edwards & Haime, 1849.

Colonias dendroides. Coenosteum subcompacto y fuertemente espinoso; borde calicinal simple; columnilla estiliforme. ~*Madracis* sp.

SUBORDEN ARCHEOCAENIINA.

Corales coloniales, cerioides o astreoides. Cálices pequeños (menos de 4 mm). Elementos radiales compactos. Septos con el borde superior con pocos granos grandes; pueden generar palis; columnilla siempre presente; muralla presente; costillas reducidas; endoteca presente; periteca casi ausente, porque las murallas de los cálices se tocan directamente dejando solo pequeños poros.

Familia Actinastreidae.

Colonias masivas o dendroides; gemación extracalicinal; polípteros unidos por sus murallas o separados por una peritheca rudimentaria; septos compactos; columnilla estiliforme; a veces con palis; endoteca poco desarrollada.

Actinastrea sp.

• Género Actinastrea, Orbigny, 1849.

Colonias masivas; cálices pequeños; columnilla estiliforme; reproducción extra e intracalicinal; cálices poligonales, directamente unidos por sus paredes, sin coenosteum intercalicinal; columnilla estiliforme; septos compactos, con gránulos espiniformes. Palis presentes. ~*Actinastrea* sp.

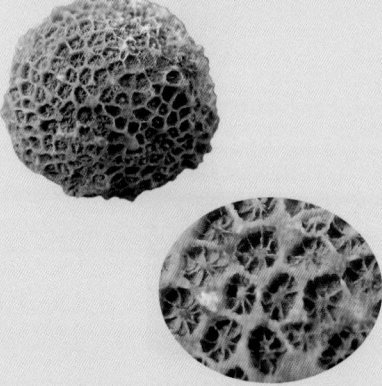

Stylocoenia sanctaorosiae

• Género Stylocoenia, Edwards-Haime, 1849.

Cálices intimanente soldados por sus murallas que son siempre finas y que presentan pequeños montículos acanalados en sus ángulos; columnilla estiliforme; tábulas endotecales sub-serradas; sin palis; septos laminares con indentaciones agudas. ~*Stylocoenia sanctaorosiae*.

• Género Astrocoenia, Edwards & Haime, 1848.

Como *Stylocoenia* pero sin columnas marginales entre los polípteros; y por la proximidad considerable de los septos. ~*Astrocoenia numisma*.

Astrocoenia numisma

Suborden Caryophylliina.

Corales solitarios, pequeños, no arrecifales. Septos compactos. Endoteca poco desarrollada. Columnilla y palis pueden estar presentes.

Superfamilia Caryophyllicae.

Políperos profundos, redondos, o sinuosos con varios centros; láminas septales rasgadas, con un centro axial sinuoso retorcido; los políperos crecen en altura y en diámetro.

Familia Caryophylliidae.

Solitario y colonial. Reproducción extra-tentacular. Costados cubiertos por membrana o epiteca. Septos sobresalientes. Columnilla sólida, esponjosa o ausente. Lóbulos septales o pali comunes. Disepimentos endotecales en algunos grupos.

• Género Ceratotrochus, Edwars-Haime, 1848.
Solitario, trocoide, fijo o libre. Pali ausente. Columnilla grande y papilosa. ~*Ceratotrochus bodellei.*

Ceratotrochus bodellei

• Género Coelosmilia, Edwards-Haime, 1850.
Solitario turbinado; cáliz circular y aplanado; septos compactos, más gruesos hacia el muro, más delgados hacia el centro, en ciclos de 6 que difieren en longitud y grosor. Lóbulos pali ausentes. Costillas apenas presentes. Sinaptículas, columnilla, endoteca y pared ausentes. Epiteca presente. ~*Coelosmilia elliptica.*

• Género Nicaeotrochus, Barta-Calmus, 1973.
Simple, cicloide; cáliz sub-horizontal y elíptico; costoseptos compactos, rectos, espesos, numerosos, en 5 o 6 ciclos; sin palis; sin columnilla, con foseta calicinal elíptica;

Coelosmilia elliptica

215

costillas visibles en la altura del polípero; muro paraseptotecal; sin endoteca; sin sinapticulas. ~*Nicaeotrochus cyclolithoides.*

• **Género Stephanosmilia, Fromentel, 1862.**
Solitario, trocoide a subcilíndrico, con fijación. Septos compactos. Columnilla sublaminar. Dos coronas de pali sobre los septos de S1 y S2. Diseptimentos endotecales escasos. Muro septotecal. Fosa calicular excéntrica. ~*Stephanosmilia darchiardi.*

• **Género Desmophyllum, Ehremberg, 1834.**
Solitario, trocoide, fijado. Costillas bien desarrolladas cerca del cáliz, obsoletas en la base. Disepimentos endothecales dispersos. Pali ausente; columnilla ausente o rudimentaria. ~*Desmophyllum castellolense.*

Familia Flabelliidae.
Solitario, fijo o libre; pared epitecal engrosada; septos no sobresalientes; pali y diseptimentos ausentes. Columnilla presente o ausente.

• **Género Flabellum, Lesson, 1931.**
Cuneiforme a turbinadocomprimido, libre. Septos numerosos, columnilla ausente o débil. ~*Flabellum appendiculatum.*

• **Género Asterosmilia, Duncan, 1867.**
Solitario, trocoide-ceratoide, libre. Lóbulos paliformes. Columnilla laminar en superficie. Diseptimentos endothecales. ~*Asterosmilia niceensis.*

Nicaeotrochus cyclolithoides

Stephanosmilia darchiardi

Desmophyllum castellolense

Flabellum appendiculatum

Asterosmilia niceensis

Montanarophyllia exarata

• Género Montanarophyllia, Russo, 1979.

~*Montanarophyllia exarata* (Michelin, 1842): Coral solitario, trocoide, adulto libre, grande, comprimido y curvado; juvenil cónico, adulto cilíndrico; costillas numerosas, intercaladas en órdenes; septos compactos, rectilíneos, engrosados en el centro; 6 ciclos con más de 130 septos; dientes paliformes forman una columnilla papilosa; muralla septo-paratecal; sin epiteca.

Familia Parasmillidae.

Solitario y colonial, no arrecifales, reproducción intra y extracalicular; coenosteum y epiteca rara vez se desarrollan; disepimentos endothecales escasos; columnilla trabecular o ausente.

Parasmilia acutecristata

• Género Parasmilia, Edwards & Haime, 1848.

Solitario, trocoide, fijo; columnilla esponjosa; costo-septos compactos; diseptimentos endotecales escasos. Pared septotecal a septoparatecal. ~*Parasmilia acutecristata.*

• Género Placosmilia, Edwards-Haime, 1848.

Simple a colonial, jóvenes flabellados a adultos meandroides. Reproducción intracalicinal, que da lugar a una sola serie calicinal meandroide; costo-septos compactos; diseptimentos endotecales bien desarrollados; columnilla laminar, continua; muro paratecal a septoparathecal; puede tener epiteca multilaminar. ~*Placosmilia strangulata.*

Familia Turbinolidae.

Solitario, libre, trocoide, cuneiforme o cónico, completamente investido por el pólipo; ranuras intercostales profundamente incisas del margen calicular a los puntos de origen de las costillas.

Placosmilia strangulata

• **Género Sphenotrochus,**
Edwars–Haime, 1848.

Cuneiforme, costillas fuertes a costillas reducidas a granulaciones. Columnilla pseudolaminar.
~*Sphenotrochus* sp.

SUBORDEN DENDROPHYLLIINA.

Solitario y colonial. Septos laminares, secundariamente engrosados, porosos. La columnilla
puede estar presente. Simetría especial de los
elementos radiales en forma de plan Pourtalès:
pares de septos de ciclos superiores se curvan
y se unen delante de su septo intercalado de
ciclo anterior.

Familia Dendrophylliina.

Colonias por brotes intra y extracaliculares.
Pared porosa, gruesa, con costillas granulares;
coenosteum poroso; septos en plan Pourtalès, al
menos en etapas tempranas. Columnilla trabecular y esponjosa, o ausente.

• **Género Dendrophyllia,**
de Blainville, 1830.

Colonias dendroides por brotes extratentacula-
res, fijadas por una base ancha o pedunculada.
Costillas correspondientes a los septos, que siguen el plan Pourtalès. Columnilla esponjosa.
~*Dendrophyllia reguanti.*

• **Género Eupsammia,**
Edwards–Haime, 1848.

Polípero simple, subturbinado, comprimido,
con base libre y trazas de adherencia primitiva;
sin epiteca; costillas simples, serradas, desiguales,
granulosas; foseta calicinal profunda; 5 ciclos de
septos, largos, serrados, con sus lados granulosos. ~*Eupsammia trochiformis.*

Sphenotrochus sp.

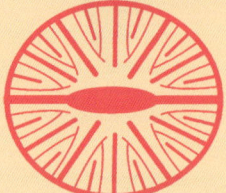

Plan Pourtalès

Dendrophyllia dendrophylloides

Eupsammia trochiformis

Lobopsammia
cariosa

• **Género Lobopsammia,**
Edwards-Haime, 1848.
Pequeñas colonias arborescentes, por reproducción intracalicular; cálices alargados; con epiteca
que cubre las costillas; septos en plan Pourtalès;
columnilla trabecular. ~*Lobopsammia cariosa.*

SUBORDEN FAVIINA.
Coloniales masivos. Reproducción intra y extracalicular. Septos compactos. Costillas confluentes, o cortas y no confluentes. Pared septotecal y paratecal con poros ocasionales. Columnilla estiliforme, sublamelar, esponjosa-papilosa
o formada por segmentos fusionados. Pali y
lóbulos paliformes presentes.

Columnastrea caillaudi

• **Género Columastrea,**
D'Orbigny, 1849.
Colonial, masivo, reproducción extracalicinal e
intracalicinal; costoseptos compactos; las costillas se pueden extender sobre el coenosteum;
márgenes septales finamente granulados; columnilla estiliforme a sublamelar, o papilar; palis
presentes; diseptimentos endotecales delgados;
muro paratecal a septotecal, con poros ocasionales. ~*Columnastrea caillaudi.*

• **Género Cladocora,**
Ehremberg, 1834.
Colonias de ramificación variable; reproducción intracalicinal y extracalicinal; costoseptos
compactos; pueden tener palis; pseudocolum-
nilla con los extremos septales, esponjosa a papilosa. ~*Cladocora conferta.*

Familia Cyclolitidae.
Solitario y colonial, embrionario libre, subdiscoidal, patelado o cupolado; arrecifal; muro
sinapticulotecado, epithecado; septos con per-

Cladocora conferta

foraciones rellenadas secundariamente; disepimentos endotecales; columnilla débil o ausente.

• **Género Cyclolitopsis, Reuss, 1873.**
Solitario, patellado, fijado por su base en las primeras etapas. Septos casi imperforados. ~*Cyclolitopsis patera.*

Cyclolitopsis patera

• **Género Cycloseris, Edwards & Haime, 1849.**
Base sin epiteca, ni equinulaciones, y con tejido no perforado. Polípero simple, libre. Tabiques numerosos que se unen por sus bordes internos. ~*Cycloseris andianensis.*

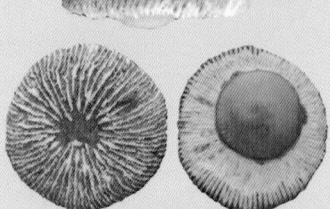

Cycloseris andianensis

• **Género Funginellastraea, Alloiteau, 1957.**
Discoide, libre; centro de la base adherido a un foraminífero; septos compactos, con caras laterales granuladas. ~*Funginellastraea barcelonensis.*

Funginellastraea barcelonensis

Familia Faviidae.
Solitario y colonial. Reproducción extra o intracalicular. Septotecado o paratecado. Septos sobresalientes, dentados, con palis; columnilla trabecular, laminar, estiliforme o ausente.

• **Género Petrophylliella, Felix, 1925.**
Solitario con columnilla trabecular bien desarrollada. ~*Petrophylliella callifera.*

Petrophylliella callifera

• **Género Agathiphyllia, Reuss, 1864.**
Colonial, submasivo, gemación extracalicinal. Costoseptos compactos, no confluentes; columnilla trabecular; lóbulos paliformes; muro sinapticulotecal, septotecal por engrosamiento secundario; disepimentos endotecales. ~*Agathiphyllia gregaria.*

Agathiphyllia gregaria

Defrancia irregularis

Desmocladia septifera

Favia exilis

Variabilifavia confertisima

• **Género Defrancia,
Alloiteau, 1957.**

Especie con cálices más pequeños y alta densidad de elementos radiales. ~*Defrancia irregularis.*

• **Género Desmocladia, Reuss, 1874.**

Género monoespecífico: ~*Desmocladia septifera* (Reuss, 1874): Colonia arrecifal que alcanza tamaños métricos, haces de políperos en manojos masivos; políperos que crecen mucho en altura y poco en anchura, son libres en toda su extensión, y crecen apretadamente, conservando la misma posición y la misma dirección; los extremos superiores de los políperos individuales tienden a simultanear su plano, por ejemplo, en forma de embudo.

• **Género Favia, Milne Edwards, 1857.**

Colonias masivas, con crecimiento intracalicinal, que produce series de pólipos en un mismo cáliz que puede tener entre 1 y 3 centros calicinales; estos cálices están agrupados por murallas comunes y separados de otros cálices por espacios anchos de aspecto acostillado; costo-septos compactos; sus expansiones axiales generan una columnilla parietal esponjosa; sin periteca. ~*Favia exilis.*

• **Género Variabilifavia,
Barta-Calmus, 1973.**

Colonias meandroides, valles uniseriales cortos, con menos de 5 centros, separados por coenosteum reducido; septos compactos, poco apretados en tres órdenes de grosor, con el borde distal convexo y dentado; columnilla esponjosa con lóbulos paliformes bien desarrollados; epiteca reducida; muralla trabeculotecal; presencia de montículos hydnophoroides en la bifurcación de las series. ~*Variabilifavia confertisima.*

• **Género Tarbellastraea,
Alloiteau, 1952.**

Colonias con cálices pequeños; muralla paratecal en el borde calicinal; peritheca constituida alternativamente de capas subcompactas, lamelares y de capas vesiculosas; columnilla lamelar o sublamelar. ~ *Tarbellastraea bliosi.*

Tarbellastraea bliosi

• **Género Caulastraea,
Dana, 1846.**

Colonial, reproducción intracalicular, cálices con 1 a 3 centros calicinales; septos en 4 ciclos de orden 6 (24-36); columnilla trabecular, esponjosa y continua entre los pólipos contiguos; lóbulos paliformes y septales; epiteca ausente y endoteca abundante; muros parathecales. ~*Caulastraea pseudoflavellum.*

• **Género Colpophyllia,
Edwars-Haime, 1848.**

Colonias meandroides, con series de cálices unidos lateralmente, que forman valles caliculares limitados por murallas comunes, continuas, que los separan de otras series; murallas delgadas que, con la de la serie contigua, forman una doble arista, a veces con un surco ambulacral; cálices individuales diferenciables por la dirección de sus septos; columnilla rudimentaria o ausente; septos delgados, extensos; epiteca rudimentaria; reproducción intramural con bifurcación al final de las series. ~*Colpophyllia stellata.*

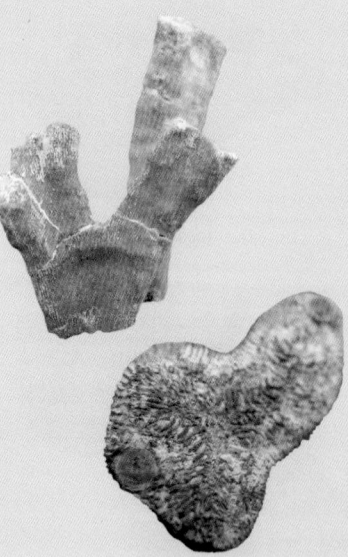

Caulastrea pseudoflavellum

Familia Merulinidae.

Colonial, arrecifal; reproducción por brotes poliestomodales intracaliculares; centros unidos por trabéculas; septos con dentaciones en abanico; columnilla débil o ausente; diseptimentos escasos.

Colpophyllia stellata

Leptoria reticulata

Antiguastraea lucasiana

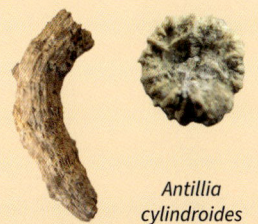

*Antillia
cylindroides*

Leptophyllia dubravitzensis

• **Género Leptoria,
Edwards–Haime, 1848.**
Polípero masivo, celuloso, con cara inferior epi-
tecada; series de cálices directamente soldados
por sus muros que son finos y que forman murallas simples; valles largos; columnilla laminar;
septos espaciados, poco desbordantes, que se
sueldan a la columnilla; dientes septales pequeños, mayores cerca de la columnilla; transversos
endotecales. ~*Leptoria reticulata.*

• **Género Antiguastraea,
Vaughan, 1919.**
Colonias masivas, incrustantes o subfoliáceas.
Septotecadas. Septos regular y finamente den-
tados. Columnilla laminar delgada. ~*Antiguas-
trea lucasiana.*

• **Género Antillia,
Duncan, 1863.**
Solitario, turbinado, libre o fijo por su base pe-
queña; septotecado con costillas espinosas; den-
taciones septales grandes; columnilla esponjosa.
~*Antillia cylindroides.*

• **Género Leptophyllia,
Reuss, 1854.**
Solitario, turbinado a patellado; costoseptos
compactos, perforados y granulados; columnilla
poco desarrollada, parietal; sinaptículas abundantes; diseptimentos endotecales delgados.
~*Leptophyllia dubravitzensis.*

Familia Montastraeidae.
Colonial, brotes extracaliculares; plocoide; septos con dientes triangulares, y granulaciones espinosas; sin lóbulos pali; columnilla trabecular,
generalmente esponjosa; endoteca tabular bien
desarrollada; periteca acostillada.

• **Género Montastrea,**
Blainville, 1830.
Colonias plocoides masivas, incrustantes o sub-
foliaceas. Septotecadas. Márgenes septales re-
gularmente dentados. Columnilla trabecular.
~*Montastrea alpina.*

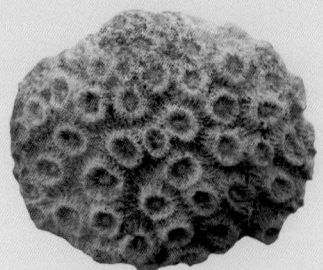

Montastrea alpina

• **Género Pattalophyllia,**
D'Archiardi, 1867.
Solitario, turbinado, fijado por pequeña base.
Muro septotecal y sinapticulotecal. Columni-
lla trabecular, bien desarrollada. ~*Pattalophyllia*
bilobata.

• **Género Perismilia,**
D'Orbigny, 1849.
Solitario, cupolado, trocoide a subcilíndrico,
por lo general, libre en la fase larvaria. Columnilla en general débil. ~*Perismilia bilobata.*

Pattalophyllia bilobata

Familia Mussidae.
Solitario y colonial; reproducción intracalicular o circumoral; tabiques a veces aventanados;
dientes septales espinosos o en forma de pala;
granulación espinosa; a veces lóbulos paliformes; columnilla trabecular, a menudo esponjosa; endoteca tabular o vesicular bien desarrollada; periteca acostillada o ausente.

Perismilia bilobata

• **Género Circophyllia,**
Edwards-Haime, 1848.
Polípero simple, subturbinado, con epiteca rudimentaria, costillas finas y finamente granuladas, simples, apretadas, subiguales; columnilla
bien desarrollada, papilosa; tabiques anchos, numerosos, desbordantes, con el borde finamente
lobulado; transversos endotecales abundantes.
~*Circophyllia truncata.*

Circophyllia truncata

Leptomusa variabilis

Echinophyllia sassellensis

• Género Leptomussa, d'Achiardi, 1867.
Solitario, fijo, ceratoide, septotecado. Septos porosos y con indentaciones. Columnilla ausente. ~*Leptomusa variabilis*.

Familia Lobophylliidae.
Colonial, reproducción intracalicular y extracalicular; coralitos monomórficos o polimórficos; simples, uniseriales u orgánicamente unidos; coenosteum espinoso si hay; los costoseptos pueden ser confluentes; columnilla trabecular, esponjosa y discontinua entre coralitos adyacentes con enlace lamelar; pueden tener lóbulos paliformes o septales; epiteca variable; endoteca baja a abundante.

• Género Echinophyllia, Klunzinger, 1879.
Colonias meandroides que forman series que carecen de paredes; coenosteum vesicular extenso; costoseptos continuos; columnilla discontinua, carente de enlaces; poco o nada de epiteca. ~*Echinophyllia sassellensis*.

• Género Lobophyllia, Blainville, 1830.
Políperos coloniales, que crecen por fisiparidad; cálices libres o unidos en series simples y libres en su contorno; epiteca rudimentaria; muros estriados; cálices con foseta profunda; columnilla esponjosa; 6 ciclos con septos numerosos, desbordantes, poco granulosos y dentados. ~*Lobophyllia pulchella*.

• Género Symphyllia,
Edwards–Haime, 1848.
Políperos colonial, con crecimiento por fisiparidad, masivo y poco elevado. Poliperitos diferenciables por sus centros calicinales, unidos en series lineales, generalmente simples, en las que se unen por sus costados. Septos provistos

Lobophyllia pulchella

de dientes espinosos. Algunos pequeños septos son perpendiculares al resto y se extienden de una columnilla a otra por el fondo de los valles calicinales. ~*Symphyllia sampelayoi*.

Familia Smilotrochiidae.

Pólipero simple, con el borde distal de los septos dentados y las caras laterales granuladas; muralla para o septotecal.

Symphyllia sampelayoi

• Género Ilariosmilia, Barta-Calmus, 1973.

Pólipero simple, turbinado o patelado, con fijación recurvada en la base; cáliz elíptico, profundo, con foseta calicinal; costoseptos compactos; sin columnilla; endoteca abundante; muro paratecal; sin epiteca. ~*Ilariosmilia viai*.

SUBORDEN FUNGIINA.

Solitario y colonial. Septos aventanados.

Superfamilia Agariciicae.

Solitario y colonial. Septos fundamentalmente aventanados, irregularmente porosos.

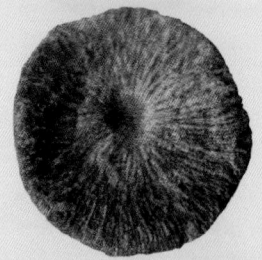

Ilariosmilia viai

Familia Actinacididae.

Colonial, con reproducción intra y extracaliculares; epitecados en la base; pocos septos porosos; puede tener lóbulos paliformes; costoseptos poco distinguibles, incluso perdidos en un coenosteum espinoso o vermiculado en la superficie; columnilla ausente o trabecular; endoteca delgada.

• Género Actinacis, D'Orbigny, 1849.

Submasivo a ramoso; colonias por reproducción extracalicular. Septos comúnmente en 3 ciclos. Columnilla trabecular. ~*Actinacis cognata*.

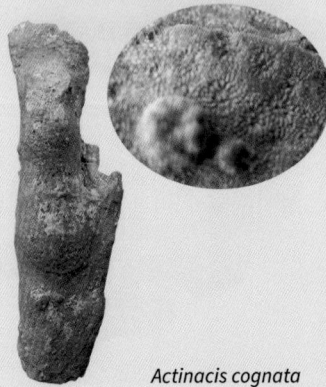

Actinacis cognata

Trochoseris distortum

Familia Agariciidae.

• **Género Trochoseris,
Edwars-Haime, 1849.**
Trocoide a turbinado; fijado; muralla gruesa, lisa; caras septales fuertemente granuladas; columnilla en superficie papilosa. ~ *Trochoseris distortum.*

Agaricia lukawatzensis

• **Género Agaricia,
Lamarck, 1801.**
Colonias por reproducción circumoral seguida de brotes marginales, que generan series unifaciales o bifaciales, foliares o submasivos. Murallas discontinuas que encierran varios centros. ~ *Agaricia lukawatzensis.*

Leptoseris sanctaciliaensis

• **Género Leptoseris,
Edwars & Haime, 1849.**
Reproducción circumoral, seguida de gemación marginal. Formas delgadas, hojas unifaciales, de crateriformes a digitadas. Centros superficiales o protuberantes en algunas especies; poco relieve de los cálices. ~ *Leptoseris sanctaciliaensis.*

• **Género Cyathoseris,
Edwars-Haime, 1849.**
Colonial, fijado, reproducción circumoral, seguida por gemaciones marginales o intramurales, y terminando con la clonación. Murallas más o menos radiantes. Columnilla papilosa o débil. ~ *Cyathoseris castroi.*

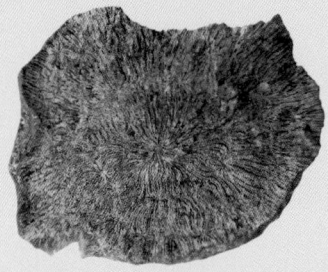

Cyathoseris castroi

• **Género Kuhnophyllia,
Wells, 1937.**
Formas con la estructura mural reemplazada por tejido disepimental; reproducción intracalicular; centros caliculares unidos por láminas, sin

epiteca; septos regular y finamente dentados; reproducción circumoral, sin murallas. ~*Kuhnophyllia centrifuga.*

• **Género Heterogyra, Reuss, 1867.**

Crecimiento lateral en la base; series arqueadas, confluentes, aspecto general variable con la edad de las colonias o en las partes jóvenes; centros calicinales siempre diferenciados; las series están soldadas con un pequeño surco que puede desaparecer; septos enteramente compactos, confluentes entre los cálices de una misma serie y no confluentes entre cálices de diferentes series; su borde distal es subinerme o festoneado y sus caras laterales no están granuladas; la columnilla es parietal. ~*Heterogyra bicarenata.*

Kuhnophyllia centrifuga

Familia Dimorphophylliidae.

Septos subcompactos trabeculares; muralla septotecal; columnilla rudimentaria, esponjosa o laminar; endoteca abundante, ornamentación fina.

• **Género Dimorphophyllia, Reuss, 1864.**

Colonias meandroides, costoseptos compactos poco numerosos con borde distal casi liso y caras laterales con gránulos espiniformes; sin septos de valle; sin endoteca; sin muralla; reproducción intracalicinal. ~*Dimorphophyllia oxilopha.*

Heterogyra bicarenata

Dimorphophyllia oxilopha

Superfamilia Latomeandrioidae.

Solitarios y coloniales; reproducción intra o extracalicinal; septos perforados, anastomosados; endoteca débil; columnilla parietal.

Familia Latomeandriidae.

Colonial, gemación intercalicinal; perforaciones septales dispersas, numerosas y regulares; copto-septos o láminas biseptales; endoteca rara; septos anastomosados; columnilla parietal débil; muralla sinapticulotecal completa o incompleta.

Ellipsocoenia bauzai

Alveopora atariensis

Dictyaraea clinactinia

Goniopora elegans

• **Género Ellipsocoenia, D'Orbigny, 1850.**
Colonias plocoides, masivas, foliáceas o incrustantes formadas por series con 1 a 3 centros; endo y exoteca vesiculares; columnilla trabecular y esponjosa. ~*Ellipsocoenia bauzai.*

Familia Poritidae.
Colonial, arrecifal, reproducción extracalicinal; políperos unidos estrechamente, sin coenosteum; septos (excepto *Alveopora*) con perforaciones; pueden presentar palis; columnilla trabecular.

• **Género Alveopora, de Blainville, 1830.**
Masivo o ramoso; septos en 1 a 3 ciclos, representado por espinas casi horizontales que sobresalen hacia el interior desde trabéculas murales. ~*Alveopora atariensis.*

• **Género Dictyaraea, Reuss, 1867.**
Colonias ramosas, con ramas delgadas, ceroides; septos en el plan de *Porites*, pero en general muy irregulares y en gran parte engrosados secundariamente. ~*Dictyaraea clinactinia.*

• **Género Goniopora, de Blainville, 1830.**
Masivo, columniforme, ramoso o incrustante. Septos generalmente en 3 ciclos, formado por 4 a 8 trabéculas. ~*Goniopora elegans.*

Superfamilia Poriticae.
Colonial o solitario. Septos formados por trabéculas simples; las esclerodermitas divergen a intervalos regulares y se fusionan en el plano del septo, formando una malla aventanada, porosa, unida lateralmente por sinaptículas simples.

Familia Sidearastraeidae.
Colonial o solitario; arrecifal; reproducción intra o extracalicular; septos porosos, con caras laterales granuladas y unidas por sinaptículas; columnilla papilar; disepimentos endotecales.

• **Género Siderofungia,
de Blainville, 1830.**
Masivas, ramosas o incrustantes; colonias con reproducción extracalicinal; muros bien definidos con anillos de sinaptículas. ~*Siderofungia hemisphaerica*.

Siderofungia hemisphaerica

• **Género Pironastraea,
Achiardi 1875.**
Género diferenciable por la presencia de epiteca, por la forma laminosa-discoidal de la colonia y por la largura de los radios costoseptales. ~*Pironastraea discoides*.

Pironastraea discoides

• **Género Rhizangia,
Edwars-Haime, 1848.**
Timpanoide, reptoide, todos los septos dentados; columnilla con un solo tubérculo. ~*Rhizangia* sp.

Rhizangia lehmani

• **Género Cladangia,
Edwars-Haime, 1848.**
Incrustante, subplocoide, polípero unidos por la base por un tenue coenosteum; septos dentados, columnilla papilar. ~*Cladangia* sp.

SUBORDEN HETEROCOENIINA.

Familia Heterocoeniidae.
Colonial. Reproducción extracalicinal, raramente intracalicinal. Septos formada por pequeñas trabéculas, dentados lateralmente, bilaterales o radiales.

Cladangia sp.

• **Género Ewaldocoenia,
Oppenheim, 1921.**
Género con una sola especie. ~*Ewaldocoenia hawelkai*.

Ewaldocoenia hawelkai

Familia Meandrinidae.

Solitario y colonial; reproducción intratentacular. Muro septotecal o raramente paratecal, costado. Septos porosos, sobresalientes, márgenes finamente dentados. Columnilla laminar o trabecular.

Euphyllia crasiramosa

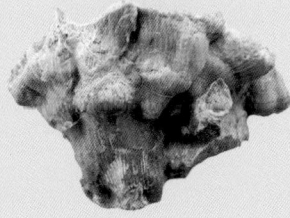

Saeptiphyllia scalaria

Hydnophyllia sp.

• **Género Euphyllia, Dana, 1848.**
Colonias flabeloides, phaceloides o meandroides-phaceloides. Muros delgados e imperforados. Columnillas ausentes. Septos prominentes, con bordes lisos e imperforados. ~*Euphyllia crasiramosa.*

• **Género Saeptiphyllia, Barta–Calmus, 1973.**
Meandroide, con sierras y valles divergentes desde el centro de la colonia; sierras sobresalientes, en tejado, rectas, discontinuas; valles con centros calicinales diferenciables, continuos, con división dicotómica regular; presencia de septos de valle en haces de 6 a 8 septos; costoseptos compactos, alternando uno fuerte y uno débil, o uno fuerte de cada cuatro; sin columnilla; muro parathecal; sin periteca, ni ambulacros; reproducción circumoral, seguida de división intramural dicotómica. ~*Saeptiphyllia scalaria.*

• **Género Hydnophyllia, Reis, 1889.**
Meandroide; reproducción intracalilular con bifurcación terminal. Sierras discontinuas, rara vez con ambulacros. Series comúnmente discontinuas, vínculos lamelares. Septos con lóbulos internos. ~*Hydnophyllia* sp.

• **Género Sinuosiphyllia, Barta–Calmus, 1973.**
Colonia meandroide con largas series sinuosas con los extremos cerrados en círculo, con va-

lles profundos, continuos y con bifurcaciones dicotómicas. Sierras continuas, tectiformes, estrechas. Centros calicinales indiferenciables. Sin septos de valle. Costoseptos rectos, compactos, no anastomosados, en 3 o 4 órdenes de grosor. Sin columnilla. Sierra paraseptotecal. Endoteca gruesa. Reproducción intercalicinal terminal simple, a veces seguida de ramificación dicotómica. ~*Sinuosiphyllia macrogyra*.

Sinuosiphyllia macrogyra

Subfamilia Reussiphyllinae.

Meandroides, sin periteca; sin columnilla; costoseptos compactos con borde distal inerme o débilmente dentado; reproducción intracalicinal.

• **Género Reussiphyllia, Barta-Calmus, 1973.**

Meandroide, valles largos, sinuosos, abiertos; sierras poco sobresalientes, tectiformes; sin periteca; centros calicinales diferenciables por la curvatura de septos, compactos, numerosos, rectos; sin septos de valle ni columnilla; muralla fina. ~*Reussiphyllia platygyra*.

Reussiphyllia platygyra

• **Género Fasciatiphyllia, Barta-Calmus, 1973.**

Meandroide, series poco sinuosas, largas, con centros calicinales diferenciados; sin periteca ni ambulacros; sierras tectiformes, discontinuas, ensanchadas en la base, unidas en una sierra paratecal en zigzag en la cima; valles discontinuos, de anchura desigual, con extremos cerrados en círculo, no muestran más que un solo centro calicinal en el frente; costoseptos rectos, libres, sobresalientes, en tres órdenes de tamaño; sin columnilla; septos de valle en haces de 14 a 16 láminas; reproducción intracalicinal terminal simple, ocasionalmente terminal dicotómica. ~*Fasciatiphyllia acutijuga*.

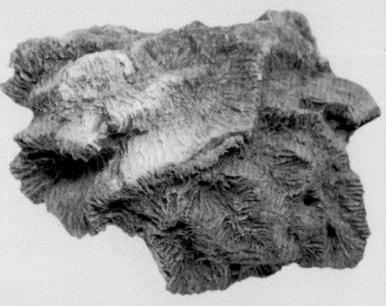

Fasciatiphyllia acutijuga

Barysmilia vicentina

SUBORDEN RHIPIDOGYRINA.

Familia Rhipidogyridae.

**• Género Barysmilia,
Edwards & Haime, 1848.**
Colonial, masiva o subfasciculada (sin conexión lateral entre los políperos individuales). Reproducción intra y extracalicinal, da lugar a series mono a tricéntricas. Costoseptos compactos, no confluente, dentados y granulados lateralmente. Columnilla laminar o rudimentaria. ~*Barysmilia vicentina.*

•FILO ECHINODERMATA•

Invertebrados marinos de vida libre o sedentaria. Simetría radial pronunciada, casi siempre pentameral en el adulto, pero bilateral en la larva. Cuerpo redondeado, cilíndrico, asteriforme; casi siempre con endoesqueleto, formado por placas o piezas articuladas. Sistema hidrovascular proporciona el movimiento. Superficie generalmente espinosa.

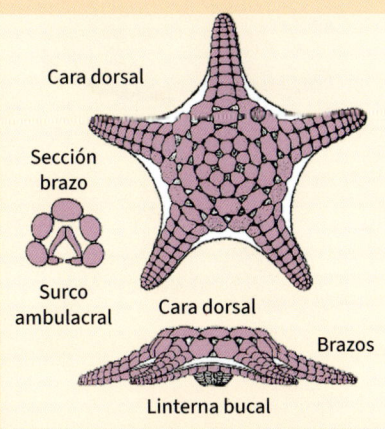

Cara dorsal

Sección brazo

Surco ambulacral

Cara dorsal

Brazos

Linterna bucal

CLASE ASTEROIDEA.

Asterozoa con cuerpo en forma de estrella o pentagonal; 5 a 25 brazos grandes en cuyo interior se extiende la cavidad corporal. Esqueleto con simetría pentameral bien desarrollada y numerosas placas pequeñas. Boca centrada inferiormente, intestino corto y recto, ano adyacente al madreporito. El lado inferior de cada brazo contiene el surco ambulacral y numerosos podios grandes.

ORDEN VALVATIDA.

Familia Goniasteridae.

• **Género Crateraster, Spencer, 1913.**

Forma pentagonal a estrellada, con brazos incipientes; placas marginales pocas y grandes (4 a 7 en medio arco); últimas supero-marginales en contacto; marginales con las caras laterales y orales o aborales diferenciadas; caras laterales al menos con hoyos poco profundos como cráteres; osículos orales y aborales grandes, tesellados. ~*Crateraster grignonensis, C. poritoides.*

Crateraster sp.

• **Género Goniaster, Agassiz, 1835.**

Cuerpo pentagonal rodeado de una doble serie de largas piezas que soportan espinas. Cara superior nodulosa, con tubérculos prominentes redondeados o sin punta en las placas aborales, particularmente en anillos primarios y carinales; últimas piezas supero-marginales agrandadas. ~*Goniaster stokesii.*

Goniaster stokesii

• **Género Calliderma, Gray, 1847.**

Forma comprimida y pentagonal, con disco grande, con brazos cortos, rodeado por un borde ancho de piezas marginales; placas marginales cortas, anchas, con hoyos de espinas hexagonales finas e, irregularmente, con grandes depresiones poco profundas; placas orales y aborales ajustadas al conjunto teselado. Pedicellaria valvata puede ser abundante. ~*Calliderma baviensis.*

Calliderma baviensis

234

•SUBFILO CRINOZOA•

Equinodermos con cáliz globoso, dividido en teselas, que forman varios pisos de placas, con simetría pentameral bien definida. Brazos largos y erectos con pínulas; sistema hidrovascular abierto. Boca centrada sobre la superficie superior del cáliz, ano excéntrico. Sin hidroporos, gonoporos o estructuras respiratorias accesorias. Muchos fijos al sustrato por extensiones en forma de tallo o por cirros, que se ramifican desde la base del cáliz.

CLASE CRINOIDEA.

Crinozoa con cáliz integrado por placas con simetría pentámera; superficie superior del cáliz con pocas placas o muchas pequeñas. Brazos que se elevan desde el borde superior de la copa, cortos o largos, uniseriales o biseriales, algunos ramificados, y muchos con pínulas uniseriales; sistema hidrovascular abierto, podios y surcos alimenticios. Gónadas externas. Cáliz fijo permanentemente al sustrato mediante un tallo largo o bien, temporalmente por cirros basales, en las formas libres.

INFRAORDEN ARTICULATA.

Crinoideos con copa reducida y dicíclica, con placas infrabasales ausentes o fusionadas durante el crecimiento. Tegmen con pocas placas o sin ellas. Brazos largos y uniseriales, ramificados en la segunda placa braquial, y dotados de pínulas. Tallo de sección circular o pentagonal, con cirros; algunas formas carecen de tallo y llevan cirros fijos a una placa circular centrodorsal, en la base de la copa.

ORDEN ISOCRINIDA.

SUBORDEN BOURGUETICRININA.

Familia Bathycrinidae.

Pequeños crinoideos caracterizados por tener en sus cálices cinco placas basales altas superpuestas por placas radiales más cortas que pueden ser de cuatro a siete. Estas placas pueden estar total o parcialmente fundidas. Las piezas columnares y la articulación entre ellas pueden tener diferente morfología en el mismo tallo; se caracterizan por tener canales axiales anchos. El tallo puede estar provisto de cirros.

Vista superior
Teca
Teca
Vista lateral
Vista inferior
Teca
Vista superior
pedúnculo de fijación
Vista lateral
Vista inferior
Tallo

• **Género Conocrinus, D'Orbigny, 1850.**

Teca pequeña con cinco placas basales robustas y cinco placas radiales robustas. Las basales son muy altas mientras que las radiales son bajas. Las suturas entre las placas pueden ser indiferenciables. Cara superior del cáliz con facetas radiales entre proyecciones interadiales; cavidad central superficial y grande. Base calicinal completamente ocupada por la articulación del tallo. Las columnas tienen una gran abertura de canal axial. ~*Conocrinus thorenti, C. pyriformis.*

Conocrinus pyriformis

Familia Isocrinidae.

Los brazos se dividen en ramas iguales. Placas radiales sin pico descendente. La parte superior del tallo se inclina respecto a las placas basales. El petaloidum es ancho-petálico y completo. Los poros del ligamento están presentes.

• **Género Isselicrinus, Rovereto, 1914.**

Tallo con sección pentagonal, pentalobulado o circular. Las piezas nodales son iguales en dimensión con las internodales. De uno a cinco pequeños casquillos de cirros pueden estar en el borde inferior de las piezas. Los cirros distales son pequeños. La articulación nodal-infranodal tiene forma de pétalo y está crenulada. ~*Isselicrinus didactylus.*

Isselicrinus sp.

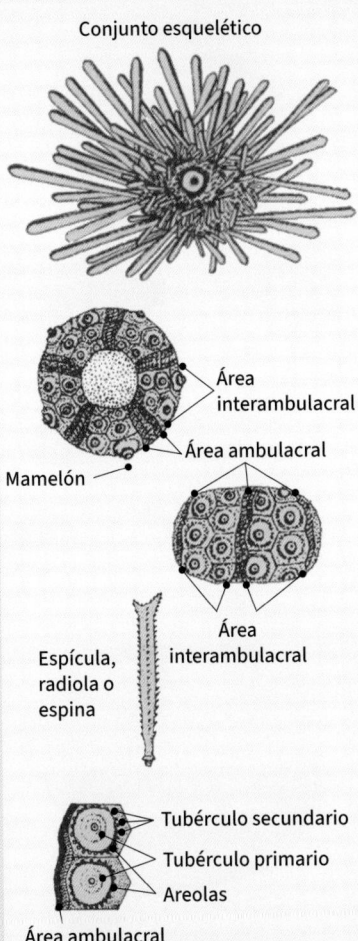

Conjunto esquelético

Área interambulacral

Área ambulacral

Mamelón

Área interambulacral

Espícula, radiola o espina

Tubérculo secundario

Tubérculo primario

Areolas

Área ambulacral

CLASE ECHINOIDEA.

Equinodermo de vida libre con exoesqueleto subesférico o modificado, de placas calcáreas entrelazadas, con apéndices móviles (espinas, pedicelarias, esferidios), con aparatos de masticación y boca dirigida hacia el sustrato.

Dos grupos principales de placas que comprenden sistemas apical y coronal: sistema apical que incluye cinco placas oculares y cinco o menos placas genitales, y sistema coronal con cinco áreas radiales ambulacrales y cinco áreas interambulacrales en forma de alineamientos de placas.

Las placas de las áreas ambulacrales están perforadas para el paso de los pies hidráulicos.

ORDEN CIDAROIDA.

Exoesqueleto subesférico, radialmente simétrico, rígido o con placas imbricadas. Ambulacros de 2 columnas de placas (cada placa con un solo par de poros) que no se unen en placas compuestas. Interambulacros más anchos, con 2 o más columnas de placas. Cada placa interambulacral con un tubérculo primario agrandado, que lleva una espina primaria agrandada; aureolas en torno al tubérculo, generalmente definidas por anillo escrobicular de tubérculos secundarios. Linterna bucal presente. El sistema apical encierra el periprocto.

Familia Cidaridae.

Exoesqueleto rígido. Placas interambulacrales en 2 columnas. Tubérculos primarios perforados. Los poros ambulacrales se juntan en forma uniserial aboral, pero algunos muestran tendencias pluriseriales en la región adoral, aunque nunca forman placas compuestas.

Subfamilia Cidarinae.

Corona sin fosas ni surcos suturales. Los tubérculos primarios crenulados o no aglomerados, pero si están crenulados; las espinas primarias son cortas y gruesas. Pares de poros horizontales, no conjugados.

• Género Cidaris, Leske, 1778.

Areolas generalmente profundas, bien separadas; tubérculos primarios no crenulados adoralmente, no crenulados aboralmente o subcrenulados. Espinas primarias con filas longitudinales regulares de dientecillos, a veces formando crestas. Primarias orales aplanadas, lisas, ligeramente dentadas. ~*Cidaris scampici.*

Cidaris scampici

• Género Eucidaris, Pomel, 1883.

Radiolas primarias típicamente cilíndricas, fusiformes o en forma de clavo; el tronco termina con una prominencia central y tiene verrugas dispuestas en series longitudinales regulares. ~*Eucidaris tuberculosa.*

Eucidaris tuberculosa

• Género Porocidaris, Desor, 1858.

Caparazón esférico, ligeramente aplanado en el ápice y con el peristoma, generalmente grande; ambulacros rectos; aureolas circulares y poco profundas, confluentes, cada una con un anillo de depresiones radiales, porosas o en forma de hendidura; espinas primarias orales aplanadas, aserradas gruesas, collar más o menos tuberculado. ~*Porocidaris schmidelii.*

Porocidaris schmidelii

• Género Prionocidaris, Agassiz, 1863.

Exoesqueleto arqueado o bajo, más o menos aplanado en el ápice, delgado y frágil. Tubérculos primarios no crenulados adoralmente, subcrenulados débilmente o no crenulados aboralmente; areolas poco profundas, bien separadas, excepto para los 2 o 3 más bajos, que pueden ser confluentes. Poros claramente conjugados o subconjugados. Las espinas primarias suelen ser largas, cónicas, con espinas gruesas en series longitudinales; menos comúnmente cilíndricas, lisas o ensanchadas en sentido distal, o con espinas dispuestas en espirales; corteza delgada. ~*Prionocidaris bofilli.*

Prionocidaris bofilli

Orden Phymosomatoida.

Sistema apical que carece de placas subanales poligonales grandes, no simulando cáliz. Tubérculos primarios sin perforar. Las placas de los ambulacrales son simples en su totalidad, o compuestas de manera diadematoide, trigeminada o polifópora.

Familia Phymosomatidae.

Tubérculos primarios crenulados, tubérculos ambulacrales generalmente tan grandes como los tubérculos interambulacrales. Placas ambulacrales simples o compuestas. Sistema apical dicíclico o monocíclico. Peristoma grande, con distintas hendiduras branquiales. Espinas primarias con corteza delgada y collar distintivo.

Phymosoma istrana

• **Género Phymosoma, Haime, 1853.**
Caparazón bajo, aplanado arriba, de tamaño mediano. Placas de ambulacrales compuestas, políporas, pares de poros en doble serie de forma adaptable. Tubérculos primarios sin destacadas estrías radiantes; tubérculos formando series regulares. *~Phymosoma istrana.*

• **Género Porosoma, Cotteau, 1856.**
Placas ambulacrales compuestas, políporas, poros en una sola serie. Sistema apical pequeño. Caparazón de tamaño moderado, hemisférico bajo. *~Porosoma cribrum.*

Porosoma cribrum

Orden Arbacioida.

Los ambulacros, invariablemente, incluyen algunas placas compuestas de tipo arbacioide. Las placas simples, si están presentes, restringidas a los extremos adapicales o adorales. Los tubérculos primarios son inperforados, no crenulados, por lo general no destacados, los del área interambulacral son más grandes. Epistroma comúnmente presente, simulando tubérculos, pero sin espinas. Espinas primarias con más o menos desarrollo de la corteza, generalmente lisas; espinas secundarias poco desarrolladas o ausentes.

Familia Arbaciidae.

Caparazón de pequeño a mediano; generalmente subcónico, aplanado por abajo, algunos esféricos, placas soldadas entre sí.

• Género Coelopleurus, Agassiz, 1840.

Exoesqueleto hemisférico, aplanado, redondeado o subpentagonal en contorno. Compuesto de placas ambulacrales, trigeminadas, con tubérculos primarios en serie regular. Interambulacral con tubérculos primarios adorales; los adapicales reducidos o ausentes. Los ambulacros suelen sobresalir por encima del nivel de los interambulacros. Interambulacros adaptables con espacio central desnudo. ~*Coelopleurus coronalis*.

ORDEN PEDINOIDA.

Formas subesféricas, de subcónicas a deprimidas; rígidas pero frágiles, placas no imbricantes; ambulacros e interambulacros que no alcanzan el peristoma; ambulacros compuestos de placas diadematoides; cinco pares de placas orales; periprocto endocíclico; sistema apical dicíclico; 5 poros genitales; tubérculos no crenulados; espinas finamente estriadas, las primarias sólidas, las secundarias huecas.

Familia Pedinidae.

• Género Leiopedina, Cotteau, 1866.

Ejemplares grandes, tan altos como anchos o más; subglobulares a subcónicos; zonas de poros amplias, con 3 pares de poros formando 3 series verticales bien definidas. ~*Leiopedina tallavignesi*.

Coelopleurus coronalis

Leiopedina tallavignesi

Orden Temnopleuroida.

Linterna camarodonta. Ejemplares generalmente esculpidos con crestas o depresiones o superficie reservada para la sutura, al menos en etapas inmaduras; si los ejemplares no están esculpidos, entonces las hendiduras branquiales son muy profundas y notorias. Radiolas sólidas.

Familia Temnopleuridae.

Tubérculos imperforados, generalmente crenulados. Caparazón, por lo general, esculpido notoriamente por crestas, depresiones o ambas cosas. Ambulacros compuestos de manera equinoide, invariablemente trigeminados; poros dispuestos monoserialmente o expandidos adoralmente. Ranuras de branquias poco profundas.

• Género Triplacidia, Bittner, 1891.

Grandes, hemisféricos o subesféricos. Sin surcos ni esculturas suturales; tubérculos interambulacrales primarios crenulados, imperforados, en series horizontales y verticales. Sistema apical dicíclico o monocíclico. ~ *Triplacidia vandeneckei.*

Triplacidia vandeneckei

Orden Holectypoida.

Ejemplares hemisféricos a globulares u ovoides; ambulacros petaloides o no, más angostos que los interambulacros; borde con o sin aristas interadiales, bien desarrolladas o rudimentarias o ausentes en adultos; periprocto supramarginal a inframarginal.

Suborden Conoclypina.

Ambulacros petaloides o subpetaloides; poros de los pétalos, al menos parcialmente, conjugados; aurículas interradiales; ornamentos sin orden; sistema apical monobasal; 4 poros genitales.

Familia Conoclypeidae.

Corona grande, hemisférica; ambulacros petaloides; burletes notorios; periprocto grande; peristoma con embudo oral; poros ampliamente separados en pétalos, poros externos alargados.

• Género Conoclypus, Agassiz, 1839.

Ejemplares cónicos, aplanados por vía oral, con su margen agudo; las placas ambulacrales son todas primarias excepto las próximas al peristoma, inframarginal del periprocto; tubérculos primarios perforados, crenulados. ~*Conoclypus conoideus*.

ORDEN CLYPEASTEROIDA.

Ejemplares de ovoides a aplanados, con ambulacro petaloide tan ancho o más que el interambulacro en la superficie oral; placas genitales fusionadas; poros primarios restringidos a pétalos; poros accesorios numerosos que se extienden fuera de los pétalos y que en algunas formas alcanzan los interambulacros; peristoma pequeño. Espinas pequeñas, cortas, numerosas, de dos tipos.

Conoclypus conoideus

SUBORDEN CLYPEASTERINA.

Esqueleto con soportes internos; pétalos con placas pseudo-compuestas, sistema interambulacral discontinuo, rematado adaptativamente por pares de placas; sistema apical pentagonal o estrellado, ápice interambulacral; aurículas separadas; espinas miliares aborales simplemente puntiagudas.

Familia Clypeasteridae.

Cinco poros genitales; ranuras alimentarias simples, mal definidas; plano interambulacral principal generalmente muy reducido.

• Género Clypeaster, Lamarck, 1801.

Ejemplares medianos a grandes, caparazones aplanados o acampanados, con soportes esqueléticos internos. Pétalos tan anchos o más que los interambulacros en la superficie oral y algo sobresalientes, convexos. Interambulacros terminados aboralmente en dos placas. Sistema apical con cinco poros genitales. Peristoma pequeño. Periprocto inframarginal. Canales alimentarios simples. En general las especies eocénicas son aplanadas y con ámbitos más o menos delgados. ~*Clypeaster fourtaui*.

Clypeaster fourtaui

Biarritzella marbellensis

Echinocyamus subcaudatus

• **Subgénero Biarritzella, Boussac, 1911.**
Forma plana, grande, pentagonal, grosor muy pequeño y perfil muy bajo: bordes de dos o tres milímetros de grosor, sin ser afilados, y la altura total sobre los 7 mm. Ausencia casi completa de surcos en la cara inferior. Las áreas ambulacrales no sobresalen y son muy abiertas en la parte inferior: sus extremos casi corresponden a su gran anchura. ~*Biarritzella marbellensis.*

• **Género Echinocyamus, Phelsum, 1774.**
Exoesqueleto moderadamente aplanado; pocos hidroporos y no en surco; periprocto entre el 1er y el 2º par de placas coronales; pétalos mal definidos en algunas formas; pares de poros generalmente oblicuos; sin espículas en los pies ambulacrales; 5 pares de particiones radiantes internas; en algunas especies hembras con marsupio aboral. ~*Echinocyamus subcaudatus.*

SUBORDEN LAGANINA.
Aplanado o inflado; con soportes internos cuando es aplanado; placas de los pétalos ambulacrales simples o pseudocompuestas; interambulacro estrecho, continuo, terminado adapicalmente por una sola placa; ápices del sistema apical opuesto al interambulacro; aurículas fundidas; espinas miliares aborales con corona terminal; generalmente no hay espículas en los canales de la base.

Familia Fibulariidae.
Variable en formas; pétalos variables, indistintos o simples, abiertos; pares de poros no conjugados, poros redondeados; surcos alimentarios ausentes o indiferenciados; placas primordiales simples; soportes esqueléticos internos ausentes o solamente en forma de particiones radiales.

• Género Scutellina, Agassiz, 1841.

Erizos pequeños, muy planos, circulares o elípticos. Pétalos ambulacrales que convergen en sus extremos, pero no son cerrados, y tienen los poros no conjugados. Peristoma circular. Periprocto marginal. Cuatro poros genitales. Zonas interambulacrales muy estrechas, especialmente en la parte inferior. Tabiques radiales en el interior, pero no se elevan hasta el emplacado de la superficie superior. Mandíbulas diminutas pero muy alargadas. ~*Scutellina rotunda.*

Familia Laganidae, Agassiz 1873.

Aplanados, de pentagonales a redondos; pétalos bien desarrollados, abiertos; poros conjugados; surcos de alimentación; interambulacros estrechos en la superficie oral, placa apical romboidal; placas coronarias que forman estrella pentameral con placas ambulacrales; placas ambulacrales no pseudo compuestas en pétalos; soportes internos tanto radiales como concéntricos; periprocto oral.

• Género Sismondia, Desor, 1858.

Medianos y pequeños, ovoides o subpentagonales, aplanados, con borde hinchado. Periprocto en la parte inferior, usualmente mediomarginal. Pétalos muy largos, abiertos en sus extremos, generalmente extendidos hacia el borde, con poros claramente conjugados. Cuatro poros genitales. Peristoma hundido. Fuertes paredes interiores. ~*Sismondia intermedia.*

ORDEN CASSIDULOIDA.

Ambulacros petaloides adapicales; periprocto fuera del sistema apical; phyllodes y burletes generalmente presentes; no hay mandíbulas o hendiduras branquiales en adultos.

Scutellina rotunda

Sismondia intermedia

Echinanthus pyrenaicus

• Género Echinanthus, Breyn, 1732.

Ejemplares oblongos, abultados en la parte superior, aplanados y cóncavos en la parte inferior. Ápice ambulacral excéntrico. Áreas ambulacrales petaloides, afiladas, poco desarrolladas, a veces desiguales con el par posterior más alargado. Poros desiguales en pares oblicuos unidos por un surco. Tubérculos pequeños, perforados, no crenulados, escrobulados, menos numerosos y más espaciados cerca de la boca. Peristoma excéntrico, pentagonal, con florecilla pronunciada. Periprocto oval, longitudinal, marginal o a veces supramarginal, dentro de un surco más o menos diferenciado. Aparato apical compacto, con cuatro poros genitales, con placa madreporiforme en el centro del aparato apical; cinco placas ocelares perforadas y pequeñas. *~Echinanthus pyrenaicus.*

Familia Cassidulidae.

Pequeños a grandes, superficie oral plana; sistema apical monobasal o tetrabasal; periprocto supramarginal a marginal, longitudinal o transversal; peristoma transversal; pétalos anchos, generalmente iguales, comúnmente poco visibles, placas ambulacrales de doble poro en especies presenonienses; burletes bien desarrollados; poros bucales ausentes en especies presenonienses; tubérculos más grandes adoralmente, zona desnuda en interambulacro 5 adoralmente.

Cassidulus ovalis

• Género Cassidulus, Lamarck, 1801.

Cuerpo irregular, elíptico, ovalado o subcordiforme, convexo o abultado, con espinas muy pequeñas. Cinco ambulacros sobreelevados y en estrella. Boca subcentral; ano sobre el borde. *~Cassidulus ovalis.*

• **Género Rhyncholampas,
Agassiz, 1869.**

Caparazón suboval más ancho en la parte posterior e hinchado aboralmente. Sistema apical anterior, monobasal con cuatro gonoporos. Pétalos lanceolados y abiertos. Ramas de cada pétalo de longitud desigual y zona interporífera más ancha que las ramas. Periprocto supramarginal o marginal y transversal. Peristoma anterior, pentagonal y transversal. Poros bucales presentes. Tubérculos de la zona adoral más grandes. Escrobículas grandes con el mamelón descentrado y anterior en los tubérculos adorales. En la zona adoral posee una área lisa en el interambulacro 5 y en el ambulacro III. *~Rhyncholampas grignonensis.*

Rhyncholampas grignonensis

Familia Echinolampadidae.

De tamaño mediano a grande, generalmente muy inflado; sistema apical tetrabasal o monobasal; pétalos largos, abiertos, generalmente con zonas poríferas desiguales, poros simples en placas ambulacrales más allá de los pétalos; periprocto marginal a inframarginal, transversal o longitudinal; burletes bien desarrollados; filodios ensanchados, con pocos o muchos poros; zona granular estrecha, desnuda, en interambulacro 5; poros bucales.

• **Género Echinolampas,
Gray, 1825.**

Tamaño mediano a grande, inflado; sistema apical monobasal; zonas poríferas usualmente desiguales, amplias zonas interporíferas. *~Echinolampas ellipsoidalis.*

ORDEN SPATANGOIDA.

Sistema apical compacto, peristoma no opuesto, con 4 o menos gonoporos. En la cara oral,

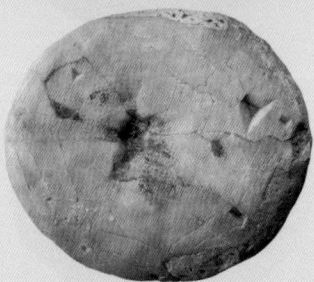

Echinolampas ellipsoidalis

plastrón diferenciado entre boca y ano. Placas ambulacrales con un par de poros o un solo poro; dorso generalmente petaloide; peristoma excéntrico y labiado, o también redondos o pentagonales y colocados centralmente. Filodios generalmente presentes, pero faltan burletes. Periprocto cerca del extremo posterior. Espinas poco conocidas, tubérculos pequeños en cobertura uniforme; algunas familias muestran espinas primarias y secundarias diferenciadas. La mayoría poseen bandas, clasificadas según la posición como peripétalas, marginal, subanal, latero-anal, anal e interna.

Familia Brissidae.

Erizos con forma de corazón, con bandas peripétalas, subanales y anales en algunos; sistema apical con 2 a 4 gonoporos; las espinas cubren normalmente las radiolas grandes y están generalmente ubicadas dentro de áreas encerradas por bandas.

Eupatagus ornatus

Brissus depresus

• **Género Eupatagus, Agassiz, 1847.**

Erizos medianos, comprimidos. Pétalos extendidos, redondeados y cerrados. Áreas interambulacrales rellenas de tubérculos grandes y perforados, circunscritas por una banda peripétala no sinuosa. Área interambulacral impar desprovista de tubérculos. Una fasciola subanal rodea el parche anal. ~*Eupatagus ornatus.*

• **Género Brissus, Gray, 1825.**

Caparazón ovalado sin surco anterior; redondeado en perfil. Disco apical con 4 gonoporos. Ambulacro anterior estrecho y enrasado con pares de poros pequeños. Los otros ambulacros petaloides y deprimidos, el par anterior casi a 180°. Pétalos hundidos y rectos; cerrados distalmente. Zonas periradiales entre columnas de pares de poros muy estrechas. Periprocto grande; peristoma más ancho que largo; en forma de riñón; oblicuo apuntando hacia delante. Sin grandes tubérculos primarios. Plastrón amplio y curvado lateralmente. Bien desarrolladas fasciolas peripétalas y subanales. ~*Brissus depresus.*

• **Género Brissopsis,
Agassiz, 1840.**

Ovalado, comprimido, con leve surco frontal; 2
a 4 gonoporos; ambulacro deprimido; los pares
de pétalos, pueden tener poros rudimentarios
en las placas proximales; pétalos confluentes en
algunas especies; la fasciola subanal se puede
perder en adultos. ~*Brissopsis elegans*.

• **Género Gualtieria,
Agassiz, 1847.**

Contorno ovoide, seno frontal insinuado; ambulacro frontal apetaloide, pares ambulacrales
que se extienden más allá de la fasciola peripétala; sistema apical, con 4 gonoporos. surcos
y nudos orales laterales en ambulacro, cerca del
peristoma, en interambulacros frontales y en
interambulacro posterior; ambulacro frontal
ligeramente deprimido. ~*Gualteria almerai*.

Familia Spatangidae.

Erizos de forma acorazonada que solamente tienen una fasciola subanal; sistema apical
con 3 o 4 gonioporos; ambulacro anterior con
solo poros pequeños dispuestos en series individuales; pares de ambulacros petaloides, con
pétalos al ras o casi al ras; espinas primarias
diferenciadas.

• **Género Maretia, Gray, 1855.**

Ovalados a acorazonados; tubérculos grandes
en el lado apical, excepto en el interambulacro posterior; 4 poros genitales. Los tubérculos
primarios pueden estar empotrados en came-
llas. ~*Maretia desmoulinsi*.

SUBORDEN PALEOPNEUSTINA.

Superfamilia Spatangidea.

Brissopsis elegans

Gualtieria almerai

Maretia desmoulinsi

Familia Schizasteridae.

Erizos de corazón con fasciola peripétala y lateroanal; 2 a 4 gonoporos; espinas gruesas, en algunos géneros con mechones de espinas más largas en la parte posterior, y algunos con dimorfismo de tubérculos primarios y espinas. Plastrón, mesamfisternoso a holamfisternoso.

Schizaster
studeri

• **Género Schizaster, Agassiz, 1836.**

Alta, acuñada, truncada sobre el periprocto; ambulacros hundidos, el frontal muy deprimido; par de pétalos posteriores tan largos como el par anterior; sistema apical atrasado con 2 gonoporos; poros del ambulacro frontal en una sola fila. ~*Schizaster studeri.*

• **Género Linthia, Desor, 1853.**

Redondeado a ensanchado en corazón, con ambulacro frontal deprimido acanalado; sistema apical central a anterior con 4 gonoporos; fasciola peripétala embebida entre los pétalos. Periprocto verticalmente alargado. ~*Linthia insignis.*

Linthia
insignis

Familia Hemiasteridae.

Erizos de corazón con sistemas etmofractales o etmolíticos apicales, con 2 a 4 gonoporos; peristoma labiado; ambulacros pareados, generalmente petaloides, que tienden a ser cerrados; fasciola peripétala presente; espinas primarias ausentes; plastrones que van desde protamfosternos a mesanfisternos.

• **Género Hemiaster,
Agassiz & Desor, 1847.**

Especie ancha, alta en relación con la longitud, inflada, truncada abruptamente en la parte posterior, que muestra un seno frontal profundo; sistema apical etmofracto, con 4 gonoporos; ambulacro frontal no petaloide o semipetaloide, con pequeños poros redondos; ambulacros pareados relativamente cortos, par frontal más largo. ~*Hemiaster complanatus.*

Hemiaster complanatus

• Género Prenaster, Desor, 1853.

Especie inflada oralmente, sistema apical central a anterior, seno frontal débil o ausente; sistema apical muy adelantado, etmolítico, con 4 gonoporos; pétalos deprimidos, pétalos posteriores pareados más largos que los anteriores; fasciola perípetala que se extiende hacia el lado oral en la parte anterior. ~*Prenaster alpinus.*

Prenaster alpinus

•FILO ARTHROPODA•

(Árthron = articulación y Poús = pie). Invertebrados con esqueleto externo y apéndices articulados; entre otros: insectos, arácnidos, crustáceos y miriápodos.

•SUBFILO CRUSTACEA•

(Crusta = costra). Exoesqueleto articulado de quitina, con dos pares de antenas, con un par de maxilas (apéndices bucales); pasan por periodos de muda e intermuda para crecer.

CLASE OSTRACODA.

(Óstrakon = concha» y eidés = con aspecto de). Crustáceos de diminutos a microscópicos. Registro fósil constante y abundante desde el Ordovícico hasta la actualidad. Dos valvas con un grado variable de mineralización, encierran una anatomía típica de un crustáceo, con numerosos apéndices.

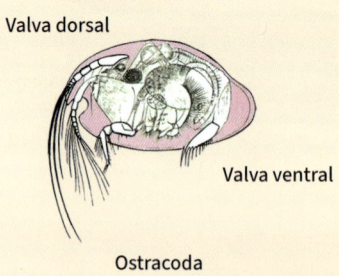

Valva dorsal

Valva ventral

Ostracoda

ORDEN PODOCOPIDA.

Familia Candonidae.

• Género Candona, Baird, 1845.

Animales del sedimento; en agua dulce, sobre o dentro del lodo. ~*Candona forbesi.*

Candona forbesi

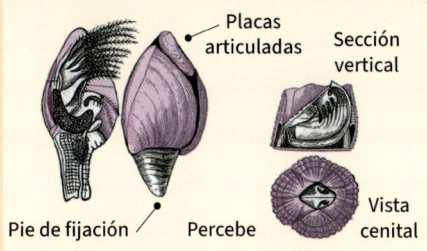

Placas articuladas · Sección vertical · Pie de fijación · Percebe · Vista cenital

CLASE CIRRIPEDIA.

Crustáceos filtradores, sedentarios, marinos, con antenas y maxilas; los apéndices y el cuerpo contenido en el caparazón; un manto sostiene seis placas calcáreas articuladas; fijados al sedimentos, incrustados en otros seres marinos o en rocas.

ORDEN SESSILIA.

SUBORDEN BALANOMORPHA.

Cirrípedos con ausencia de pedúnculo; con simetría bilateral, y uno a tres pares de placas compartimentales laterales, de fusionadas a concrescentes; valvas operculares en pares.

Familia Archaeobalanidae.

• Género Balanus, Da Costa, 1778.

Pared de 6 placas compartimentales articuladas rígidamente.

Hesperibalanus unguiformis

• Subgénero Hesperibalanus, Pilsbry, 1916.

Paredes y radios sólidos; base calcárea; radios estrechos con bordes suturales denticulados; scutum estriado entre la cicatriz del músculo adductor y la cresta articular; juntura angulosa entre el espolón del tergal y margen basal. ~*Hesperibalanus unguiformis.*

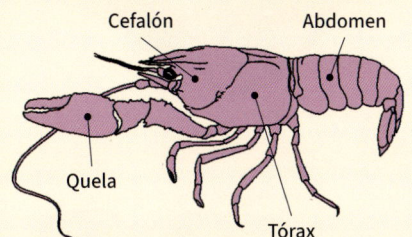

Cefalón · Abdomen · Quela · Tórax

CLASE MALACOSTRACA.

(Malakos = blando y Óstrakon = concha). El mayor subgrupo de crustáceos, que incluye a casi todos los más conocidos: decápodos (langosta, cigala); estomatópodos (como la galera y el kril); anfípodos e isópodos (cochinillas de la humedad).

ORDEN DECAPODA.

Diez pares de patas, los últimos son cinco pares de apéndices torácicos de los ocho característicos de los crustáceos.

Infraorden Axiidea.

Abdomen largo, con un par de apéndices en cada segmento, y con una cola natatoria. Cefalotorax con 10 patas con pinzas. Par de pinzas delantero más desarrolladas, robustas, especializadas de diferentes formas; caparazón quitinoso y fino.

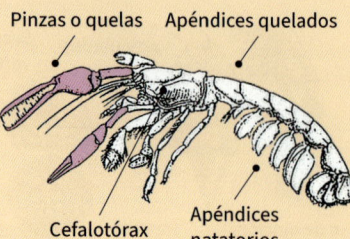

Pinzas o quelas   Apéndices quelados

Cefalotórax   Apéndices natatorios

Familia Callianassidae.

Anomuros con caparazón poco calcificado, con línea talasinidea. Rostro pequeño o ausente. Primer par de pinzas asimétricas; la mayor, aplastada desde la parte anterior, provista de una quela robusta.

Glypturus fraasi

• Género Glypturus, Stimpson, 1866.

Con tuberculación en los propodos.
~*Glypturus fraasi.*

• Género Callianasa, Leach, 1814.

Palma inflada con dedos largos y delgados, con dientes en forma de peine en los bordes cortantes. ~*Callianasa vidali, C. edwardsi.*

Callianasa vidali

• Género Eucalliax, Manning & Felder, 1991.

~*Eucalliax vicentina.*

• Género Ctenocheles, Kishinouye, 1926.

Carina rostral y espina rostral presentes. Superficie dorsal del ojo aplanada. Maxipodo 3 con o sin exópodo, margen distal del merus generalmente con la columna vertebral. Chelipedo mayor con o sin gancho meral proximal, palma subglobular, dedos alargados, pectinados. Exópodo uropodal con incisión lateral. ~*Ctenocheles* cf. *cultellus.*

Eucalliax vicentina

Ctenocheles cultellus

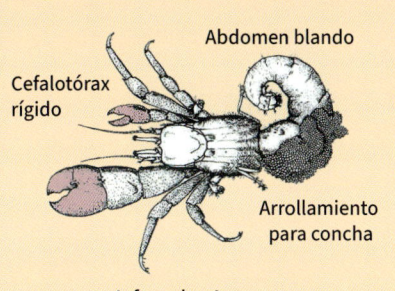

Cefalotórax rígido · **Abdomen blando** · **Arrollamiento para concha**

Infraorden Anomura

INFRAORDEN ANOMURA.

(Anomos = desigual y oura = cola). Parte delantera cubierta por un exoesqueleto rígido, abdomen blando y arrollado. Típicos cangrejos ermitaños que se valen de conchas de otros filos.

Superfamilia Paguroidea.

Familia Diogenidae.

Eocalcinus eocenicus

• **Género Eocalcinus, Vía, 1959.**
Pagúrido con la pinza izquierda muy robusta, plano-convexa, de contorno o perfil lateral semicircular. Articulación carpo-propodial del propodo marcadamente oblicua, totalmente desarrollada en la parte interna de la mano. ~*Eocalcinus eocenicus.*

Dardanus suessi

• **Género Dardanus, Paulson, 1875.**
Propodo del quelícero con palma subcuadrada, fuerte y dura o con ornamentación que consiste en crestas transversales y/o tubérculos; dedo fijo fuerte y triangular con parecida ornamentación; articulación carpo-propodial subvertical. Dedo móvil corto y fuerte. ~*Dardanus suessi.*

Familia Paguridae.

Pagurus marceti

• **Género Pagurus, Fabricius, 1775.**
Cangrejo con tórax débil, cuatro pares de patas, superficie lisa, manos con el ápice negro. Lateral del tórax retorcido. ~*Pagurus marceti.*

INFRAORDEN BRACHYURA.
(Brakhýs = corto y ourá = cola). Abdomen corto, aplanado, simétrico, sin urópodos completos, doblado bajo el esternón. Comúnmente con algunos segmentos fusionados. Cefalotórax gene-

ralmente más ancho que largo, y aplastado dorso-ventralmente. Cinco pares de patas, el primer par transformado en pinzas frecuentemente asimétricas y que alcanzan un gran desarrollo.

Superfamilia Dromioidea.

Familia Dromiidae.

• **Género Basadromia, Artal et al, 2016.**
Caparazón pequeño, subelíptico, convexo; frente que sobresale de las órbitas, estrecha, con muesca en V y surco, con cuatro dientes largos, subtriangulares más un diente rostral corto; órbitas pequeñas; márgenes laterales del caparazón arqueados, con dientes cortos y sutiles; margen posterior estrecho; superficie dorsal aislada, granular; regiones dorsales muy bien definidas por engrosamientos y surcos;. superficie dorsal del caparazón, densa e uniformemente granular. ~*Basadromia longifrons*.

• **Género Pseudodromilites, Beurlen, 1929.**
Caparazón granulado, el rostro alargado y bífido, el surco dorsal profundo y el margen lateral no encrespado. ~*Pseudodromilites hilarionis*.

CLADO EUBRACHYURA.

Superfamilia Cancroidea.
Caparazón alargado a transversalmente ovalado, delantero estrecho, en su mayoría con dientes medianos y laterales, órbitas con dos fosas supraorbitales; márgenes laterales dentados; regiones gástricas y cardíacas no claramente separadas; antenas desplegadas de forma longitudinal u oblicua; gonoductos masculinos que se abren en coxae.

Infraorden Brachyura

Abdomen corto doblado bajo el esternón

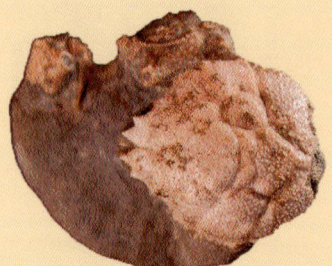

Basadromia longifrons

Pseudodromilites hilarionis

• **Género Montezumella, Rathbun, 1930.**
Caparazón alargado a subcircular, márgenes antero-laterales dentados, frontales con 2 o 4 dientes, órbita tubular. ~*Montezumella amenosi.*

Superfamilia Carpilioidea.
Caparazón grueso, abombado, ovalado, liso. Órbitas semicirculares. Patas traseras alargadas y fuertes. Pinzas grandes, gruesas y asimétricas.

Familia Tumidocarcinidae.

Montezumella amenosi

• **Género Xanthilites, Bell, 1858.**
Caparazón un poco más ancho que largo; margen laterofrontal corto, con cuatro dientes; regiones dorsales diferenciadas. Fosas de las anténulas oblicuas. Antena interna articulada en la base; junto con la base de la anténula exterior completan el hiato orbital. Las patas anteriores grandes, fuertes, los dedos afilados, por regla general, sin armar; el resto de las patas subcilíndricas, lisas. Abdomen desconocido. ~*Xanthilites* sp.

Familia Zanthopsidae.
Caparazón abombado, ovalado transversalmente. Frente ancha con cuatro tubérculos. Bordes latero-anteriores dentados. Poco relieve dorsal. Órbitas resaltadas y enteras.

Xanthilites sp.

• **Género Harpactocarcinus, M. Edwards, 1862.**
Caparazón abombado, ovalado transversalmente; regiones del dorso poco diferenciadas excepto surcos braquiocardíacos; dorso cubierto de puntuaciones bien visibles y regulares; frente ancha con borde anterior recto con cuatro dientes; órbitas grandes; bordes anterolaterales arqueados guarnecidos con dientes espinosos; bordes lateroposteriores inermes, casi rectilíneos; pinzas comprimidas con carenas y tubérculos. ~*Harpatocarcinus punctulatus.*

Harpatocarcinus punctulatus

Familia Carpiliidae.

• Género Palaeocarpilius, Milne-Edwards, 1862.

Caparazón macizo, ovoidal, abombado. Bordes latero-anteriores arqueados, recortados con dientes tuberculados o completamente enteros. Bordes latero-posteriores lisos, gruesos, cóncavos. Dorso del caparazón liso, sin indicación de regiones. Frente ancha, triangular, inflexionada hacia abajo, borde anterior invisible cenitalmente. Órbitas pequeñas, semicirculares. Pinzas grandes, macizas. Borde superior del propodo a veces armado de una fila de tubérculos (*Paleocarpilius* s. str.), a veces inerme. Patas ambulatorias de sección ovalada, sin crestas. Abdomen del macho con los anillos 3-4-5 fusionados. ~*Paleocarpilius* sp.

Paleocarpilius sp.

Superfamilia Portunoidea.

Incluye a familia Portunidae, cangrejos nadadores. Caparazón aplanado y liso, generalmente, más ancho que largo y de forma hexagonal a transversalmente ovalada.

Familia Portunidae

Género Portunus, Weber, 1795.

Género actual cosmopolita. Pedúnculos oculares cortos (menos de 1/3 de la anchura del caparazón); fisura supraorbital visible, pero poco marcada; caparazón con 9 dientes antero-laterales; dientes antero-laterales iguales o subiguales, salvo el noveno (lateral), que puede ser mucho más largo que el octavo; superficie externa y borde superior de la pinza con 2 o 3 espinas; borde medial del carpo del quelípedo con una fuerte espina. Abdomen del macho triangular. ~*Portunus catalaunicus.*

Portunus catalaunicus

Superfamilia Goneplacoidea.

Familia Magyarcarcinidae.
Caparazón pequeño, redondeado, más ancho que largo; superficie dorsal convexa, casi lisa; regiones dorsales poco definidas; frente recta, bimarginada, muesca medial débil; órbitas amplias, fisura cerrada medial en margen supraorbital; espina orbital externa aguda. Márgenes antero-laterales enteros, convexos, de bordes afilados; margen postero-lateral convexo; margen posterior ligeramente convexo; esternón torácico ancho, ovado a subrectangular. Abdomen masculino ancho, subtriangular.

• **Género Magyarcarcinus, Schweitzer & Karasawa, 2004.**
Caracteres de la Familia. ~*Magyarcarcinus yebraensis*.

Familia Goneplacidae.

• **Género Galenopsis, Milne-Edwards, 1865.**
Caparazón liso o granulado, sin lóbulos prominentes, grande y cuadrilátero. Bordes latero-anteriores curvos. Los bordes latero-posteriores largos, arqueados, el borde posterior grande. Cara superior convexa. Frente angosta o poco ancha, poco prominente e inclinada. Órbitas pequeñas y adelantadas. Abdomen del macho triangular, con siete anillos libres y móviles. ~*Galenopsis similis.*

Magyarcarcinus yebraensis

Superfamilia Eriphioidea.
Cangrejos-piedra. Marcada diferencia de tamaño entre la quela derecha y la izquierda; la más grande posee un diente aplastante; diferencia en el ancho del abdomen del macho.

Familia Menippidae.

Género Menippe, de Haan, 1833.
Caparazón transversalmente ovalado, convexo; regiones poco definidas; Márgenes antero-laterales largos, con dientes anchos, margen posterior corto;

Galenopsis similis

frontal estrecho, bilobulado; órbitas pequeñas; antenas plegadas transversalmente; quelípedos masivos, dedos robustos, con diente basal grande y plano en el dedo fijo, abdomen masculino ancho, segmentos sin fusionar. ~*Menippe almerai.*

Menippe almerai

Superfamilia Calappoidea.

Especializados en la depredación de moluscos, sus pinzas están adaptadas para manipularlos. Sus formas son diversas, en general con los márgenes espinosos y lobulados. Caparazón redondeado, abdomen completamente plegado bajo el esternón, sin reducirse; todos los apéndices de cada segmento (pereiópodos), bien desarrollados.

Familia Aethridae.

• Género Hepatiscus, Bittner, 1875.

Caparazón pequeño, de contorno más o menos piriforme o acorazonado, aproximadamente isodiamentral. Frente erguida y adelantada, bordes laterales arqueados, órbitas pequeñas circulares, pedúnculo ocular ancho y corto, fosetas antenulares oblicuas, cuadro bucal grande. Regiones del dorso delimitadas por valles muy anchos y suaves. ~*Hepatiscus poverelli.*

Hepasticus poverelli

Familia Calappidae.

Caparazón con contorno redondeado y margen espinoso o lobulado; frente y órbitas de igual anchura; quela grande; machos de tercer a quinto segmentos abdominales fusionados; oviductos que se abren sobre el esternón.

• Género Stenodromia,
A. Milne–Edwards, 1873.

Caparazón convexo, piriforme; borde facial bien desarrollado, casi recto; bordes antero-laterales algo dentados separados de los latero-posterio-

Stenodromia calasanctii

res por un par de espinas fuertes, erguidas, dirigidas hacia atrás y hacia afuera; bordes posteriores caudiformes triespinosos; quelípedos cortos y robustos con crestas y espinas. ~*Stenodromia calasanctii.*

• Género Calappilia, A. Milne-Edwards in Bouillé, 1873.

El escudo cefalotorácico está curvado transversalmente y de adelante hacia atrás; la región gástrica y la región cardíaca dibujan sobre el eje central, un burlete bien marcado; las regiones latero-anteriores están ligeramente mamelonadas; los bordes laterales están enteros; el borde posterior lleva a cada lado de la línea media tres dientes grandes y gruesos, dirigidos hacia atrás y un poco hacia afuera; la frente muy estrecha. ~*Calappilia subovata.*

Superfamilia Retroplumoidea.

Familia Retroplumidae.

Calappilia subovata

Caparazón transversalmente ovalado, plano, con dos crestas transversales, frontal estrecho, poco desviado; tabique interantenular delgado, sin fosas antenulares distintas; órbitas incompletas a continuación; flagelos antenales largos; terceros apéndices de segmentos anteriores (maxilípidos) delgados, subpediformes; placa esternal ancha, abdomen masculino estrecho.

• Género Retrocypoda, Vía, 1959.

Caparazón cuadrilátero, más ancho que largo. Bordes laterales convergentes hacia delante. Borde posterior rectilíneo, formado junto con el tercer segmento abdominal. Frente reducida, rostro espatuliforme bilobado. Órbitas anchas y profundas. Relieve dorsal con dos carenas transversales. Cuadro bucal grande. Plastrón y abdomen con carenas transversales. Heteroquelia muy acentuada en los machos. ~*Retrocypoda almelai.*

Retrocypoda almelai

• **Género Serrablopluma,
Artal et al., 2013.**

Caparazón pequeño, subtrapezoidal, más ancho que largo; margen anterior ancho, sinuoso, que termina en espinas laterales que sobresalen; frente reducida, estrecha; órbitas anchas, con espina suborbital; márgenes laterales rectos, convergentes posteriormente; margen posterior ancho, convexo; caparazón dorsal aplanado, con 3 crestas, la anterior continua, la media interrumpida por surcos gástricos, la posterior continua, recta. esternón ancho; abdomen subtriangular; quelípedos iguales, robustos, grandes, P5 reducido. ~*Serrablopluma diminuta.*

Serrablopluma diminuta

Superfamilia Majoidea.
Cangrejos araña.

Familia Majidae.
Caracterizadas por una punta saliente en la frente. Las patas son generalmente muy largas, por lo que se les llama comúnmente cangrejos araña. El exoesqueleto está cubierto por protuberancias espinosas, en las cuales se enredan algas y otros materiales que actúan como camuflaje.

• **Género Periacanthus,
Bittner, 1875.**

Caparazón deprimido, más largo que ancho, contorno subexagonal, con expansiones espinosas periféricas muy desarrolladas y mayor anchura en el tercio posterior; frente reducida a dos espinas rostrales separadas por una ancha escotadura; órbitas poco excavadas; viseras preorbitales en forma de teja; superficie dorsal más o menos granulosa o tuberculada. ~*Periacanthus horridus.*

Periacanthus horridus

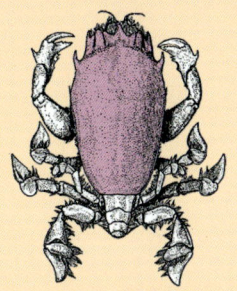

Sección Podotremas

Sección Podotremas.

Superfamilia Raninoidea.

Caparazón alargado, que no cubre la terga abdominal; quela plano, con el dedo fijo más o menos desviado.

Familia Raninidae.

• **Género Quasilaeviranina, Tucker, 1998.**
Caparazón alargado, ovalado en el contorno, espina anterolateral posterior ancha, más grande; convexo transversalmente, menos longitudinalmente; superficie a menudo cubierta con pozos setales muy finos; surcos cardíacos a veces presentes; región postfrontal levantada en escarpe transversal entre espinas anterolaterales. Margen fronto-orbital dentado débilmente con fisuras orbitales cerradas y poco profundas. Espinas anterolaterales detrás de la región fronto-orbital. ~*Quasilaeviranina simplicissima*.

Quasilaeviranina simplicissima

• **Género Notopella,**
Lorenthey & Beurlen, 1929.
El cefalotórax alcanza su mayor ancho al frente entre las dos espinas laterales, justo detrás del borde frontal. Los márgenes son aproximadamente rectos y convergen uniformemente hacia atrás. El borde frontal no estructurado está decorado con cinco espinas, de las cuales las rostrales del medio son las más grandes. ~*Notopella vareolata*.

Notopella vareolata

• **Género Lophoranina, Fabiani, 1910.**
Caparazón con crestas granuladas paralelas y transversales. Las especies del género se distinguen entre sí en función de los caracteres de la tribuna, los márgenes frontal y anterolateral y el desarrollo y patrón de las crestas transversales de caparazón. ~*Lophoranina reussi*.

Lophoranina reussi

CENOZOICO Eoceno -56 a -34 Ma

PIRINEO PALEONTOLÓGICO

CLASE RHYNCHONELLATA.

Pedúnculo bien desarrollado. Formas variadas de líneas de bisagra anchas a formas en pico casi sin línea de bisagra; de lisas a plegadas. La mayoría biconvexas. Lofóforos con formas en bucle y en espiral.

ORDEN TEREBRATULIDA.

(Terebra = perforado). Conchas biconvexas, de ovoides a circulares; lisas o con nervaduras radiales; soporte del lofóforo en forma de bucle; línea de bisagra corta; superficie microscópicamente punteada; abertura circular del pedúnculo en la base.

Superfamilia Terebratuloidea.

Familia Terebratulidae.

• Género Terebratula, Müller, 1776.

Las especies de Terebratula tienen cáscaras biconvexas en forma ovalada, los márgenes anteriores de las valvas tienen dos pequeños pliegues, las líneas de crecimiento concéntricas son muy finas o casi inexistentes. La valva más grande tiene un umbo ventral con la abertura a través de la cual se extiende un pedúnculo corto. ~ *Terebratula* sp.

Familia Cancellothyrididae.

• Género Terebratulina, d'Orbigny, 1847.

Concha terebratuliforme provista de bisagra; cáscara perforada o fibrosa; foramen redondo adyacente a la bisagra; charnela con orejetas; umbo oblicuamente truncado; ausencia de deltidio. ~ *Terebratulina tenuistriata.*

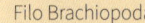

Filo Brachiopoda

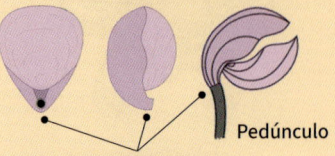

Valvas

Pedúnculo

Inserción peduncular

Terebratula sp.

Terebratulina tenuistriata

Superfamilia Megathyridoidea.

Familia Megathyrididae.

**• Género Argyrotheca,
Dall, 1900.**

Especies pequeñas a diminutas con una gran abertura de pedúnculo, una cresta en el interior de la valva pedunculada, huecos en forma de diamante en el interior de ambas valvas y crestas radiales. ~*Argyroteca vidali.*

Argyrotheca vidali

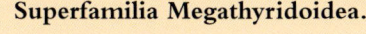

•FILO BRYOZOA•

Zootecas   Zooide

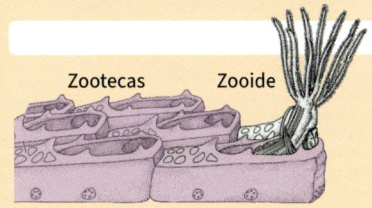

CLASE STENOLAEMATA.

ORDEN CYCLOSTOMATA.

Disposición
en colonia

Familia Oncousoeciidae.

**• Género Filisparsa,
d'Orbigny, 1853.**

Colonia erecta, unilamelar, ramificada dicotómicamente, estrecha; de 3 a 6 tubos zooeciales en el ancho de la colonia. Aberturas zooeciales dispuestas irregularmente solo en el lado frontal. Lado dorsal liso, no poroso. Aberturas en la parte superior del peristoma corto. Gonozooecias desconocidas. ~*Filisparsa labaati.*

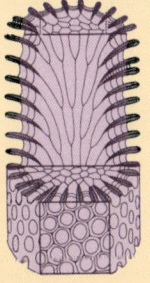

Zootecas

Filo Bryozoa

SUBORDEN CANCELLATA.

Familia Horneridae.

**• Género Hornera,
Lamouroux, 1821.**

Colonia pétrea, dendroide, frágil; tallo y ramas llenas de células en el exterior; celdas pequeñas, distantes. Zoario fijado por un disco basal, sin

Filisparsa labaati

estadio incrustante. Ramas del zoario libres o anastomosadas. Ramificaciones dicotómicas. Sección de rama semicircular, circular o elíptica. Colonia erecta, bifurcada. Lado frontal formado por tubos zooeciales con aberturas, e intercalados surcos con vacuolas. Lado dorsal con surcos y nervios, sin aberturas zooeciales. Gonozoecio grande, siempre en el lado dorsal. ~*Hornera edwardsii, H. travicularis.*

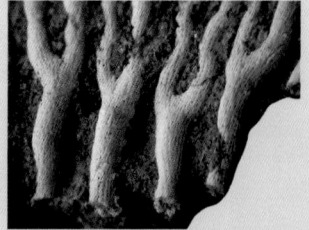

ORDEN CYCLOSTOMATA.

SUBORDEN RECTANGULATA.

Familia Lichenoporidae.

Hornera edwardsii

• **Género Lichenopora, Defrance, 1823.**
Colonia cónica, superficie externa no porosa y aberturas zooeciales en la parte circular y apical del centro colonial; zooecia tubular, de apertura recta en el área frontal circular; aberturas generalmente dispuestas en crestas radiales (fascículos); fascículos multilaminares, no prominentes, rara vez no desarrollados; centro colonial plano, cóncavo o convexo; cancelas poligonales; gonozooecio pequeño en el centro colonial. ~*Lichenopora mediterranea.*

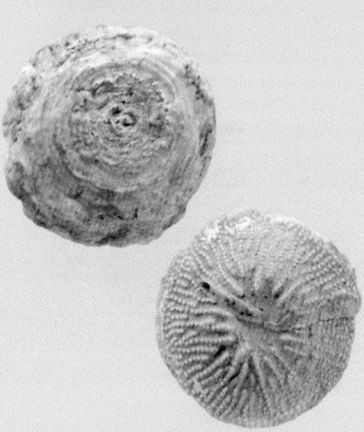

Lichenopora mediterranea

ORDEN CHEILOSTOMATA.

Familia Calloporidae.
Colonias incrustantes laminares, rara vez erectas; zoecios con amplio gimnocista (área ovalada que incluye un criptocista); espinas marginales al área pueden formar una cubierta protectora; comunicación interzooidal por poros septulares o por cámaras de poro; avicularia variable en frecuencia y tipo: ausente en algunas especies, adventicia en otras, interzoocial o vicaria en otras; los ovicelios varían ampliamente, desde tapas apenas detectables hasta prominentes.

• Género Lunulites, Lamarck 1816.

Colonia libre, discoidal a cónica; zooecias dispuestas en filas radiales regulares y con una criptocista bien desarrollada; las hileras zooeciales se alternan con hileras de heterozoecia (avicularia o/y vibracularia); el ovicelo es endozooecial. ~*Lunulites punctata*.

Familia Electridae.

Colonias incrustantes, forman cadenas ramificadas de zooides discretos o expansiones laminares irregulares; zooides a menudo muy calcificados; amplio gimnocisto, gran abertura y membrana frontal; órgano intertentacular presente; procesos espinosos cuticulares o parcialmente calcificados; ovicelios y avicularia ausentes.

Lunulites punctata

• Género Mesosecos,
Faura y Canu, 1917.

Celdas simétricas en la superficie superior; vibráculos no dispuestos en distintas filas radiales; se interponen entre los ángulos de la misma fila. Crecimiento por proliferación en los márgenes de la colonia de cada zoecio. ~*Mesosecos simplex*.

Familia Phidoloporidae.

Colonia generalmente erecta, reticulada, formando una red de encaje con zooides que se abren en un lado de las ramas; fijación de colonias por calcificación extrazooidal; algunas colonias delicadas y ramificadas no forman redes; algunos géneros, incrustantes unilaminares; uno con colonias nodulares; frontal zoideo con solo poros marginales, superficie lisa o pustulosa.

• Género Reteporella, Busk, 1884.

Colonia erecta, unilamelar, ramificada dicotómicamente o reticulada; zooecias dispuestas en

Mesosecos simplex

filas longitudinales alternas y con aberturas solo en un lado; pared frontal no porosa, con poros marginales raros; peristoma característicamente perforado por el espiramen; espinas orales ocasionales; avicularias adventicias frecuentes en pared frontal; ovicelio hiperstomial; superficie dorsal de la colonia generalmente lisa. ~*Reteporella cellulosa.*

Retepora (Reteporella) cellulosa

• **Género Idmonaea, Lamouroux, 1821.**
Colonia ramosa, ramas muy divergente, contorneadas y curvadas, con varios lados, de los cuales algunos están cubiertos de células sobresalientes, cónicas o evasivas desde la base, diferenciadas o separadas y situadas en líneas transversales y paralelas entre sí. La otra cara, ligeramente acanalada, es muy lisa y sin ninguna apariencia de poros. ~*Idmonaea petri.*

ORDEN CHEILOSTOMATA.

Superfamilia Cellarioidea.

Familia Cellariidae.
Zooides romboidales o hexagonales, en series que forman vástagos cilíndricos; colonia erecta, calcárea, ramificada dicotómicamente; paredes laterales de los zooides altas, forman un borde que delimita el área frontal; criptocisto deprimido, imperforado; orificio subsemicircular, con borde proximal recto o convexo, habitualmente con cóndilos laterales; avicularias ausentes o vicarias; ovicela endozooidal, por lo general inconspicua.

Idmonaea petri

• **Género Cellaria,**
Ellis and Solander, 1786.
Colonias típicamente articuladas, aunque no siempre; orificio con cóndilos; avicularia vicaria; ovicela poco aparente. ~*Cellaria minuta.*

Cellaria minuta

Familia Cerioporidae.

• Género Ceriopora, Goldfuss, 1826.

Polyparium de piedra, sésiles o fijados, en capas de células, muchísimos concéntricos entre sí, cada uno envolvente. Células tubulares o subprismáticas, subcontiguas en paralelo o divergentes. ~*Ceriopora intrincata.*

Superfamilia Lepralielloide.

Familia Metrarabdotosidae.

Ceriopora intrincata

• Género Metrarabdotos, Canu, 1914.

Abertura piriforme. Peristoma con una pseudolírula en su rímula. Frontal formado por una pleurocysta íntimamente soldada a la olocysta subyacente. Ovicella muy grande, endozoecial, de la misma naturaleza que la frontal. ~*Metrorabdotos moniliferum.*

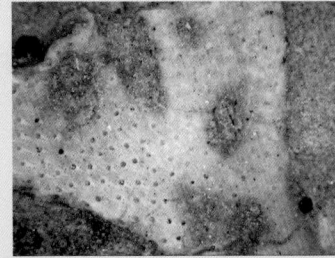
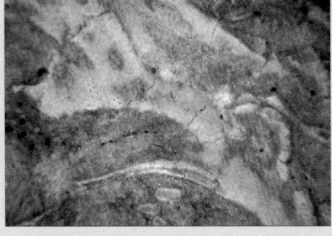

Metrorabdotos moniliferum

Superfamilia Celleporoidea.

Familia Margarettidae.

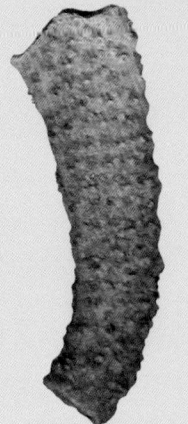

**• Género Tubucella,
Canu & Bassler, 1917.**

Pequeños tallos bifurcados; células en filas longitudinales que se alternan regularmente, apenas indicadas externamente por una depresión poco profunda y que están cubiertas en la superficie con hoyuelos finos, en parte, en forma de fila; abertura terminal pequeña y redonda, rodeada por un borde anular alto. ~*Tubucella papillosa.*

Tubucella papillosa

Familia Skyloniidae.

• Género Kylonisa, Keij, 1972.
Skyloniidae con el zoario formado por entrenudos cortos, más anchos por encima del medio, con cuatro filas de tres a cinco zooecia cada una. Borde elevado alrededor del zooecium (y otro alrededor de la abertura circular) para alargar transversalmente. Uno o más poros frontales tanto en el zooecio proximal frontal como dorsal, y también en la quenozoecia distal de las filas laterales. No hay ovicelios ni avicularia presentes. ~*Kylonisa belgica*.

Kylonisa belgica

•FILO MOLLUSCA•

CLASE CEPHALOPODA.

Superfamilia Nautilaceae.
Conchas involutas, lisas o con sinuosidad en pliegues o con costillas en algunos grupos; sección de espira comprimida a deprimida; suturas rectas a fuertemente sinuosas; sifón central o dorsal.

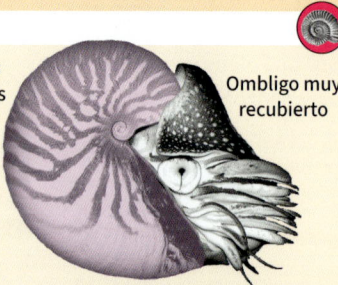
Conchas involutas

Ombligo muy recubierto

Superfamilia Nautilaceae

Familia Nautilidae.
Involuta o ligeramente evoluta, generalmente lisa; secciones comprimidas a deprimidas; suturas rectas a sinuosas.

• Género Eutrephoceras, Hyatt, 1894.
Nautilicónico, subglobular; sección reniforme, ampliamente redondeada ventral y lateralmente; abertura marcada ventralmente por un amplio seno redondo y poco profundo; ombligo pequeño a ocluido; superficie lisa; sutura ligeramente sinuosa; sifón pequeño, variable en posición.

• Género Angulithes, de Montfort, 1808.
Concha nautilicónica, involuta, comprimida, con pequeño ombligo discreto; sección de la vuelta sa-

Eutrephoceras centrale

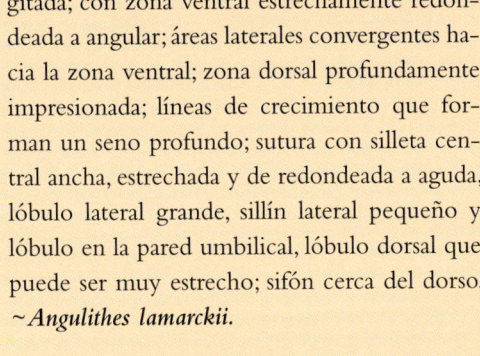

Angulithes lamarckii

gitada; con zona ventral estrechamente redondeada a angular; áreas laterales convergentes hacia la zona ventral; zona dorsal profundamente impresionada; líneas de crecimiento que forman un seno profundo; sutura con silleta central ancha, estrechada y de redondeada a aguda, lóbulo lateral grande, sillín lateral pequeño y lóbulo en la pared umbilical, lóbulo dorsal que puede ser muy estrecho; sifón cerca del dorso. ~*Angulithes lamarckii.*

Familia Hercoglossidae.

• Género Cimomia, Conrad, 1866.

Concha subglobular a subdiscoidal, nautilicónica; vueltas generalmente redondeadas lateral y ventralmente; ombligo pequeño, senos umbilicales bajos; superficie lisa, excepto líneas de crecimiento; sutura con sillín ventral amplio, superficial y redondeado, lóbulo lateral amplio y poco profundo, sillín lateral redondeado y más estrecho cerca del seno umbilical y lóbulo ancho y redondeado en la pared umbilical; sifón pequeño, variable en posición pero nunca marginal. El género es una forma morfológicamente transicional entre *Eutrephoceras* y *Hercoglossa.* ~*Cimomia imperialis.*

Cimomia imperialis

Familia Aturiidae.

• Género Aturia, Bronn, 1838.

Concha nautiloide, comprimida, completamente involuta, no umbilicada. Septos numerosos, con un lóbulo angular en cada lado, dirigidos hacia atrás; la parte dorsal de los tabiques se prolonga hacia atrás y forma un sifón grande, marginal, en forma de embudo. ~*Aturia ziczac.*

Aturia ziczac

Rhyncholites.

El órgano masticador de los nautilus tiene forma de pico con dos piezas desiguales, como en los actuales calamares. ~*Rhyncholites* sp.

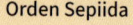

Orden Sepiida

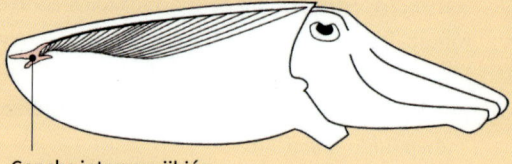

Concha interna o jibión

Rhyncholites sp.

ORDEN SEPIIDA.

Familia Sepiidae.

• Género Belosepia.

Meseta dorsal rugosa, inclinada hacia el rostro o apófisis, del cual le separa un intervalo muy corto; lámina simétrica a partir del eje del rostro y abierta en abanico. ~*Belosepia blainvillei.*

Belosepia blainvillei

CLASE SCAPHOPODA.

ORDEN DENTALIIDA.

Familia Dentaliidae.

Concha univalva, tubulosa, abierta en los dos extremos; cáscara sólida, orificio inferior más ancho que el orificio superior; sin opérculo.

• Género Dentalium, Linneo, 1758.

Concha mediana; fisonomía subcilíndrica, cáscara gruesa; estriada longitudinalmente; orificio inferior simple, no contraído, orificio superior truncado, entallado, provisto con un pequeño tubo accesorio o de costillas interiores. En sentido estricto tiene el orificio posterior truncado, sin entalladuras, y la superficie está provista de costillas longitudinales. ~*Dentalium nicense.*

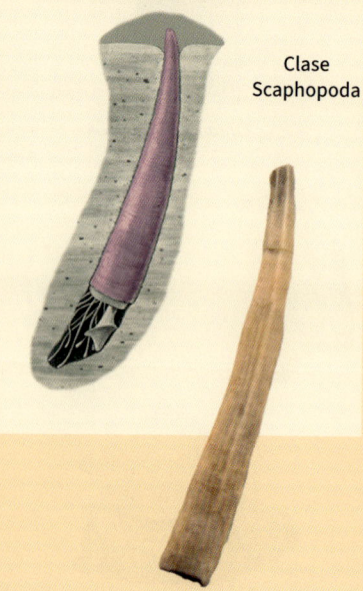

Clase Scaphopoda

Dentalium nicense

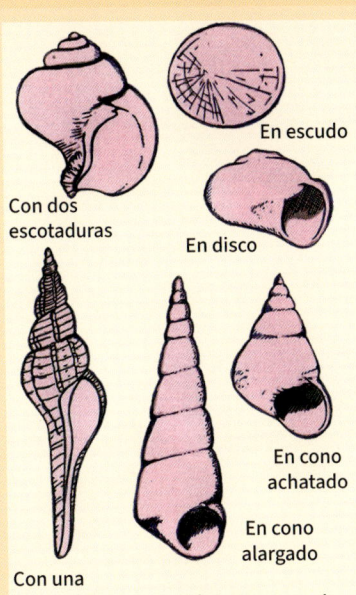

Con dos
escotaduras

En escudo

En disco

En cono
achatado

En cono
alargado

Con una
escotaduras

Clase Gastropoda

CLASE GASTROPODA.

Evolucionan su concha de una protección en forma de escudo, como las lapas, a una torsión de su abdomen en un cono espiralado, lo que les da su característica forma acaracolada.

El arrollamiento es al principio aplanado, en forma de disco; y después en forma de cono achatado; en ambos su abertura es circular.

Posteriormente aparecen formas de conos alargados, con una o dos escotaduras en la abertura, que dan soporte a los sifones inhalante y exhalante de su cuerpo blando.

Por último, los pulmonados terrestres y dulceacuícolas han convertido el espacio interno entre el cuerpo blando y el caparazón en una cámara pulmonar muy vascularizada, al tiempo que han prescindido de las branquias.

Clado Archeogastropoda

CLADO ARCHEOGASTROPODA.

ORDEN PATELLOGASTROPODA.

Familia Patellidae.

Concha fuerte y sólida, cónica, simétrica bilateralmente, con la base abierta sin perforaciones, sin tabiques internos; capa exterior calcítica, capas internas aragoníticas, interior iridiscente pero no nacarado, con una cicatriz de la inserción muscular; sin opérculo; concha embrionaria no evidente.

• Género Patella, Linneo, 1758.

Redonda a elíptica, ápice subcentral; rara vez lisa. ~*Patella* sp.

Superfamilia Fissurelloidea.

Caparazón cónico, porcelanoso; protoconcha espiral; con una perforación, ranura o muesca, para el paso de corriente exhalante; impresión muscular en forma de herradura.

Patella sp.

• **Género Diodora, Gray, 1821.**

Concha cónica, con el ápice perforado; cicatriz muscular con terminaciones en forma de gancho. ~*Diodora* sp.

ORDEN PLEUROTOMARIIDA.

Superfamilia Pleurotomarioidea.

Diodora sp.

• **Género Pleurotomaria, Defrance, 1826.**

Conchas cónicas muy aplanadas de contorno circular o ligeramente elíptico, con un amplio ombligo en la base y abertura circular. Ornamentación espiral en forma de series de costillas. ~*Pleurotomaria concava, Pleurotomaria* sp.

Pleurotomaria sp.

Superfamilia Trochoidea.

Familia Trochidae.

• **Género Trochus, Linneo, 1758.**

Conchas cónicas con superficie de aplanada a turbinada (con vueltas muy convexas). Ornamento de costillas espirales. Abertura sin escotaduras. ~*Trochus monilifer.*

Trochus monilifer

Género Tectus, Montfort, 1810.

Cónico, más alto que ancho, la base casi lisa; sin ombligo; columnilla con un fuerte pliegue en espiral por el interior de la concha. ~ *Tectus lucasianus.*

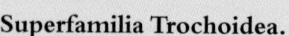

Tectus lucasianus

• **Género Jujubinus, Monterosato, 1884.**

Concha cónica, aguda, lisa, con superficie de las vueltas ligeramente convexas. Pequeño diente columelar; cordón nudoso en espira periférica. ~*Jujubinus* sp.

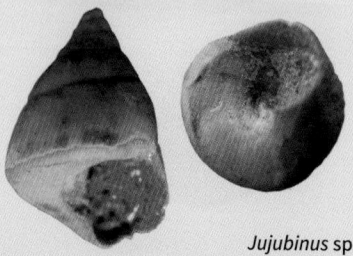

Jujubinus sp.

Monodonta perelegans

• **Género Monodonta, Lamark, 1799.**

Concha gruesa, espiral esculpida, tamaño mediano, algo globosas, dientes columnares anchos. ~*Monodonta perelegans.*

Superfamilia Turbinidoidea.

Familia Turbinidae.

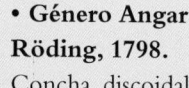

Angaria subcalcar

• **Género Angaria, Röding, 1798.**

Concha discoidal con la cara superior de la espira aplanada y lisa a tuberculada, formando una quilla tuberculada en su perímetro; cara inferior con costillas granulares robustas y estrías; abertura redondeada entera; ombligo entero y profundo. ~*Angaria subcalcar.*

Pareuchelus squamosus

• **Género Pareuchelus, Boettger, 1907.**

Con varias costillas espirales formando rejilla con la escultura axial; el margen basal de la abertura forma un ángulo junto a la última quilla espiral. ~*Pareuchelus squamosus.*

• **Género Collonia, Gray, 1850.**

Pequeño, no nacarado; turbinado a lenticular. Robusto, casi liso, inflado, umbilicado; labio exterior engrosado, peristoma mayormente entero; opérculo con un hoyo central normalmente paucispiral. ~*Collonia thomasii.*

Familia Phasianellidae.

Ovado a redondeado, poca torsión, sin periostrum; liso o finamente esculpido en espiral, raramente acostillado en espiral; cáscara enteramente aporcelanada; las especies pequeñas pue-

Collonia thomasii

den ser umbilicadas; peristoma no continuo; opérculo calcáreo, con núcleo excéntrico, ya sea externamente convexo o plano y en espiral.

• Género Tricolia, Risso, 1826.

Pequeño, globoso u ovado, liso o acanalado en espiral; las especies más pequeñas, perforantes, el margen columnar arqueado; opérculo externamente convexo. Concha bastante gruesa; sutura ligeramente impresionada. ~*Tricolia morgani.*

Familia Liotiidae.

• Género Liotina, Fischer, 1885.

Relativamente grande, con varices labiales bien desarrolladas; ombligo rodeado por costillas, que se diluyen hacia el exterior, cresta espiral en el interior; opérculo con una capa quitinosa, teselada, con los bordes erizados. ~*Liotia gervillei.*

Tricolia morgani

SUBORDEN NERITOPSINA.

Concha enrollada y ovoide, globular, capuliforme o patelliforme. Pocas vueltas espirales; el ápice, si sobresale, es aplanado; capas externas calcíticas, pueden conservar el patrón de color; capas internas gruesas, aragoníticas, lamelares pero no nacaradas; opérculo calcáreo.

Superfamilia Neritacea.

Familia Neritidae.

Cáscara globosa, turbiniforme, capuliforme o pateliforme; en su mayoría de paredes gruesas; sin ombligo Las paredes internas de las vueltas se reabsorben, el labio interno está más o menos engrosado por el callo o sobresale como tabique que estrecha la abertura, comúnmente con el margen dentado.

Liotia gervillei

• Género Velates, Montfort, 1810.
Conchas grandes, espira oculta; labio interno de la abertura dentado. ~*Velates perversus.*

Velates perversus

CLADO MESOGASTROPODA.

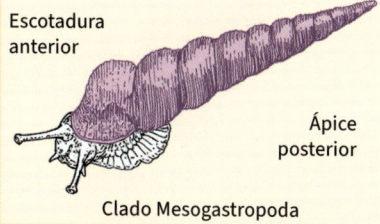

Escotadura anterior

Ápice posterior

Clado Mesogastropoda

ORDEN CAENOGASTROPODA.
Conchas asimétricas, de muchas formas, aporcelanadas; sifón inhalante presente o ausente.

Superfamilia Pseudomelanoidea.

Familia Pseudomelaniidae.

**• Género Bayania,
Hébert & Munier–Chalmas, 1877.**
Concha turriculada, gruesa, puntiaguda; primeras vueltas lisas, las últimas con algunas estrías transversales y otras longitudinales; vueltas ligeramente convexas. Abertura oval, oblonga, redondeada en la base, apuntada en su parte superior. ~*Bayania lactea.*

Bayania lactea

Superfamilia Cerithioidea.
Gasterópodos marinos de zonas de costas intermareales, de agua salobre y de agua dulce.

Family Melanopsidae.
Gasterópodos de agua dulce.

• Género Melanopsis, Férussac, 1807.
Conchas ovales, con espira corta y una vuelta grande de cuerpo alargado; labio exterior de la abertura delgado, labio interior con un callo parietal liso, engrosado en forma de almohadilla sobre la pared parietal. ~*Melanopsis buccinoides.*

Melanopsis buccinoides

Familia Cerithiidae.

Caparazón delgado, alargado con una espira puntiaguda; numerosas vueltas con esculpido radial de crestas axiales y nódulos; abertura con una curvatura incipiente o un canal sifonal claro en su base; pared interna de la abertura algo engrosada y en ocasiones con variz.

Cerithium vacianense

• Género Cerithium, Bruguière, 1789.

Concha sin ombligo, turriculada; vueltas numerosas, estrechas; abertura oblonga, prolongada en un canal oblicuo, torcido hacia atrás; labro espeso y sinuoso; abertura con un tubérculo dentiforme o pliegue en espiral en la pared basal, cerca de la unión del labro; vueltas a menudo varicosas; columnilla lisa. ~*Cerithium vacianense.*

• Género Pseudoaluco, Clark & Durham, 1946.

Concha fuerte con espiral alta y aguda; vueltas esculpidas por finas nervaduras espirales y longitudinales; suturas ligeramente deprimidas; superficie de las últimas vueltas con varices espaciadas irregularmente; sin base bien definida; abertura ovalada con eje anterior recto y posterior oblicuo al eje principal de la concha, y con muesca sin delimitar internamente por dientes o pliegues; labio externo a veces con variz; labio interno liso, cubierto por un callo. ~*Pseudoaluco semicostatum.*

Pseudoaluco semicostatum

• Género Serratocerithium, Vignal, 1897.

Concha alargada, conocilíndrica, con sutura muy poco marcada; vueltas planas, ornadas con series paralelas y espaciadas de tubérculos o granulaciones redondeadas a espinosas, acompañadas de dos cordones más o menos granulosos, a menudo disueltas en las últimas vueltas. ~*Serratocerithium loryi.*

Serratoceerithium loryi

Ortochetus charlesworthi

Potamides mixtum

Varicipotamides armoricensis

Eotympanotonus forojuliensis

Ptychopotamides carezi

• **Género Orthochetus, Cossman, 1889.**

Cónico, reticulado, abertura corta y prolongada en un canal; margen columnar ancho, calloso, con pequeña hendidura umbilical; pliegue transversal y pliegue parietal, que circunscribe un canal grande, contiguo a la sutura; labro recto, poco grueso. ~*Ortochetus charlesworthi.*

Familia Potamididae.

Gasterópodos de aguas salobres de marismas y manglares. Sutura bien marcada y reforzada por cordoncillo.

• **Género Potamides, Brongniart, 1810.**

Concha cónica, epidermada; abertura redondeada o subcuadrangular, canal corto, contorneado; labro generalmente sinuoso. ~*Potamides mixtum.*

• **Género Varicipotamides, Pacaud & Harzhauser, 2012.**

Concha con vueltas angulares o redondeadas, varicosas, con costillas curvas; abertura poco prominente, a veces despegada, peristoma no reflejado; canal corto, poco profundo. ~*Varicipotamides armoricensis.*

• **Género Eotympanotonus, Chavan 1952.**

Eotympanotonus se ha tratado como subgénero de *Potamides* (Brongniart 1810) y como subgénero de *Tympanotonus* (Schumacher 1817). Género bien representado por numerosas especies en el Paleoceno-Eoceno de Eurasia. ~*Eotympanotonus forojuliensis.*

• **Género Ptychopotamides, Sacco, 1895.**

Potamides con tres rangos de granulaciones y con un pliegue en la parte media de la columnilla, pliegue interno espiral que se arrolla en toda la espiral de la columnilla. ~*Ptychopotamides carezi.*

• **Género Terebralia, Swainson, 1840.**

Labio externo dilatado, que se une en su centro al labio interno, dejando una perforación redonda en la base del pilar; canal truncado; ronda del opérculo. ~ *Terebralia blainville.*

Subfamilia Batillariidae.

• **Género Granulolabium,**
Cossmann, 1889.

Concha estrecha, regular, no varicosa, ornada de costillas granulosas, algo oblicuas; abertura oval, canal corto, labro fino provisto en el interior de rangos de granulaciones que corresponden a los cordones de la superficie. ~ *Granulolabium multinodosum.*

• **Género Pyrazopsis,**
Akopjan, 1972.

Vueltas espinosas, varicosas; canal casi recto, poco escotado; columnilla desprovista de pliegues, débilmente retorcida; labro saliente hacia delante, dilatado y engrosado hacia el interior. ~ *Pyrazopsis pentagonatus.*

Familia Pachychilidae.

• **Género Jponsia,**
Pacaud & Harzahauser, 2012.

Conchas de tamaño mediano, ceritiformes, robustas y con vueltas largas, subuladas y costuladas en toda la altura, espinosas en las últimas vueltas; en ciertas especies se observa el desprendimiento del embrión juvenil característico; la base es inclinada, claramente convexa, decorada con cordones granulares, y se caracteriza por la ausencia de cuello y canal sifonal, presentando solo un seno profundo. ~ *Jponsia cuvieri.*

Terebralia blainville

Granulolabium multinodosum

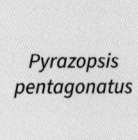

Pyrazopsis pentagonatus

Jponsia cuvieri

Moniquia camilli

- **Género Moniquia, Pacaud & Harzahauser, 2012.**

Conchas grandes, ceritiformes, con vueltas muy largas, subuladas y costuladas en las primeras vueltas, fuertemente espinosas en las últimas; la abertura es ovalada, con un peristoma grueso que presenta un canal sifonal largo, flexionado y curvo. ~*Moniquia camilli.*

Familia Siliquariidae.

Tenagodes multistriatus

- **Género Tenagodes, Guettard, 1770.**

Concha tubular, cilíndrica, retorcida, entallada en la abertura con una fisura, prolongada o no; pocos tabiques internos. ~*Tenagodes multistriatus.*

Familia: Turritellidae.

- **Género Turritella, Lamarck 1799.**

Concha alargada, multiespiral, surcada o carenada; estrías de crecimiento arqueadas y sinuosas; abertura entera, subcuadrangular; labro excavado hacia atrás, prominente hacia adelante; columnilla muy arqueada, un poco callosa, unida por una curva continua al contorno anterior. ~*Turritella trempina.*

Turritella trempina

- **Género Sigmesalia, Finlay & Marwick 1937.**

Concha robusta, alargada, con cordones espirales o carenas; abertura romboidal ovoide, con peristoma extremadamente sinuoso y muy delgado, siempre un poco vertido hacia adelante y hacia la derecha del eje; labro muy escotado. ~*Sigmesalia yebrensis.*

Sigmesalia yebrensis

Superfamilia Campaniloidea.

Familia Campanilidae.

• **Género Campanile, Fischer, 1884.**
Concha muy grande, no varicosa; columnilla provista de uno o dos pliegues; labro sinuoso, prominente hacia delante; canal fuertemente torcido. ~*Campanile villaltai.*

Familia Ampullinidae.

Concha natiforme; ombligo sin funículo tanto abierto como cerrado por una callosidad, o recubierto de una capa barnizante que a menudo limita una costilla en espiral o limbo, más o menos visible; abertura inclinada hacia delante, fuera del plano del eje de la concha; labro convexo, sobresaliente en el centro y sinuoso hacia su punto de ataque; borde columnar sinuoso.

Campanile villaltai

• **Género Globularia, Swainson, 1840.**
Ampullinidae en sentido estricto; concha globulosa, corta en altura; limbo carenado; ombligo más o menos abierto. ~*Globularia grossa.*

Globularia grossa

• **Género Ampullina, Bowdich, 1822.**
Concha globulosa, con espira corta, limbo carenado; ombligo más o menos abierto. ~*Ampullina rustica.*

• **Género Amaurellina, Fischer, 1885.**
Concha de tamaño de medio a grande, sólida, globosa, con la espira cónica; vueltas de la espiral convexas y escalonadas, con una altura variable; última vuelta grande y redondeada ocupando la gran mayoría de la altura de la concha; ombligo de pequeño tamaño. ~*Amaurellina ponderosa.*

Ampullina rustica

• **Género Ampullinopsis, Conrad, 1865.**
Cochas grandes; vueltas escalonadas; sutura profunda, acanalada y amplia; abertura ovalada

Amaurellina ponderosa

Ampullinopsis crassatina

o en forma de pera; el labio columnar, con callo parietal, cubre la base y llena el ombligo, total o parcialmente; amplia y aplanada fasciola sifonal que bordea el callo columelar; superficie de la cáscara lisa aparte de líneas delicadas de crecimiento. ~*Ampullinopsis crassatina.*

• **Género Ampullonatica, Sacco, 1890.**
Protoconcha con forma similar a la de los naticidos y sin envoltura; funículo vestigial; canal sutural profundo con borde abaxial subangular a muy angular. ~*Ampullonatica gouberti.*

SUBORDEN LITTORINIMORPHA.

Superfamilia Calyptraeoidea.

Familia Calyptraeidae.

Ampullonatica gouberti

• **Género Calyptraea, Lamarck, 1799.**
Forma discocónica poco elevada; base abierta, ápice algo lateral, superficie cargada de espinas tuberosas en general mal conservadas; toma todas las formas, desde la de más bajo perfil hasta el perfil más alargado. ~*Calyptraea aperta.*

Familia Cypraeidae.

Calyptraea aperta

• **Género Lozouetina, Dolin & Dockery, 2018.**
Concha ovalada con el dorso hemisférico y plana la base de su abertura que se extiende en sus extremos en dos prolongaciones de sus canales sifonales. Concha involuta, la úl-

tima vuelta recubre totalmente a las demás. Labio interno con fuerte denticulación. Labio externo de sección redondeada también con fuerte denticulación.. ~*Lozouetina naonedosca.*

Lozouetina naonedosca

• **Género Cypraedia, Swainson, 1840.**
Talla media, ovoide, bicónica, espira totalmente involuta, última vuelta forma toda la concha; ventruda; cordones axiales y transversales reticulan toda la superficie. Boca estrecha e incurvada; la truncadura anterior es redondeada, carece de hendidura y el vértice es obtuso. ~*Cypraedia elegans.*

Cypraedia elegans

• **Género Proadusta, Sacco, 1894.**
Concha ovada, ventricosa, aplanada por debajo, atenuada por delante, obtusa por detrás; espira oculta por el esmalte, rodeada por un surco de la sutura: boca casi recta, muy estrecha, en cada extremo un canal corto, con muescas leves; labio exterior ancho; columnilla casi recta. dientes columelares pliciformes. ~*Proadusta bartonensis.*

Proadusta bartonensis

• **Género Bernaya, Jousseaume, 1884.**
Concha con forma de gota atenuada hacia delante y bien redondeada hacia detrás, convexa por debajo; abertura estrecha, curvada hacia atrás, algo dilatada hacia delante, guarnecida sobre la columnella con dentaciones agudas; estos dientes se transforman en pliegues transversales que se vuelven oblicuos hacia atrás; dientes plieguiformes regulares en el interior del borde derecho. ~*Bernaya media.*

Bernaya media

Vicetia sp.

• **Género Vicetia,
Fabiani, 1905.**
Caracola grande, cilindracea, con el extremo apical aplanado con vestigios del ápice y un destacado canal sifonal; abertura aplanada, alargada en los dos extremos y arqueada en el posterior; labro externo engrosado: dos varices dorsales semiparalelas. ~*Vicetia* sp.

Superfamilia Ficoidea.

Familia Ficidae.

• **Género Pyrula,
Lamarck, 1799.**
Talla media, concha delgada, forma piroide, algo ventruda, espira prominente, vueltas subescalonadas, última vuelta muy grande con la base algo excavada; cordones espirales iguales y equidistantes, cruzados por pliegues axiales un poco más débiles en reticulado alargado en sentido axial; boca grande, relativamente ancha. ~*Pyrula* sp.

Pyrula sp.

Superfamilia Littorinoidea.

Familia Pomatiasidae.

• **Género Dissostoma,
Cossmann, 1888.**
Concha turriculada, frágil, con forma pupoide, con vueltas convexas, abertura redondeada, peristoma continuo doble, superficie a veces estriada; última vuelta ancha, angulosa en la base que es plana y más finamente estriada. ~*Dissostoma mumia.*

Dissostoma mumia

Superfamilia Naticoidea.

Familia Naticidae.

• Género Amauropsina, Bayle in Chelot, 1885.

Conchas deprimidas con espiras apuntadas; vueltas convexas lisas sin ornamentación; sutura solapada; ombligo rodeado de un pequeño asiento; funículo insinuado sobre la pared columnar; abertura redondeada. *~Amauropsina arenularia.*

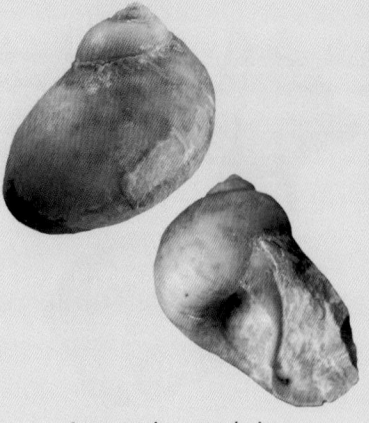

Amauropsina arenularia

• Género Payraudeautia, Bucquoy et al., 1883.

Muy globulosa, subesférica, espira muy alargada, algo convexa, obtusa en el ápice; seis vueltas, las dos primeras planas, las siguientes convexas; sutura simple, profunda; última vuelta muy grande, perforada en el centro con un ombligo estrecho, descubierto, con un funículo muy pequeño. Abertura mediana, oblicua, semilunar, poco prolongada hacia atrás, borde izquierdo muy corto, tiende a ser grueso y calloso, alcanza a la columnilla que es recta, corta. La superficie es lisa, brillante, y con estrías de crecimiento. *~Payraudeautia perforata.*

Payraudeautia perforata

• Género Amauropsella, Chelot, 1885.

Concha fina, frágil, globulosa, ventruda y umbilicada; espira corta, puntiaguda, compuesta de ocho vueltas lisas, la última mucho más grande; vueltas marcadas hacia la sutura por una rampa aplanada o ligeramente inclinada hacia atrás; sutura simple; abertura grande, oval, ensanchada hacia la base; bordes finos y cortantes, ombligo abierto; un pliegue sobresaliente, muy estrecho destaca en su interior. *~Amauropsella spirata.*

Amauropsella spirata

Polynices biarritzensis

Cepatia cepacea

Natica epiglottina

Hydrobia subulata

• **Género Polinices,**
Montfort, 1810.
Concha globosa, pero generalmente deprimida; ombligo casi lleno con una deposición vítrea del labio interno; espira obtusa; opérculo córneo. ~*Polynices biarritzensis.*

• **Género Cepatia,**
Gray, 1842.
Concha globulosa, baja, espira corta y cónica; vueltas aplanadas, estrechas; sutura lineal, muy superficial. Base abierta en pequeño ombligo parcialmente oculto por una callosidad en conchas jóvenes; en adultos esta callosidad se extiende recubriendo el ombligo; abertura grande, en forma de gota, oblicua al eje, su borde derecho es fino, frágil. ~*Cepatia cepacea.*

• **Género Natica,**
Scopoli, 1777.
Concha globulosa, espira conoide, con cinco vueltas, la última es muy grande. Abertura grande, semilunar y oblicua (75°); el anclaje de la abertura a la penúltima vuelta se espesa en callosidad. Cavidad umbilical semicircular, con un grueso funículo en el centro. ~*Natica epiglottina.*

Superfamilia Truncatelloidea.

Familia Hydrobiidae.

Género Hydrobia,
Hartmann, 1821.
Concha subperforada, lisa, subcónica o turriculada, con vueltas convexas; abertura oval, con peristoma fino y continuo; columnilla excavada. ~*Hydrobia subulata.*

Superfamilia Stromboidea.

Familia Aporrhaidae.

• Género Digitolabrum, Cossmann, 1904.

Concha alta, gruesa, fusoide y esbelta; espiral bicónica, vueltas carenadas, que crecen regularmente, con suturas lineales y profundas; carena en el centro de las vueltas forma un ángulo obtuso; última vuelta oval, base inclinada con costillas concéntricas; abertura larga y estrecha; columnilla curvada; borde columnar grueso, calloso; canal recto; labro proyectado, no espesado. ~*Digitolabrum blavensis.*

Digitolabrum blavensis

Familia Rostellariidae.

• Género Sulcogladius, Sacco, 1893.

Concha mediana, fusoide, alargada, aguda, con vueltas escalonadas; embrión paucispiro excavado; cordones espirales en la mitad anterior de las vueltas; la última vuelta es la mitad de la altura total; base con cordones espirales que convergen bajo la callosidad columnar; abertura angulosa por su parte posterior; la parte anterior se prolonga formando un rostro; callosidad columnar separada de la concha por una estrecha y profunda hendidura umbilical. ~*Sulcogladius vidali.*

Sulcogladius vidali

• Género Ampogladius, Cossmann, 1889.

Concha muy grande, ovada-oblonga, ventricosa; espira baja; vueltas numerosas, aguda, crecimiento lento, lisa, sutura simple; la última vuelta muy grande, ventruda, comprimida, del lado izquierdo hinchada, borde anterior atenuado, terminado en canal estrecho; abertura ovalada-estrecha, atenuada en sus extremos; en el ángulo posterior se prolonga el labro hasta la penúltima vuelta. Margen izquierdo grueso, estrecho, mediocremente calloso. ~*Ampogladius turgida.*

Ampogladius turgida

Eotibia lejeuni

Strombolaria boussaci

Rimella prestwichi

• Género Eotibia, Clark, 1942.

Fusiforme, turriculada; espira con trece vueltas, las cinco primeras, lisas; las otras con estrías transversales finas y costillas longitudinales que son sub-angulosas en las últimas vueltas. La última vuelta tiene una costilla más sobresaliente que es opuesta a la abertura. Abertura alargada; borde izquierdo plegado sobre la columnilla; borde derecho siempre mutilado. *~ Eotibia lejeuni.*

Familia Rimellidae.

• Género Strombolaria, De Gregorio, 1880.

Concha fina, mediana, fusoide, ventruda, turriculada, cónica; vueltas convexas, sutura poco profunda, solapada por encima por un burlete; costillas axiales estrechas, se transforman por intervalos en varices gruesas; última vuelta mayor de dos tercios del total; las costillas se atenúan en la base, algo excavada, y los pliegues transversales persisten; abertura amplia, sin escotadura posterior, contraída hacia delante; labro poco dilatado, no forma ninguna expansión sobre la espira; columnilla lisa, recta; borde columnar menos calloso hacia atrás. *~ Strombolaria boussaci.*

Familia Rostellariidae.

• Género Rimella, Agasiz, 1841.

Concha alargada, fusiforme, con embrión obtuso, liso y globuloso; acostillada, varicosa; columnilla curvada hacia delante, terminada en punta, junto a una amplia depresión subescotada; labro espeso, que se vuelve hacia detrás, con una sinuosidad anterior casi inapreciable; callosidad columnar formando un canal posterior que remonta hacia el ápice de la espira, y la misma vuelve a descender, algunas veces, por el lado opuesto. *~ Rimella prestwichi.*

• Género Dientomochilus, Cossmann, 1904.

Concha pequeña, ventruda, bucinoide, turriculada, puntiaguda en su ápice; siete vueltas convexas; suturas lineales, rectas y excavadas; primeras vueltas lisas, restantes con costillas axiales, y cordones espirales más débiles; superficie de la concha regularmente reticulada; última vuelta mayor que la mitad de la altura total; abertura fusiforme estrechada, prolongada en canal; labro poco dilatado, casi vertical, con un grueso borde; columnilla poco excavada; borde columelar calloso. ~*Dientomochilus ornatus.*

Dientomochilus ornatus

Familia Seraphsidae.

• Género Seraphs, Montfort, 1810.

Concha cilíndrica, laminar, con la espira oculta en el interior; abertura alargada, estrecha, tan alta como toda la concha; columnilla lisa, labio exterior fino y afilado; base escotada. ~*Seraphs volutatus.*

Seraphs volutatus

Familia Strombidae.

• Género Oostrombus, Sacco, 1893.

Concha inflada, ovalada-redondeada, obesa, a veces varicosa, espira aguda, vueltas lisas, gibosas. Labio externo subulado, estrechado hacia el ápice y que remata en una punta no muy fina. ~*Oostrombus pulcinella.*

Superfamilia Tonnoidea.

Familia Cassidaea.

• Género Galeodea, Link 1807.

Concha aplanada hacia atrás (el ápice) y cono-convexa hacia delante; embrión agudo;

Oostrombus pulcinella

Galeoda nodosa carinata

superficie con carenas; canal oblicuo y largo; rodete del labro crenulado; pliegues numerosos; arrugas tenues en la parte posterior de la callosidad columnar. ~*Galeodea nodosa carinata.*

• **Género Sconsia, Gray, 1847.**
Concha oval, vueltas angulosas; transversalmente algo estriadas por los costados; por encima, costillas obsoletas denticuladas; abertura estriada, oblonga, estrechada en ambos extremos; labio interiormente denticulado, pliegues alineados; columnilla estriada, canal retorcido. ~*Sconsia ambigua.*

Familia Ranellidae.

Sconsia ambigua

• **Género Sassia, Bellardi, 1871.**
Concha oval-oblonga, ventruda; espira cónica, igual a la última vuelta. Pequeño número de varices estrechas y salientes. Ocho vueltas poco convexas; estriadas transversalmente, granuladas en su parte superior e inferior; en el centro, dos rangos paralelos de gruesos tubérculos; la última vuelta es ventruda, subglobulosa; base con pequeños surcos transversales, granulosos; canal estrecho y corto. Abertura oval, subcuadrangular, columnilla arqueada, cilindrácea. El borde derecho es muy grueso; siete denteladuras lo guarnecen. ~*Sassia bicincta.*

Familia Personidae.

Sassia bicincta

• **Género Distorsio, Roding, 1798.**
Concha mediana, gruesa, alargada, gibosa; vueltas irregularmente desviadas, convexas, con suturas muy irregulares; costillas axiales y cordones espirales; última vuelta con la mitad de la altura total, abombada; variz recubierta por el borde columnelar; abertura sinuosa, acanalada

en ambos ángulos; labio vertical, bordeado exteriormente por una estrecha variz con denticulaciones; columnilla hendida e inflexionada, con dos pliegues; borde columelar ampliamente dilatado, formando una lámina aplicada sobre la base. ~*Distorsio alvaradoi.*

Superfamilia Vanikoroidea.

Familia Hipponicidae.

Distorsio alvaradoi

• Género Hipponix, Defrance, 1819.
Caparazones muy variables por su modo de fijación sobre cuerpos extraños, difíciles de distinguir por no alcanzar su completo desarrollo; ornamentación por fuertes marcas de crecimiento excéntricas. ~*Hipponyx dilatatus.*

Superfamilia Epitonioidea.

Familia Epitoniidae.

Hipponyx dilatatus

• Género Amaea, Adams and Adams, 1853.
Concha puntiaguda, vueltas convexas, superficie regularmente reticulada; láminas axiales más salientes que los cordones espirales; entre dos cordones espirales se intercala un cordoncito secundario. ~*Amaea reticulata.*

Amaea reticulata

• Género Cirsotrema, Mörch, 1852.
Concha imperforada; lamelas axiales a veces rizadas, cordones espirales a veces gruesos; base con cordón concéntrico formado por la soldadura de los extremos engrosados de las láminas; cordón que termina en una aurícula anterior del peristoma. ~*Cirsotrema breviculum.*

• Género Epitonium, Bolten, 1798.

Cirsotrema breviculum

Epitonium (Crisposcala) acuminiense

• Subgénero Crisposcala, de Boury, 1886.
Concha turbinada, costillas axiales gruesas, laminares, regulares y anguladas; sutura profunda, aplanamiento en la parte posterior de las vueltas; última vuelta algo más pequeña que la espira; burlete grueso alrededor de la ranura umbilical; abertura redonda, peristoma doble interno/externo. ~*Epitonium (Crisposcala) acuminiense.*

SUPERFAMILIA EULIMOIDEA.

Familia Eulimidae.

• Género Niso, Risso, 1826.
Concha profundamente umbilicada, pulida, con ápice agudo; apertura angulosa; labro ligeramente sinuoso, oblicuo hacia delante. ~*Niso terebellata.*

Niso terebellata

• Género Eulima, Risso 1826.
Concha lisa, pulida, barnizada, imperforada; suturas poco diferenciables; abertura con bordes separados; borde columnar estrecho; labio arqueado. ~*Eulima subimbricata.*

Superfamilia Triphoroidea.

Familia Triphoridae.

Eulima subimbricata

• Género Triphora, Blainville, 1828.
Concha diestra o, más a menudo, siniestra, ápice liso, estilizado, cilíndrica o cónica, con hileras de tubérculos redondos o cuadrangulares, que se suceden formando costillas axiales; abertura, redondeada, a veces con escotadura cerca de la sutura, que puede formar una fisura o tubo, y labio inclinado hacia adelante, cerrando el canal, que se convierte en un tubo más o menos curvado. ~*Triphora singularis.*

Triphora singularis

• Género Cerithiella, Verrill, 1882.

Concha subulada, emparrillada; columnilla simple, sin pliegues en el centro; canal muy recurvado hacia atrás, rodeado por una torsión saliente de la columnilla; embrión liso. ~*Cerithiella clavus.*

Cerithiella clavus   *Cerithiopsis diozodes*

Familia Cerithiopsidae.

• Género Cerithiopsis, Hanley, 1849.

Concha turriculada, estrecha, en general enrejada, no varicosa, con canal corto y truncado, casi recto. ~*Cerithiopsis diozodes.*

CLADO NEOGASTROPODA.

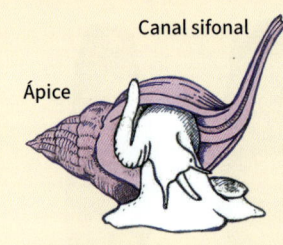

Canal sifonal

Ápice

Clado Neogastropoda

Superfamilia Buccinoidea.

Familia Buccinidae.

• Género Cominella, Gray, 1847.

Concha oval, alargada, transversalmente estriada, espiralmente acostillada, vueltas unidas por sutura acanalada; labio engrosado, agudo, dentado estriado por dentro. Doble más larga que ancha, de proporciones variables. ~*Cominella canaliculata.*

Cominella canaliculata

• Género Janiopsis, Rovereto, 1899.

Concha gruesa, mediana, fusoide o bucinoide, algo ventruda; espira alargada, con perfil cónico; protoconcha subglobulosa; vueltas convexas, con gruesas costillas que se suceden formando una pirámide retorcida, cruzadas por cordones espirales; última vuelta mayor que la mitad de la altura total, redondeada, base excavada prolongada en un cuello largo; abertura oval, con una escotadura en el ángulo posterior y en el lado anterior un canal corto, torcido y truncado; labio grueso, espesado por la última costilla axial e interiormente crenulado; columnilla excavada; borde columnar calloso. ~*Janiopsis parisiensis.*

Janiopsis parisiensis

• Género Cantharus, Röding, 1798.

Concha gruesa, corta, ancha, algo escotada; labio grueso, varicoso, sinuoso hacia atrás; columnilla callosa, arrugada, apenas torcida hacia adelante, a menudo provista hacia detrás con un pliegue tuberculoso bordeando el canal del ángulo inferior de la abertura. ~*Cantharus semiplicatus.*

Cantharus semiplicatus

• Subgénero Endopachychilus, Cossmann 1889.

Concha gruesa; columnilla lisa, torcida hacia delante, sin dientes hacia detrás; labio varicoso, grueso por dentro y tallado en bisel, con fuertes crenuladuras, canal corto, ancho, poco escotado. ~*Endopachylus costulatus.*

Familia Fasciolariidae.

• Género Clavilithes, Sowerby 1840.

Concha imperforada, gruesa, espira cónica; embrión liso, poligirado, terminado por un gran botón obtuso; última vuelta atenuada en la

Endopachychilus costulatus

base; canal muy largo, delgado, recto, no escotado; borde columnar calloso, arqueado hacia atrás, con uno o dos pliegues en el medio a menudo borrados, apenas inclinados hacia adelante, separados del canal. ~*Clavilithes noae.*

• **Género Fusus,**
Klein, 1753.
Concha imperforada, estrecha y alargada, espira acuminata, poligirada; abertura ovalada; labio delgado, arqueado, arrugado; columnilla lisa, borde separado; canal estrecho, muy largo, recto, no cerrado. ~*Fusus subulatus.*

• **Género Streptochetus,**
Cossmann, 1889.
Concha fusiforme, ápice obtuso, con costillas nodulares; apertura más corta que la espira; canal retorcido, bastante largo, con un gran cordón umbilical; columnilla excavada en el centro, inclinada hacia adelante, a veces lisa, a menudo con pliegues oblicuos, uno más saliente; labio ligeramente sinuoso, no muy grueso, liso. ~*Streptochetus aproximatus.*

• **Género Fusinus,**
Rafinesque 1815.
Concha alargada, estrecha, con espira puntiaguda de 13 a 14 vueltas convexas, con sutura simple y profunda; cordones espirales regulares y costillas axiales estrechas, distantes; última vuelta subglobulosa, convexa en la base que también tiene cordones espirales. Canal más corto que la espira, delgado, subcilíndrico. Abertura pequeña, oval-oblonga; columnilla recta cilíndrica, recubierta por el borde interno muy estrecho; borde externo fino y afilado, sinuoso lateralmente, con una denteladura donde acaban los cordones espirales. ~*Fusinus aciculatus.*

Clavilithes noae

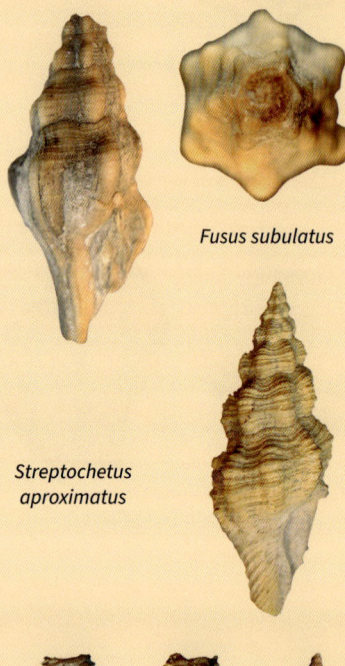

Fusus subulatus

Streptochetus aproximatus

Fusinus aciculatus

• Género Latirus, Montfort, 1810.

Concha fusiforme, con espira costulada, con abertura oblonga; canal más o menos largo, nunca escotado; borde columnar un poco torcido, provisto de pliegues a menudo poco visibles.

• Subgénero Latirulus, Cossmann 1889.

Concha estrecha, con espira alargada, con canal muy corto y curvado; las arrugas columnales transversales degeneran rápidamente en pliegues oblicuos; labro plisado. ~*Latirus (Latirulus) gouetensis.*

Latirus (Latirulus) gouetensis

Familia Melongenidae.

• Género Sycostoma, Cox, 1931.

Concha oval-oblonga, ventruda, estrechada en sus dos extremos; vueltas en espira puntiaguda, más corta que la última vuelta, lisa; sutura lineal, superficial; última vuelta muy ventruda; con estrías espirales; canal corto, poco profundo, ancho y algo oblicuo; abertura oval-oblonga; columnilla algo cóncava en longitud; borde izquierdo grueso y calloso; pequeña ranura umbilical, ángulo posterior agudo, se prolonga a la terminación de la sutura en un pequeño canal; borde externo delgado y afilado. ~*Sycostoma bulbiforme.*

Sycostoma bulbiforme

• Género Melongena, Schumacher, 1817.

Concha mediana con espiral escalonada con un ángulo obtuso en el centro del perímetro de sus vueltas; costillas axiales gruesas; cordones espirales entrecruzados; rampa bajo la sutura; las costillas prosiguen en la base pero se diluyen en el ápice del canal; abertura en forma de gota con un largo canal posterior. ~*Melongena bonnetensis.*

Melongena bonneteensis

Superfamilia Muricoidea.

Familia Muricidae.

• Género Crassimurex, Merle, 1990.

Concha mediana; espira baja; costillas espinosas en la última vuelta; cordones espirales; abertura ovoide a subcircular; borde columnar extendido; labro recto, interiormente liso o lirado; canal sifonal corto, largo y abierto; ranura umbilical ancha; protoconcha cónica, multiespiral (tres vueltas) con vueltas convexas y con pequeño núcleo. ~*Crassimurex crispus.*

Crassimurex crispus

• Género Murex, Linneo, 1758.

Concha oblonga, con espira saliente; vueltas ornadas con varices axiales continuas, gruesas, foliaceas o tuberculosas; abertura oval; canal más o menos largo, a veces cerrado. ~*Murex subfrondosus.*

Murex subfrondosus

• Género Pterynotus, Swainson, 1833.

Concha trigonal, canal largo, casi cerrado; tres varices foliaceas se suceden de una vuelta en otra. ~*Pterynotus contabulatus.*

Pterynotus contabulatus

• Género Trophon, Montfort, 1810.

Concha libre, univalva, globulosa, alargada, espira alta, la última vuelta excediendo a las otras; abertura redondeada, ensanchada; columnilla estrecha, sin pliegues; labro exterior afilado, hojoso o plisado; base umbilicada y canal corto, en gotera. ~*Trophon nysti.*

Trophon nysti

• Género Purpura, Bruguière, 1789.

Concha espinosa o tuberculada; abertura terminada en la base por un canal muy corto por una pequeña escotadura oblicua; grueso pliegue columnar. ~*Purpura monoplex.*

Purpura monoplex

Typhis vaquezi

• **Género Typhis, Montfort, 1810.**
Pequeños caparazones de forma poliédrica con varices laminares y espinas de forma tubular. ~*Typhis vaquezi.*

Familia Turbinellidae.

• **Género Ptychatractus, Stimpson, 1865.**
Concha fusiforme, con surcos, espira alta y puntiaguda; abertura oval; labro agudo; columnilla arqueada, con varios pliegues oblicuos hacia delante, cerca de la torsión; canal corto, recurvado hacia el eje. ~*Ptychatractus interruptus.*

Ptychatractus interruptus

Familia Cystiscidae.

• **Género Persicula, Schumacher, 1817.**
Concha oval, con la espira deprimida; abertura lineal, acanalada hacia delante y hacia atrás; labro externo con reborde; en lugar de labro interno un callo cerca de la escotadura posterior; columnilla recta, algo convexa por detrás, con cuatro grandes pliegues, y algunos pequeños posteriores, casi borrados. Vértice cubierto por un callo pequeño con una proyección más o menos visible. ~*Persicula angystoma.*

Persicula angystoma

Familia Harpidae.
Concha ovalada, bulbosa, con costillas regulares, con una aguja corta y aguda; abertura grande, oblonga y dentada; labro no reflejado, engrosado por la última costilla; margen columnar calloso.

Eocithara elegans

• **Género Eocithara, Fischer, 1883.**
Sutura cubierta por la extensión de las costillas; callo columnar sobresaliente y elevado. ~*Eocithara elegans.*

Familia Marginellidae.

• Género Marginella, Lamarck, 1799.

Concha con espiral saliente, con ápice obtuso, con suturas barnizadas; abertura estrecha, no escotada hacia adelante; labro grueso, con reborde exterior; cuatro o cinco pliegues columnares; el anterior, muy oblicuo, rodea la apertura y se une al labro. *~Marginella amphora.*

Marginella amphora

• Género Volvarinella, Habe, 1951.

Concha estrecha, bicónica, con ápice agudo, con cinco vueltas de espira algo convexas, algo deprimidas en su parte posterior; suturas casi invisibles; última vuelta oval, algo puntiaguda en su parte anterior. Boca igual, cuando menos, a los dos tercios de la longitud total de la concha; columnilla con cuatro pliegues; labro grueso, bordeado de un reborde saliente, casi paralelo al eje de la concha y un poco sinuoso en su parte posterior. *~Volvarinella eburnea.*

Volvarinella eburnea

• Subgénero Cryptospira, Hinds, 1844.

Concha oval o globulosa, con espira corta, cinco o seis gruesos pliegues columnares; extremo anterior recubierto por una cinta callosa o limbo, cuyo límite posterior corresponde al tercer o cuarto pliegue, rodea el canal ampliamente escotado y alcanza el labro que es grueso, sin reborde, a menudo crenulado. *~Cryptospira aragonensis.*

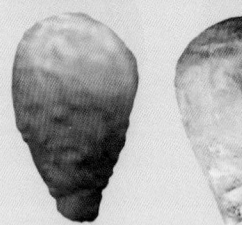

Cryptospira aragonensis

Familia Costellariidae.

• Género Conomitra, Conrad, 1865.

Concha bicónica, lisa, acostillada o reticulada, con el ápice papiloso; labro fino, vertical, surcado; columnilla con cuatro o cinco pliegues. *~Conomitra vincenti.*

Familia Mitridae.

Conomitra vincenti

Mitraria parisiensis

Volvaria cylindrica

Volutocorbis pirenaica

Athleta bericorum

• **Género Mitraria, Rafinesque, 1815.**
Concha gruesa, sólida, lisa, con surcos o costillas, abertura estrecha, escotada hacia delante; columnilla oblicuamente plisada, labro simple, habitualmente espesado, no plisado en el interior. ~*Mitraria parisiensis.*

• **Género Volvaria, Lamarck, 1810.**
Concha cilíndrica, envolvente, espira encubierta o poco prominente; abertura muy estrecha, acanalada hacia delante; columnilla no callosa, con algunos pliegues oblicuos. ~*Volvaria cylindrica.*

Familia Volutidae.

• **Género Volutocorbis, Dall, 1890.**
Concha pequeña, oval, fusoide, algo ventruda; espira cónica, algo alargada y escalonada; vueltas poco convexas, con suturas lineales, excavadas; costillas, axiales y franjas espirales, en su intersección pequeñas denticulaciones; las dos primeras franjas forman una doble corona junto a la sutura; última vuelta ventruda, fusoide en su parte anterior, base algo excavada; canal desarrollado; las costillas se desdibujan en la base, mientras que las franjas espirales se hacen más fuertes; abertura oval, alargada, estrecho canal posterior; labio delgado y cortante; columnilla poco excavada y algo acodada, con tres pliegues; callosidad parietal reducida; borde columnar ancho. ~*Volutocorbis pirenaica.*

• **Género Athleta, Conrad, 1853.**
Concha bulbosa, con forma de pera; sutura plana, crenulada; última vuelta 3/4 de la altura total; embrión en gota, resto de las vueltas con nervios longitudinales que generan espinas; abertura rectangular; columnilla engrosada con tres pliegues oblicuos, igualmente fuertes; también genera dos bandas estrechas, ligeramente curvadas, en el exterior de la concha, alrededor del canal. ~*Athleta bericorum.*

• Género Cymbiola, Swainson, 1831.

Concha grande, alargada, bicónica, espira con ápice obtuso, vueltas con un ángulo obtuso en la parte posterior; espiral con vueltas estrechas; la base de la última vuelta es algo convexa, se estrecha hacia delante en una escotadura ancha y profunda; superficie exterior sin signos de ornamentación ni axial ni espiral, parece ser casi lisa, salvo las estrías de crecimiento; abertura alargada, con un ángulo profundo, bordes casi paralelos; el externo simple, la columnilla recta y gruesa con cuatro pliegues; el borde interno espeso, ancho, cubre la base de la columnilla. ~*Cymbiola rigaultiana.*

Cymbiola rigaultiana

• Género Plejona, Röding in Bolten, 1798.

Concha pequeña, corta, oblonga; con vueltas estrechas de lento crecimiento, divididas por un ángulo agudo, detrás del que se forma una rampa; costillas anchas y poco prominentes se extienden de una a otra sutura y generan un tubérculo espiniforme en el ángulo; última vuelta dos veces tan alta como la espira, es corta, ventruda, con finas estrías de crecimiento, y pueden existir costillas axiales hasta el extremo anterior; contorneada hacia delante, la última vuelta muestra una escotadura estrecha y profunda; abertura estrecha, alargada, estrechada por sus extremos; borde externo simple y afilado; columnilla gruesa con cuatro pliegues. ~*Plejona wateleti.*

Plejona wateleti

• Género Voluta, Linneo, 1758.

Concha oblonga, sólida, gruesa, con ápice mamelonado; columnilla con pliegues hacia delante; labro simple, generalmente grueso. ~*Voluta proboscidifera.*

Voluta proboscidifera

300

Lyria branderi

• Género Lyria, Gray, 1847.

Concha oval, con espira puntiaguda, acostillada, abertura estrecha, columnilla plisada en toda su longitud, con sus pliegues anteriores grandes y oblicuos, y los posteriores pequeños, finos y horizontales; labro grueso y varicoso. *~Lyria branderi.*

Superfamilia Olivoidea.

Familia Olividae.

Ancillarina canalifera

• Género Ancillarina, Bellardi, 1882.

Concha alargada, estrecha, cilindro-cónica, espira corta; suturas acanaladas; abertura dilatada hacia delante y ampliamente escotada; labro agudo, subdenticulado, borde columnar muy calloso hacia atrás, oblicuamente plegado hacia delante. *~Ancillarina canalifera.*

Ancillaria aperta

• Género Ancilla, Lamarck 1799.

Concha oblonga, con vueltas a menudo esmaltadas; abertura festoneada; surco dorsal bajo la lámina; zona vidriada más o menos ancha debajo de este surco; margen columnar excavado, calloso; labro un poco sangrado en la sutura. *~Ancillaria aperta.*

Olivancillaria bartoniensis

• Género Olivancillaria, D'Orbigny, 1839.

Concha mediana, fuerte, ovoide-cónica; espira conoide, puntiaguda, corta; vueltas lisas y brillantes; sutura estrechamente fisurada; protoconcha con núcleo redondeado y dos primeras vueltas; la última vuelta forma la mayor parte de la concha, es ovoide, ventruda y con zona callosa en su base, con cinco pliegues oblicuos; líneas de crecimiento finas en toda la superficie; boca subtriangular alargada, hendida por su parte anterior; columnilla larga, oblicua, con cuatro pliegues. *~Olivancillaria bartoniensis.*

Superfamilia Conoidea.

Familia Conidae.

• **Género Conus,**
Linneo, 1758.
Concha fina y frágil, larga y estrecha, espira en cono corto; vueltas con un ángulo agudo; sutura simple; cordones espirales reticulados con las estrías de crecimiento; última vuelta cinco veces más alta que la espira, cónica, con el perfil de la base ligeramente curvado; base cubierta de surcos espirales, salvo partes pulidas por desgaste; abertura alargada, estrecha, con bordes paralelos; borde externo fino y afilado; acanaladura ancha y profunda. ~*Conus derelictus.*

Conus delerictus

• **Género Cryptoconus,**
Koenen, 1867.
Concha bicónica, con espira alta, lisa o con surcos; abertura estrecha, con bordes casi paralelos; canal anterior largo o corto; labro muy arqueado, muy escotado por una sinuosidad triangular delante de la sutura; borde columnar calloso, liso, que a veces esconde la hendidura umbilical, torcido hacia el tercio anterior de su altura, hundiéndose en el medio, en la abertura. ~*Cryptoconus unifascialis.*

Cryptoconus unifascialis

• **Género Conorbis, Swainson, 1840.**
Concha bicónica y ventruda, con embrión liso y mamelado, con espira alta, más corta que la abertura, que tiene bordes paralelos; labro fino, arqueado, escotado cerca de la sutura; columnilla torcida hacia delante con un pliegue calloso, acompañado de un burlete separado por una hendidura umbilical; las paredes internas de las vueltas de espira adelgazadas, casi reabsorbidas. ~*Conorbis dormitor.*

Conorbis dormitor

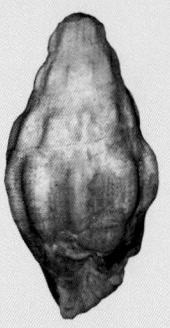

Borsonia bellardi

Asthenotoma cossmanni

Domenginella lyra

• **Género Borsonia,
Bellardi, 1839.**

Concha fusiforme, nodulosa, con espira más alta que la abertura; seno poco profundo, coincidiendo con el pliegue que se solapa en la sutura; canal anterior ancho; columnilla callosa, con uno o dos pliegues obsoletos, rehundidos. ~*Borsonia bellardi.*

• **Género Asthenotoma,
Harris Burrows, 1891.**

Concha turriculada; embrión obtuso, canal corto; borde columnar calloso, torcido hacia delante, con un pliegue en la torsión; escotadura poco profunda, distante de la sutura; labro plegado al interior. ~*Asthenotoma cossmanni.*

• **Género Domenginella,
Vokes, 1939.**

Concha fusiforme, ventruda, bicónica; espira con ocho vueltas anchas, algo convexas; rampa posterior acanalada, lisa; costillas longitudinales en el resto de la vuelta, finas, oblicuas; abertura estrecha, oblonga; bordes son casi paralelos; columnilla recta, cilindrácea y terminada por un canal muy corto, casi recto; borde muy fino, arqueado hacia delante y con acanaladura triangular posterior. ~*Domenginella lyra.*

Subfamilia Mangeliinae.

Conchas pequeñas a medianas, ovales, fusiformes; espira baja, angulación posterior frecuente; escultura espiral y axial bien desarrolladas; seno posterior profundo en la rampa subsutural, raramente tubular; abertura normalmente no engrosada; canal corto a largo; protoconcha multiespiral, de hasta cinco vueltas, acanalada axialmente; con o sin cordones espirales.

• Género Mangelia, Loven, 1846.

Concha fusiforme, corta; espira poco alta; vueltas escalonadas; costillas axiales; abertura lineal, labro varicoso; seno labial bien marcado; canal corto, recto, truncado en la base; sin opérculo. ~*Mangelia* sp.

• Género Raphitoma, Monterosato, 1884.

Concha acostillada y subangulosa; embrión liso, poligiro y puntiagudo; canal ancho, corto, poco flexionado; escotadura profunda, entallada cerca de la sutura. ~*Raphitoma baudoni.*

Familia Clavatulidae.

**• Género Turricula,
Schumacher, 1817.**

Concha turriculada, ahusada; abertura oval, oblonga; el pico casi largo, conoide, muy poco curvado a la derecha; canal abierto; labio externo cortante, profundamente escotado por detrás; labro interno casi desaparecido. Columnilla sinuosa, retorcida, imperforada. ~*Turricula textiliosa.*

**• Género Apiotoma,
Cossmann, 1889.**

Concha estrecha y alargada, con embrión mamelado, con canal recto, muy estrecho y alargado, con espira relativamente corta; entallamiento poco profundo, contiguo a la sutura. ~*Apiotoma revillae.*

• Género Knefastia, Dall, 1919.

Concha alargada, fusiforme, seis o siete costillas axiales poco gruesas en cada vuelta, que se corresponden del ápice a la base, la hacen poligonal; espira puntiaguda, larga; nueve o diez vueltas; convexas, subangulosas en el centro

Mangelia sp.

Raphitoma baudoni

Turricula textiliosa

Apiotoma revillae

Knefastia polygona

Drillia balneorum

Pleurotoma conulus

Eopleurotoma fontbotae

Bathytoma curognae

Crassispira sp.

con estrías espirales muy finas; última vuelta prolongada en canal estrecho y contorneado. Abertura pequeña, ovalada; columnilla, cilindrácea, con labro interno estrecho y fino; labro externo frágil, arqueado, acaba atrás en una escotadura ancha, triangular y poco profunda. ~*Knefastia polygona.*

• **Género Drillia, Gray, 1838.**
Concha turriculada, con espira mucho más larga que la última vuelta; abertura, con canal corto y curvado; escotadura vecina de la sutura; labro sinuoso. ~*Drillia balneorum.*

• **Género Pleurotoma, Lamarck, 1799.**
Concha turriculada, fusiforme, con canal más o menos alargado; labro arqueado, profundamente entallado; columnilla lisa. ~*Pleurotoma conulus.*

• **Género Eopleurotoma, Cossmann, 1889.**
Espira alargada, con embrión obtuso; varices angulosas, perladas a la sutura, canal medianamente alargado, un poco torcido; escotadura apartada de la sutura. ~*Eupleurotoma fontbotae.*

• **Género Bathytoma, Harris & Burrows, 1891.**
Concha ventruda, con canal poco alargado, con columnilla torcida, con seno profundo, separado de la sutura. ~*Bathytoma curognae.*

• **Género Crassispira, Swainson, 1840.**
Concha claviforme, con embrión obtuso, tuberculoso o granuloso; canal muy corto; columnilla callosa; labro a menudo espeso, escotadura cerca de la sutura. ~*Crassispira* sp.

• **Género Thesbia,**
Jeffreys, 1867.
Concha fina, con vueltas convexas, con embrión obtuso y desviado; escotadura casi nula; abertura dilatada; canal corto, truncado. ~*Thesbia microtoma.*

Superfamilia Cancellarioidea.

Familia Cancellariidae.

Thesbia microtoma

• **Género Admete,**
Müller, 1842.
Concha ovalada, diáfana, frágil; abertura ovalada; anteriormente apenas submarginada; columnilla arqueada, oblicuamente truncada; labro tenue, derecho. ~*Admete evulsa.*

ORDEN HETEROBRANCHIA.

Superfamilia Acteonoidea.

Familia Acteinidae.

Admete evulsa

• **Género Tornatellaea,**
Conrad, 1860.
Concha mediana, oval; espira cónica, puntiaguda, su altura como la de la última vuelta; seis o siete vueltas estrechas, convexas, sutura simple y superficial. Última vuelta grande, globulosa, obtusa en la base; toda la superficie con estrías espirales; abertura larga y estrecha terminada atrás en un ángulo profundo; hacia delante es más alargado; su borde es simple, fino y frágil. La columnilla es corta, cilíndrica; tiene dos pliegues oblicuos, iguales, de los cuales el primero hacia delante forma una truncadura columnar. ~*Tornatellaea parisiensis.*

Tornatellaea parisiensis

Solarium yebrensis

Superfamilia Architectonicoidea.

Familia Architectonicidae.

• Género Solarium, Lamarck, 1799.
Concha con núcleo oblicuo, heterostrofo, ampliamente umbilicada, deprimida, angulosa en la periferia; carena umbilical crenulada, formando un seno en la base de la columnilla; labro agudo. ~*Solarium yebrensis.*

Nipteraxis dameriacensis

• Género Nipteraxis, Cossmann 1916.
Concha aplanada, sub-bicarenada en la periferia; con creneladuras más subgranulosas que aplanadas; suturas acanaladas; en la última vuelta, carena periférica más saliente que las dos que la cobijan; base excavada, periferia del ombligo con franjas compuestas de listones radiantes, separadas por surcos. Abertura subpentagonal, acanalada en su interior como la de *Solarium.* ~*Nipteraxis dameriacensis.*

Torinia grandis

• Género Torinia, Gray, 1842.
Concha discoidal, superficie superior cónica convexa, opérculo cónico, multiespiralada, con bordes proyectados. ~*Torinia grandis.*

Stellaxis bistriata

• Género Stellaxis, Dall, 1892.
Concha cónica, aplanada; vueltas numerosas, suturas lineales acompañadas de surcos espirales; resto de la superficie lisa, excepto estrias de crecimiento; la última vuelta ocupa la mitad de la altura total, provista de una carena lisa en la periferia de la base, que es aplanada, salvo un filete separado de la carena por una ranura concéntrica; ombligo grande con paredes ortogonales; abertura romboidal; columnilla rectilínea. ~*Stellaxis bistriata.*

• **Género Discohelix, Dunker, 1847.**

Concha discoidal, deprimida; espira plana o cóncava, bicarenada en la periferia; ancho ombligo, ocupa toda la base. ~*Discohelix* sp.

Superfamilia Pyramidelloidea.

Familia Pyramidellidae.

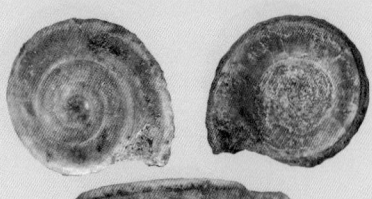

Discohelix sp.

• **Género Pyramidella, Lamark, 1799.**

Concha subulada, ornada de costillas espirales; columnilla con tres pliegues, los dos anteriores pequeños; abertura subescotada hacia delante; región umbilical bordeada por un cordón saliente. ~*Pyramidella terebellata*.

ORDEN CEPHALASPIDEA.

Pyramidella terebellata

Superfamilia Bulloidea.

Familia Bullida.

• **Género Acrocolpus, Cossmann, 1895.**

Concha maciza, globosa, involuta y perforada a su vez; abertura dilatada hacia adelante; margen columnar calloso, regularmente arqueado, simple, sin pliegues ni torsión. ~*Acrocolpus plicatus*.

Superfamilia Philinoidea.

Familia Philinidae.

Acrocolpus plicatus

• **Género Philine, Ascanius, 1772.**

Concha desenrollada, abertura dilatada hacia delante, contraída hacia atrás; espira recubierta por una callosidad; borde columnar fino ~*Philine expansa*.

Familia Cylichnidae.

Philine expansa

Scaphander conicus

Cylichna venusta

Auricula monthiersi

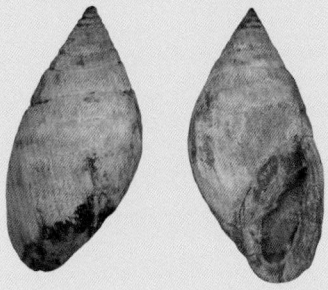

Ellobium heberti

• **Género Scaphander, Monfort, 1810.**
Concha estríada, con espira involuta, oculta por la vuelta posterior; abertura amplia, dilatada hacia delante, desprovisto de columnilla; borde columnar fino, no plisado. ~ *Scaphander conicus.*

• **Género Cylichna, Loven, 1846.**
Concha cilíndrica o subcónica, truncada en el ápice, con la espira envuelta y umbilicada; abertura estrecha, algo dilatada hacia delante; columnilla torcida, simulando un pliegue más o menos visible. ~ *Cylichna venusta.*

Orden Eupulmonata.

Superfamilia Ellobioidea.

Familia Ellobiidae.

• **Género Auricula, Lamarek, 1799.**
Concha ovoide, rechoncha, comprimida; espira conoide; vueltas convexas, de estrechas a más altas, plegadas y subnudosas hacia la sutura posterior; última vuelta oval, redondeada en la base, que es perforada, con una variz opuesta a la abertura, ornada de arrugas finas que dan lugar a nudosidades sobre el reborde sutural; abertura corta, estrecha; labio delgado al exterior y engrosado en su parte interna, con un hinchamiento dentiforme hacia atrás; columnilla corta, excavada, con dos pliegues, y en el ángulo posterior existe un diente parietal aislado. ~ *Auricula monthiersi.*

• **Género Ellobium, Röding, 1798.**
Concha gruesa elipsoide a ovoide; espira cónica, vueltas aplanadas; ornamentación tenue; abertura con dientes columnales y parietales, labro grueso y extendido. ~ *Ellobium heberti.*

Orden Hygrophila.

Superfamilia Lymnaeoidea.

Familia Lymnaeidae.

• Género Lymnaea, Lamarck, 1799.

Concha ovalada–aguda y lisa; con siete u ocho vueltas, con la parte posterior aplanada; última vuelta ventricosa; líneas de crecimiento visibles; abertura oval, grande, casi tan larga como la espira; la parte anterior algo contraída, dando una forma subfusiforme a la cáscara; pliegue columnar grueso y redondeado; a veces presenta un margen anterior más bien afilado; ligeramente retorcido. ~*Lymnaea fusiformis deformis.*

Lymnaea fusiformis deformis

SUBCLASE PULMONATA.

Superfamilia Helicoidea.

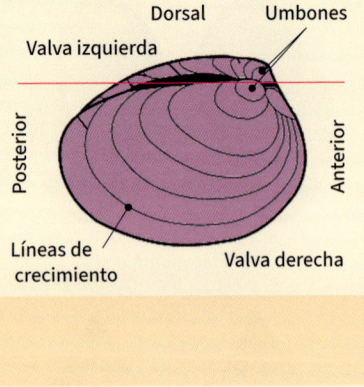

Helix sp.

Familia Helicidae.

• Género Helix, Linneo, 1758.

Concha variable, con el ápice obtuso, peristoma oblicuo, simple o reflejado, algunas veces dentado. ~*Helix* sp.

CLASE BIVALVIA.

SUBCLASE PROTOBRANCHIA.

Orden Nuculida.

Conchas equivalvas, con las dos valvas iguales, que se cierran en todo su contorno, con las dos impresiones musculares iguales, y la bisagra con una doble alineación de dientecillos semejantes y paralelos; ligamento a ambos lados del umbo.

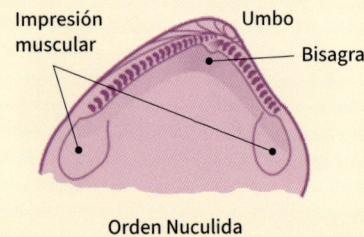

Orden Nuculida

Nucula parisiensis

Superfamilia Nuculoidea.

Familia Nuculidae.

Concha equivalva, con las valvas iguales entre sí, pero asimétricas o inequilaterales, es decir, con el lado anterior alargado y el posterior truncado. Nacarado en el interior, con el ligamento interno en una pequeña concavidad oblicua, con resilifer presente, y con la impresión paleal entera. Umbos girados hacia la parte posterior.

• **Género Nucula, Lamarck, 1799.**
Concha ovalada, normalmente con periostraco pulido; cosmopolita; estrías longitudinales y margen crenulado en ambas valvas. ~*Nucula parisiensis, N. lunulata.*

Familia Manzanellidae.

Conchas pequeñas, sin ornamentación, forma nuculoide, con ápices centrados tras el borde dorsal; no nacaradas; ligamento externo desplazado a la parte posterior; dentición con una serie de cardinales taxodontos y un diente lateral anterior en cada valva; línea paleal entera.

• **Género Nucinella, Wood, 1851.**
Oblicuamente ovalados, inequilaterales, opistogiros girados en dirección posterior; surco del ligamento corto, estrecho; con o sin expansión angular de los extremos de la charnela. ~*Nucinella laevigatus.*

Nucinella laevigatus

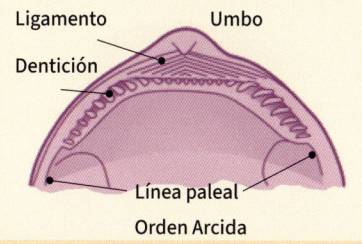

Ligamento   Umbo

Dentición

Línea paleal

Orden Arcida

Orden Arcida.

Superfamilia Arcoidea.

Familia Arcidae.

Subtrapezoidales a ovaladas, generalmente equivalvas, inequilaterales; bisagra taxodonta, con serie dental casi recta o arqueada, con numerosos dientes rectos o en forma de V, que disminuyen de tamaño hacia el centro; ligamento duplivincular, su inserción forma patrones en V.

• **Género Arca, Linneo, 1758.**
Alargadas, subtrapezoidales a rectangulares, muy inequilaterales, expandidas o auriculadas posteriormente, carena posterior umbonal prominente; área cardinal amplia, cubierta del todo por los ligamentos; series dentales largas y casi rectas; superficie con esculpido radial, muy definida. ~*Arca granulosa.*

Arca granulosa

• **Género Barbatia, Gray, 1842.**
Concha pequeña, alargada, ovoide, inequilateral, generalmente equivalva; terminaciones redondeadas o subangulares y ligeramente ampliadas; carena umbonal baja, área cardinal baja, ranuras ligamentosas estrechas, costillamiento abundante, en algunas formas obsolescente. ~*Barbatia articulata.*

Barbatia articulata

Familia Noetiidae.

SUBFAMILIA STRIARCINAE.
Conchas pequeñas, ovoides, subequiláterales, con ápices medianos; acostilladas; ligamento a ambos lados del ápice, con zona cardinal libre de ligamentos.

• **Género Arcopsis, Koenen, 1885.**
Con un ligamento corto, confinado a un hoyo o resilifer triangular, poco profundo debajo de los ápices. Superficie acostillada. ~*Arcopsis* sp.

Familia Glycymerididae.
Conchas adultas de vida libre, no bisados, subtrigonales a subcirculares, equivalvas, equiláteras,

Arcopsis sp.

Glycymeris jacquoti

Limopsis subscalaris

Vasconella sp.

cáscaras gruesas; área cardinal amplia, ligamento a ambos lados de los ápices, con una o más acanaladuras en V; placa de bisagra amplia, serie dental arqueada, con dientes taxodontos robustos en los extremos que disminuyen hacia el centro.

• **Género Glycymeris, Da Costa, 1778.**
Subcirculares a subquadrangulares, ligamento a ambos lados de los umbos, superficie lisa o costillada, márgenes ventrales internamente estriados. ~*Glycymeris jacquoti.*

Superfamilia Limopsoidea.
Orbicular a ovoide-oblicua, generalmente sin crestas umbonales; lisa o con ornamentos radiales.

Familia Limopsidae.
Conchas pequeñas, circulares a subtrigonales, con los bordes cerrados; hoyo ligamentario o resilifer triangular bajo el ápice, en el área cardinal; dentición taxodonta, radial, con dos series más o menos simétricas.

• **Género Limopsis, Saw, 1827.**
Orbicular, casi equilateral, habitualmente con una ligera oblicuidad hacia delante. Sin ornamentación radial, interior de los bordes no crenulados. ~*Limopsis subscalaris.*

• **Género Vasconella, Boussac, 1911.**
El plano cardinal curvado con dientes muy oblicuos hace a este género muy próximo a *Glycymeris*; se distingue por tener una foseta que no rebasa el ligamento, pero que sí divide el plano cardinal en dos. Además las conchas tienen forma muy inequilateral y desarrollan extensiones alares a ambos lados de los ápices. ~*Vasconella* sp.

ORDEN MYTILOIDA.

Equivalva y muy inequilateral; bisada, epifaunal o excavadora; impresiones musculares diferentes; ligamento posterior extendido posteriormente; concha prismático-nacarada; línea paleal completa.

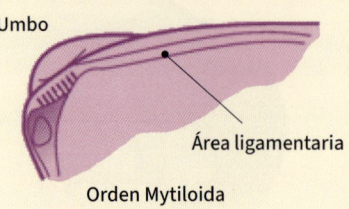

Umbo

Área ligamentaria

Orden Mytiloida

Superfamilia Mytiloidea.

Equivalva, inequilateral, umbos próximos al extremo anterior, capa externa de la cáscara con finas fibras radiales, capa interna nacarada; ligamento posterior, alargado, hundido, conecta las valvas desde crestas resiliales calcificadas contiguas al margen dorsal; superficie con diferentes esculturas en áreas anterior, media y posterior.

Familia Mytilidae.

• Género Perna, Retzius, 1788.

Conchas oblongas, mitiliformes; lúnula girada hacia adentro formando uno o dos «dientes» en forma de puente con una charnela corta girada hacia atrás y un margen posterior plano, inequilateral; puente resilial perforado; ausencia de músculo aductor anterior y músculo retractor anterior en posición anterior. ~*Perna incavata*.

Perna incavata

• Género Mytilus, Linneo,1758.

Conchas cuneiformes, alargadas, picos terminales, lúnula con pliegues radiantes que forman dientes disodontos; ligamento lineal, marginal y subinterno; cicatriz del músculo retractor anterior alargada, detrás del umbo; aductor anterior pequeño; márgenes no almenados, superficie lisa o con nervios radiales. ~*Mytilus affinis*.

Mytilus affinis

Subfamilia Crenellinae.

Redondeada a modioliforme; umbos cerca del extremo anterior; borde de la bisagra engrosado, estriado verticalmente o con dientes disodontos; superficie con escultura radial, comúnmente ausente en el área media, a veces lisa.

Acroperna radiolata

• Género Arcoperna, Conrad, 1865.

Concha fina, oval, oblonga, inflada; umbos terminales, curvados; superficie con finas estrías radiales, bordes crenulados; bisagra sin dientes; ligamento estrecho, alargado y marginal. ~*Arcoperna radiolata.*

Subfamilia Lithophaginae.

Más o menos alargadas, cilindráceas, umbos ligeramente por detrás del extremo anterior, los márgenes de bisagra generalmente lisos, periostraco comúnmente con incrustaciones calcáreas.

Lithophaga sublithophaga

• Género Lithophaga, Röding, 1798.

Cilindráceas, estrechadas en sentido posterior, umbos cerca del extremo anterior; lisas o con estrías verticales; periostraco fuerte, habitualmente cubierto por incrustaciones calcáreas; ligamento hundido; bisagra desdentada; márgenes lisos. ~*Lithophaga sublithophaga.*

Subfamilia Modiolinae.

Típicamente modioliforme, umbos cerca del extremo anterior; margen de la bisagra liso o finamente estriado verticalmente; la superficie de la concha por lo general carece de escultura radial; periostraco comúnmente barbado.

Modiolus undulatus

• Género Modiolus, Lamarck, 1801.

Conchas infladas, redondeadas en sentido anterior, umbos obtusos, claramente detrás del extremo anterior; línea de la bisagra lisa, ligamento bastante largo; periostraco comúnmente barbado. ~*Modiolus undulatus.*

• **Género Brachidontes, Swainson, 1840.**

Mitiliformes, umbos terminales o casi terminales, esculpido radial con costillas bifurcadas, ligamento relativamente corto, con dientes disodontos antes y después del ligamento. ~*Brachidontes rigaulti.*

Superfamilia Pteriacea.

Modiolus undulatus

Familia Pteriidae.

Oblicuas, ovaladas a suborbiculares; proyecciones triangulares alares a cada extremo de la bisagra recta; inequivalvas, valva izquierda más inflada; ala anterior más pequeña, con muesca del biso debajo en valva derecha; dientes cortos cerca de umbos; impresión del aductor posterior; línea paleal discontinua; escultura variable, lisas.

• **Género Electroma, Stoliczka, 1871.**

Alargadas y oblicuas, delgadas, inequivalvas; bisagra recta y corta. Ala posterior casi inexistente. ~*Electroma hornesi.*

Electroma hornesi

Familia Malleidae, Lamarck 1819.

Valvas cementadas con o sin biso; márgenes abiertos o muesca posterior; área triangular ligamentosa, interna a externa, en hoyo triangular; una sola impresión muscular; interior nacarado.

• **Género Isognomon, Lightfoot, 1786.**

Subequivalvas, más altas que anchas, comprimidas; umbo en sentido anterior; ligamentos anchos, planos y ranurados; estrecha abertura del biso presente por debajo de los umbos. ~*Isognomon lamarckii.*

Isognomon lamarckii

Vulsella
exogyra

Vulsellopsis
douvillei

Heligmina
uncinata

• **Género Vulsella,**
Röding, 1798.

Concha alargada dorso-ventralmente, lingui-forme, subequivalva, comprimida, abierta anterior y posteriormente; orejas pequeñas o ausentes; cicatriz muscular pequeña; superficie con lamellas concéntricas, nervadura radial presente en algunas formas; formas vivientes no bisilíferas. ~*Vulsella exogyra.*

• **Género Vulsellopsis,**
Douvillé, 1907.

Subequivalva, linguiforme; valvas separadas postero-dorsalmente, donde los márgenes tienen proyecciones dentadas o redondeadas; área ligamentaria bastante ancha; cicatriz muscular alta, estrecha; superficie con laminillas concéntricas u ondulaciones. ~*Vulsellopsis douvillei.*

• **Género Heligmina,**
Douvillé, 1907.

Ovaladas a subtrigonales, más altas que largas, concha izquierda inflada, derecha plana, ambas con seno redondeados desde el margen postero-dorsal a la cicatriz del músculo; área ligamen-tosa triangular; superficie concéntricamente lamellosa. ~*Heligmina uncinata.*

ORDEN OSTREIDA.

SUBORDEN OSTREIDINA.

Con una sola impresión muscular; en general cimentadas en la valva izquierda; cáscara calcítica, foliácea; línea paleal entera.

Superfamilia Ostreacea.

Cáscaras foliáceas postlarvarias, inequivalvas, desdentadas, área ligamentaria dividida en tres partes y, en su centro, el resilifer.

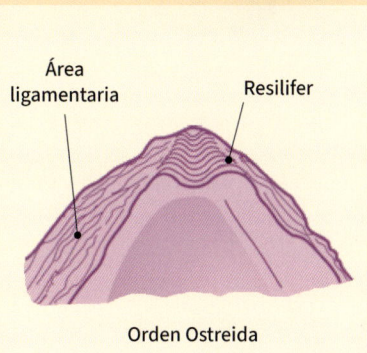

Área
ligamentaria   Resilifer

Orden Ostreida

Familia Griphaeidae.

Valvas desiguales. Área de fijación en valva izquierda. Cavidad umbonal de valva izquierda poco profunda, llena de materia sólida. Área ligamentaria poco alta.

• Género Pycnodonte, Fischerwaldheim, 1835.

Pequeñas a grandes. Valva izquierda (VIz.) convexa, con umbo curvado; área de fijación. Repisa comisural prominente; chomata y vermiculado. Sulcus posterior radial de ausente a ancho y poco profundo a amplio y profundo. Escamas de crecimiento muy próximas. Nervios radiales de VIz. de ausentes a bien definidos. Pliegues concéntricos o ronchas paralelas a las líneas de crecimiento presentes o ausentes en VIz. ~*Pycnodonte brongniarti*.

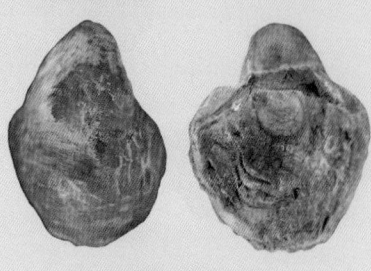

Pycnodonte brongniarti

• Género Hyotissa, Stenzel, 1971.

Concha mediana a grande, valvas subiguales y de forma similar esculpidas, valva izquierda poco más convexa y de mayor capacidad que derecha, contorno suborbicular; área de fijación grande; plisada en la comisura en prolongación de fuertes nervios radiales, plegados e irregularmente dicotómicos, cuyas cimas son redondeadas y marcadas por el crecimiento de escamas como espinas *hyote*; chomata largas, vermiculadas y arborescentes, en ocasiones dividiéndose en tubérculos. ~*Hyotissa martinsi*.

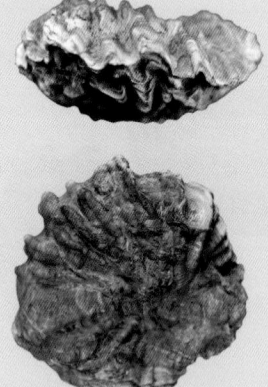

Hyotissa martinsi

Familia Ostreidae.

Impresión del músculo posterior reniforme o de media luna. Valvas subiguales a muy desiguales, con grandes a pequeñas áreas de fijación, sin ranura posterior radial.

• Género Ostrea, Linneo, 1758.

Conchas medianas a grandes, orbiculares, umbos poco prominentes, obtusos, a veces flanqueados por aurículas. Concha derecha plana a poco convexa, concha izquierda ligeramente convexa, con nervios radiales redondeados y escamas de crecimiento

Ostrea cyathula

Crassostrea tenera

Striostrea roncana

Atrina affinis

menos abundantes que en la derecha. Chomata siempre presente. Impresión del aductor muscular reniforme. ~*Ostrea angusta.*

• **Género Crassostrea, Sacco, 1897.**
Conchas gruesas, alargadas; superficie poco plegada, estriado-lamellosa; región umbo-cardinal alargada. Área cardinal estriada; fosa ligamentaria profunda en valva izquierda y en valva derecha perconvexa; impresiones musculares superficiales. ~*Crassostrea tenera.*

• **Género Striostrea, Vyalov, 1936.**
Pequeñas a grandes, con formas sucesivas de crecimiento: individuos jóvenes ostreiformes y adultos rudistiformes; impresiones musculares reniformes, chomata, interior nacarado-iridiscente, estructura foliácea de la cáscara; patrón de crecimiento rudistiforme: valva inferior mayor y superior opercular. ~*Striostrea roncana.*

Suborden Malleidina.

Superfamilia Pinnoidea.

Familia Pinnidae.

• **Género Atrina, Gray, 1842.**
Concha cuneiforme, regularmente trigonal; ápice agudo, truncado en la extremidad de la región sifonal y ornado con costillas divergentes, dieciséis o dieciocho, elevadas, ligeramente imbricadas y a veces onduladas, ocasionalmente con algún pequeño radio intermedio. Margen dorsal recto, margen ventral ligeramente curvado. ~*Atrina affinis.*

ORDEN PECTINIDA.

Bivalvos cosmopolitas desde aguas ecuatoriales a círculos polares; comunidades bentónicas, con amplia gama de formas, tamaños, esculturas y coloraciones; tres estilos de vida adulta: nadadores, adheridos bisalmente a sustratos duros y cementados a las rocas por una valva.

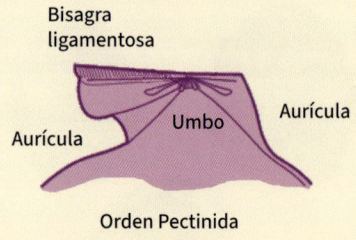

Orden Pectinida

Superfamilia Limoidea

Conchas equivalvas, ovaladas, charnela sin dientes, cicatriz muscular central.

Familia Limidae

Conchas oblicuamente asimétricas, con el extremo anterior más largo, con las valvas muy amplias, con aurículas a ambos lados de los umbos, con costillas escamosas.

• Género Lima, Bruguière, 1797.

Conchas ovaladas, más altas, equivalvas, inequilaterales, orejetas subiguales; costillas radiales, charnela recta con área cardinal triangular, sin dientes, ligamento interno. ~*Lima pretiosa.*

Superfamilia Pectinoidea.

Familia Pectinidae.

• Género Palliolum, Monterosato, 1884.

Conchas redondeadas, regulares, equivalvas, casi equilaterales, convexas, deprimidas y lentiformes; superficie lisa, salvo los recrecimientos; umbos pequeños, puntiagudos, no sobresalen por encima del borde cardinal; orejetas de la valva izquierda iguales y parecidas, la anterior estriada radialmente, la posterior lisa; las de la valva derecha son parecidas también, solo que la anterior está muy acanalada en la base y más estriada; el borde cardinal es simple; la foseta del ligamento es corta, profunda y triangular; en el interior las valvas son lisas; gran impresión muscular en el centro. ~*Palliolum solea.*

Lima pretiosa

Palliolum solea

Amusium sp.

Chlamys biarritzensis

Aequipecten parvicostatus

Lentipecten corneus

• **Género Amusium, Röding, 1798.**
Concha ligeramente bostezante hacia delante y hacia atrás, casi orbicular, deprimida, equilateral, subequivalva, lisa exteriormente, internamente con nervios radiantes que no pliegan el borde. *~Amusium* sp.

• **Género Chlamys, Röding, 1798.**
Concha casi equivalva, con superficie rayada o estriada, desprovista de costillas internas; bisagra obsoleta casi simétrica. *~Chlamys biarritzensis.*

• **Género Aequipecten, Fischer, 1886.**
Valvas muy diferentes, la izquierda convexa y la derecha aplanada; aurículas de tamaño similar; concha con numerosas costillas radiales y estrías concéntricas en los interespacios. *~Aequipecten parvicostatus.*

• **Género Lentipecten, Marwick, 1928.**
Concha orbicular, muy deprimida, lisa; aurículas pequeñas, casi iguales; dos dientes obtusos cerca de las aurículas dentro de cada valva. Cáscara delgada y frágil, valvas muy parecidas, planas y brillantes; umbo agudo; aurículas prominentes; conservan con frecuencia restos de coloración marrón oscuro con transparencia de cuerno en los lados, y de un marrón pálido opaco del centro al umbo; otros ejemplares, de color marrón claro, son los más jóvenes. *~Lentipecten corneus.*

Familia Spondylidae.
Bivalvos grandes, gruesos, inequivalvos, con valva derecha adherente y mayor, con fuertes espinas radiales, con aurículas pequeñas, con una sola impresión muscular subcentral, con dos dientes cardinales en cada valva y ligamento interno.

• **Género Spondylus,**
Linneo, 1758.
Concha gruesa, ostreiforme, con costillas radiales y lamellas concéntricas, ápice obtuso y recto, área cardinal más grande en la valva derecha, ligamento en hoyo triangular, cicatriz muscular grande posterior al centro. ~*Spondylus buchi.*

Superfamilia Plicatuloidea.

Familia Plicatulidae.
Conchas pequeñas con pliegues radiales, charnela como Pectinidae, con dos crestas crurales en cada valva; aurículas pequeñas o ausentes; valva de forma irregular, por el área de fijación.

Spondylus buchi

• **Género Plicatula,**
Lamarck, 1801.
Concha en abanico, gruesa y con fuerte escultura radial; adherida al sustrato por cualquiera de sus valvas por el área del umbo; con una sola huella de músculo aductor; valva derecha generalmente más convexa. ~*Plicatula beaumontiana.*

SUBORDEN ANOMIIDINA.
Conchas con valvas desiguales, fijas permanentemente o solo en su juventud, ancladas mediante biso calcificado, por una profunda escotadura en la valva derecha; la estructura de ambas valvas suele ser distinta, la izquierda es nacarada y la derecha, prismática exteriormente; borde del cierre sin dientes; con un solo músculo de cierre.

Plicatula beaumontiana

Superfamilia Anomioidea.

Familia Anomiidae.
Concha redondeada irregularmente, más o menos comprimida, delgada, transparente, con brillo nacarado en el interior; valva derecha con un orificio cerca de

Heteranomia scabrosa

la charnela, a través del cual se proyecta un biso calcificado con el que se adhiere a corales o rocas; huella muscular central; charnela sin dientes verdaderos.

• **Género Heteranomia, Winckworth, 1922.**
Concha pequeña, orbicular, algo comprimida, delgada; valva superior costurada o radiada, con imbricaciones grandes y elevadas, a modo de ásperas escamas de una lima; valva inferior con una pequeña abertura y más finamente estriada. *~Heteranomia scabrosa.*

Anomia planulata

• **Género Anomia, Linneo, 1758.**
Concha orbicular, inequivalva, fijada por un bisus calcificado que atraviesa una valva derecha o inferior que es más plana que la superior; cáscara fina, traslucida, nacarada y brillante en el interior sin dientes cardinales; con tres huellas musculares, una grande y dos pequeñas. *~Anomia planulata.*

SUBORDEN PROSPONDYLOIDINA.

Superfamilia Dimyoidea.

Familia Dimyidae

Dimya crearoi

• **Género Dimya, Rouault, 1850.**
Conchas adherentes, con valvas asimétricas y desiguales, no auriculadas; bisagra sin dientes, con una pequeña foseta ligamentaria en el borde interno de su parte media; dos impresiones musculares y la impresión paleal plegada por todo su contorno. *~Dimya crearoi.*

SUBCLASE HETERODONTA.

El área de su bisagra combina dientes y costillas con sus oquedades correspondientes en la valva opuesta; sus conchas son subtriangulares (de circulares a poligonales); tienen charnelas heterodontas (con varios tipos de dientes), con una clara separación entre dientes cardinales y laterales; el ligamento suele ser exterior, su área de fijación está en el escudete, en la parte posterior del umbo y presentan también lúnula en la parte anterior.

ORDEN CARDITOIDA.

Superfamilia Crassatelloidea.

Conchas trigonales, trapezoidales o redondeadas, con escultura externa concéntrica, de acostillada a estriada; lúnula y escudo generalmente bien diferenciados; umbos prosogiros y puntiagudos; bisagra lucinoide, con una media de 3b y 5b comúnmente presentes en la valva derecha, dientes laterales laminares en muchas formas; ligamento externo o interno; cicatrices musculares bien marcadas.

Familia Crassatellidae.

Conchas de subcuadrangulares a trigonales con el contorno anterior redondeado y el posterior más o menos truncado; superficie de concéntricamente acanalada a lisa; ligamento interno.

• Género Crassatella, Lamarck, 1799.

Subtrapezoidales, gruesas; umbos prosogiros; costillaje concéntrico y angulación posterior; lúnula y escudo profundamente hundidos; hoyo del resilifer grande, pero no alcanza el margen inferior de la placa; cicatrices musculares anchas, una anterior reniforme, una posterior oval y truncada; márgenes de valvas finamente crenuladas. ~*Crassatella gibbosula*.

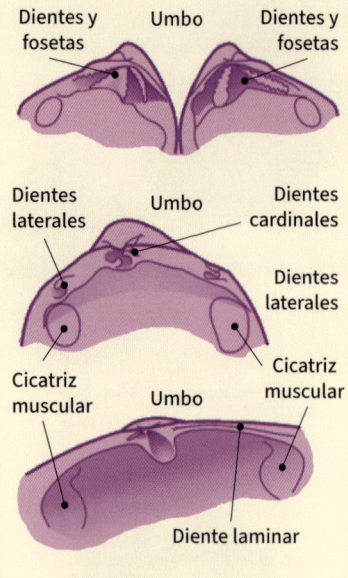

Subclase Heterodonta

Crassatella gibbosula

Bathytormus curatus

• Subgénero Bathytormus, Stewart, 1930.

Concha transversal, subtrigonal; borde anterior redondeado; borde posterior truncado; umbos girados débilmente en dirección anterior y muy pequeños; dientes laterales laminares; dientes cardinales oblicuos grandes y alargados como sus hoyos contrapuestos; margen de la placa cardinal con una fina cresta hacia la superficie exterior; cicatrices musculares grandes en los márgenes de valvas; borde interno ventral normalmente crenulado. ~*Bathytormus curatus.*

Familia Astartidae.

Concha trigonal de redondeada a sub cuadrangular en su contorno; de concéntricamente acanalada a lisa; capas internas del caparazón sucesivas con costillas radiales, bajo la capa externa con costillas concéntricas; ligamento externo o inframarginal.

Astarte basterotii

• Género Astarte, Sowerby, 1816.

Conchas suborbiculares o transversales; ligamento externo; una luneta en el lado posterior y escudete en el anterior; dos dientes divergentes cardinales; un diente alargado detrás de la luneta; tres impresiones musculares; surcos o costillas concéntricas en la superficie; interior del borde crenulado. ~*Astarte basterotii.*

Familia Carditidae.

• Género Cardita, Bruguière, 1792.

Conchas con valvas iguales e inequilaterales; con los umbos recurvados; bisagra con dientes desiguales, los más cortos debajo de los umbos, los más largos y longitudinales debajo de la inserción del cartílago. ~*Cardita bazini.*

Cardita bazini

• Género Venericardia, Lamarck, 1801.

Conchas redondeadas o subtriangulares; dos dientes oblicuos y desiguales en cada valva; impresión muscular anterior en forma de riñón, la posterior más redondeada; costillas radiales más o menos esculpidas; bordes fuertemente crenulados. ~*Venericardia junctinoda.*

Venericardia junctinoda

ORDEN ANOMALODESMATA.

Concha aragonítica, internamente nacarada y externamente prismática, frecuentemente con abertura para el pie y los sifones; charnela sin dientes, ligamento reducido o ausente, dos impresiones musculares iguales; incluye formas frecuentemente excavadoras y algunas viven en el interior de tubos calcáreos.

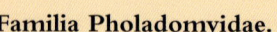

Bostezo sifonal

Bostezo pedal

Umbo

Línea paleal

Orden Anomalodesmata

Familia Pholadomyidae.

Conchas ovales, oblongas, equivalvas, inequilaterales, infladas; la mayoría abiertas en el extremo posterior y algunas con bostezo anterior; bisagra sin dientes; margen cardinal engrosado, con soporte para el ligamento externo; seno paleal.

• Género Pholadomya, Sowerby, 1823.

Concha ventruda, delgada, transversal; parte posterior corta, redondeada; la anterior más o menos alargada y abierta: bisagra con una foseta subtrigonal alargada y una placa marginal en cada valva con un ligamento externo bastante corto; dos impresiones musculares iguales; seno en la impresión paleal; los umbones aproximados; varias costillas oblicuas o filas de elevaciones suaves sobre la superficie, con los huecos correspondientes en su interior; superficie interior perlada. ~*Pholadomia virgulosa.*

Pholadomia virgulosa

Familia Thraciidae.

Lisa, no nacarada, inequivalva (concha derecha más grande), superficie granulada en la mayoría; bisagra desdentada; coridróforo dirigido oblicuamente hacia el extremo posterior; la línea paleal con seno.

Thracia pestwichii

• Género Thracia, Sowerby, 1823.

Conchas oblongas, un poco infladas, casi equi-láterales, extremo posterior ampliamente trun-cado y realzado por una cresta baja; periostraco presente en algunos; umbos contactados; liga-mento externo. ~*Thracia prestwichii.*

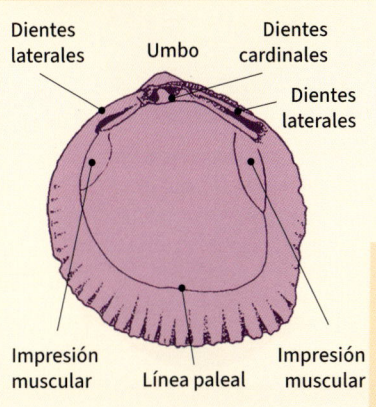

Orden Veneroida

ORDEN VENEROIDA.

Conchas con valvas iguales, con las impresiones musculares iguales; dientes cardinales y laterales diferenciados: laterales posteriores detrás de los ligamentos; los laterales anteriores se forman por separación de los cardinales anteriores.

Superfamilia Corbiculacea.

Conchas redondeadas-trigonales a ovaladas, aporcelanadas; escultura concéntrica, estriada; ligamento externo; bisagra con hasta tres dien-tes cardinales en cualquiera de las valvas, diente cardinal pivotal en valva derecha; línea paleal entera o con un pequeño seno.

Familia Corbiculidae.

Conchas medianas; cáscara densa; bisagra con dientes laterales posteriores y anteriores fuertes, serrados.

• Género Corbicula, Muhlfeld, 1811.

Concha redondeada-trigonal; escultura con-céntrica; dientes laterales serrados, largos; línea paleal entera. ~*Corbicula deperdita.*

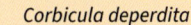

Corbicula deperdita

Superfamilia Lucinacea.

Concha equivalva, subcircular a oval o subtrigonal; superficie lisa, dos pliegues dorsales pueden delimitar las zonas anterior y posterior; umbos pequeños; lúnula y escudo poco definido; bisagra con dientes cardinales y láminas laterales que pueden estar du-plicadas en valva izquierda; integripaleal.

Familia Lucinidae.

Conchas redondeadas a trapezoidales, gruesas; costillas concéntricas irregulares, fuertes alternando a débiles; pueden tener costillas radiales; lúnula asimétrica; bisagra con dos cardinales y láminas laterales duplicadas comúnmente en valva izquierda; ligamento marginal a inframarginal; cicatriz muscular anterior separada de la línea paleal, que forma una digitación. Margen crenulado o liso.

Codakia concentrica

• **Género Codakia,
Scopoli, 1777.**
Concha subumbonada; tres dientes cardinales en una valva y dos dientes en la otra. ~*Codakia concentrica*.

• **Género Pterolucina,
Chavan, 1942.**
Conchas medianas, redondeadas a trigonales, comprimidas, con recrecimientos lamellosos; lúnula deprimida; ligamentos semiinternos; tres dientes cardinales y uno lateral anterior débil; cicatrices anteriores distantes de la línea paleal; margen interno liso. ~*Pterolucina menardi*.

Pterolucina menardi

• **Género Fimbria,
von Mühlfeld, 1811.**
Conchas transversalmente elípticas, subequilaterales, gruesas, umbos prosogiros; lúnula pequeña lanceolada; ligamento externo pero parcialmente hundido; superficie con una fuerte escultura reticulada, costillas concéntricas dominantes; bisagra con 2 cardinales en cada valva, laterales anteriores próximos, laterales posteriores distanciados; interior con pequeño seno paleal y el margen crenulado. ~*Fimbria lamellosa*.

Fimbria lamellosa

Superfamilia Ungulinoidea.

Familia Ungulinidae.
Concha subtrigonal a oblonga, redondeada u ovalada oblicuamente; umbos bajos; débiles angulaciones dorsales o ausentes; ligamento y resilio marginales; superficie lisa, punteada o con escultura concéntrica fina; bisagra con dos dientes cardinales y laterales poco definidos; cicatrices musculares irregulares, anterior alargada y posterior grande.

Diplodonta auversiensis

• Género Diplodonta, Bronn, 1831.
Concha suborbicular, convexa, inequilateral, umbos prosogiros; ligamento en ninfa aplanada mediana con un resilio estrecho en su extremo anterior; bisagra con 2 cardinales oblicuos en cada valva; cicatrices musculares anteriores sinuosas y más estrechas que las posteriores. *~Diplodonta auversiensis.*

Superfamilia Chamoidea.
Escultura concéntrica o radial o ambas normalmente bien desarrollada; concha cementada al sustrato mediante una sola valva, al menos temporalmente; umbos prosogiros, ligamento parivincular; bisagra degenerada en apariencia, con al menos un diente grande cardinal en cualquiera de las valvas, dos cardinales y laterales débiles en algunas; dos cicatrices musculares grandes, casi iguales; línea paleal entera.

Familia Chamidae.

• Género Chama, Linneo, 1758.
Cementadas sobre la valva izquierda durante toda la vida; ornamentación foliácea. *~Chama turgidula.*

Superfamilia Hiatelloidea.
Conchas cuadráticas a trapezoidales, valvas ligeramente a ampliamente abiertas en bostezo; hábito excavador; bisagra con uno o dos dientes débiles, ligamento en ninfa; seno paleal.

Chama turgidula

Familia Hiatellidae.

• Género Panopea, Menard, 1807.

Concha mediana a grande, alargadas, abiertas, con umbos que no son centrales; ligamento en ninfa de gran tamaño y altura; seno paleal ancho. ~*Panopea intermedia.*

Superfamilia Glossoidea.

Conchas inequilaterales, equivalvas, umbos girados hacia adelante; superficie lisa o con alguna nervadura concéntrica (raramente radial); ligamento externo; placa de bisagra con 2 o 3 dientes cardinales en cada valva y laterales bien desarrollados; línea paleal normalmente entera.

Panopea intermedia

Familia Glossidae.

Conchas redondas a acorazonadas; sin bostezo; con umbos prosogiros a giros; sin ranura lunular; ligamentos y resilio en una ranura profunda; bisagra con dos cardinales lamelares en cualquiera de las valvas, laterales inconstantes; cicatrices musculares iguales; margen interno liso; entera la línea paleal.

• Género Glossocardia, Stoliczka, 1870.

Concha alargada, trapezoidal, subventricosa, estriada concéntricamente, picos inflados, obtusos, muy juntos; surco ligamental estrecho y largo; bisagra con dos dientes cardinales y uno posterior lateral en cada valva. ~*Glossocardia loustaui.*

Superfamilia Cardiacea.

Escultura radial, con cambio de patrón en las nervaduras generalmente en la parte posterior; bisagra con dos dientes cardinales cónicos; dientes laterales distantes de los cardinales; línea paleal entera en formas marinas; algunas formas de aguas salobres con seno paleal y sifones largos.

Glossocardia loustaui

Familia Cardiidae.

Concha semicircular a cuadrangular o elíptica; costillas ornamentadas a lo largo de las crestas o en sus espacios intercostales, nunca en los laterales de las costillas; parte posterior digitada o crenulada; bisagra casi recta, larga; con dos dientes cardinales en cualquiera de las valvas; dientes laterales uno anterior, uno posterior en la valva izquierda, y dos anteriores, uno posterior en valva derecha.

Cardium verrucosum

Loxocardium formosum

Orthocardium porulosum

Plagiocardium granulosum

- **Género Cardium, Linneo, 1758.**
Conchas inequilaterales, costillas aquilladas, espinosas; cáscara abierta en bostezo en el margen posterior. ~*Cardium verrucosum.*

- **Subgénero Loxocardium, Cossmann, 1886.**
Conchas rectas, inequilateales, convexas, poco oblicuas; la ornamentación se compone de láminas, escamas o galones. ~*Loxocardium formosum.*

- **Género Orthocardium, Tremlett, 1950.**
La escultura de costillas tiende a formas verticales con volantes o festoneados en la cresta de las costillas; línea de la bisagra más estrecha y recta. ~*Orthocardium porulosum.*

- **Género Plagiocardium, Cossmann, 1866.**
Conchas oblicuas, con ornamentación de gránulos o pedúnculos más o menos triangulares sobre las costillas. ~*Plagiocardium granulosum.*

- **Género Trachycardium, Mörch, 1853.**
Concha inflada, acorazonada, equilateral, redonda, gruesa y sólida; umbos sobresalientes, casi rectos y entrecruzados a la aper-

tura; numerosas costillas radiales, las posteriores más anchas y espaciadas; borde es crenulado y forma un bostezo; el borde cardinal curvado con un diente cónico en la valva derecha y dos pequeños en la izquierda; dientes laterales grandes. ~*Trachycardium gigas.*

• Género Nemocardium, Meek, 1876.

Concha delgada, con dos tercios a tres cuartas partes de la superficie anterior, frente a la parte posterior más fuerte; costillas radiales, cruzadas por estrías finas; márgenes libres crenulados por dentro en todo el contorno; dientes cardinales y laterales más bien delgados; línea paleal débilmente sinuosa. ~*Nemocardium parisiense.*

Superfamilia Veneracea.

Conchas ovaladas; ornamentación concéntrica y en algunas radial, con espinillas o laminillas; umbos adelantados, prosogiros; ligamento externo; tres dientes cardinales en cada valva; seno paleal.

Familia Veneridae.

Con lúnula y escudete; tres dientes cardinales en cualquiera de las valvas; dientes laterales posteriores débiles o ausentes; dientes laterales anteriores presentes en algunos grupos, ausentes en otros; seno paleal que varía en tamaño y forma.

• Género Pitar, Römer, 1857.

Conchas ovaladas a subtrigonales; lisas o finamente laminadas concéntricamente; lúnula superficial; escudete no definido; dientes cardinales triangulares y laterales separados. ~*Pitar sulcataria.*

Trachycardium gigas

Nemocardium parisiense

Pitar sulcataria

Callocardia nitidula

• Género Callocardia, Adams, 1864.

Concha ovalada a subtriangular; umbos anteriores, involutos; lúnula circunscrita por una débil línea, escudete no delimitado; ligamento externo alojado en un surco profundo; ninfas prominentes; escultura exterior concéntrica; tres dientes cardinales más o menos divergentes en cada valva, comúnmente bífidos o cúspides; dos laterales laminales en la valva derecha, que reciben entre ellos el diente lateral anterior de la valva izquierda; seno paleal de forma variable; margenes interiores de las valvas enteros. ~*Callocardia nitidula*.

• Género Callista, Poli, 1791.

Concha ovalada, brillante, con o sin escultura; seno paleal ancho, horizontal y puntiagudo. ~*Callista elegans distans*.

Callista elegans distans

• Género Costacallista, Palmer, 1926.

Se caracteriza por un acostillado fuerte, aplanado, concéntrico; el contorno de la concha es mayor, en proporción a su anchura, que el de la mayoría de los macrocallistas. ~*Costacallista suberycinoides*.

Superfamilia Tellinacea.

Conchas en su mayoría inequilaterales; ligamento externo; dos dientes cardinales en cada valva que tienden a ser bífidos; dientes laterales bien desarrollados; cicatrices musculares conectadas con la línea paleal con un seno diferenciado para los dos sifones, que no están fusionados.

Familia Tellinidae.

Conchas algo alargadas; ligamento externo; valvas más o menos desiguales, la mayoría de las formas con una flexión en la parte posterior, especialmente en valva derecha.

Costacallista suberycinoides

- **Género Arcopagia, Brown, 1827.**

Conchas redondeadas, algo infladas; estriadas concéntricamente; con dos dientes laterales en la valva derecha; seno paleal profundo, redondeado, no confluente. ~*Arcopagia parilis.*

Arcopagia parilis

- **Género Macaliopsis, Cossmann, 1887.**

Conchas trapezoidales redondeadas, truncadas en el extremo posterior, escultura de costillas concéntricas espaciadas; dientes cardinales y laterales fuertes, distantes; seno paleal estrecho, algo confluente. ~*Macaliopsis barrandei.*

Macaliopsis barrandei

- **Género Sinuosipagia, Cossmann, 1921.**

Se asemeja a T. (Arcopagia) pero con impresiones musculares más desiguales y con dientes laterales más bruscamente truncados. ~*Sinuosipagia colpodes.*

Sinuosipagia colpodes

Familia Psammobiidae.

Conchas ovaladas-trapezoidales, inequilaterales, ligeramente abiertas en bostezo en la mayoría de las formas, especialmente en el extremo posterior; bisagra con uno a tres dientes cardinales, y dientes laterales débiles o ausentes; ligamento en ninfa; seno paleal presente.

- **Género Gari, Schumacher, 1817.**

Conchas alargadas-ovaladas a cuadradas, de lisas a fuertemente esculpidas; con el extremo posterior más amplio. ~*Gari effusus.*

Gari effusus

Superfamilia Mactracea.

Concha fina, aporcelanada; bisagra con diente cardinal en forma de V invertida en valva izquierda, dos cardinales en valva derecha; dientes laterales y accesorios cardinales laminares presentes en la mayoría de los grupos; ligamento externo pequeño o ausente, ligamento interno o resilio asentados en un resilifer similar a un zócalo; seno paleal normalmente bien desarrollado.

Familia Mactridae.

Concha con periostracum, brillante; cáscara lisa o esculpida concéntricamente; valvas ligeramente abiertas; línea paleal con seno; sifones unidos.

Spisula orthogonalis

• Género Spisula, Gray, 1837.
Concha trigonal a ovalada, no abierta; concéntricamente estriada; lúnulas y escudos delimitados; ligamento y resilio; seno paleal oval; dientes laterales estriados. ~*Spisula orthogonalis.*

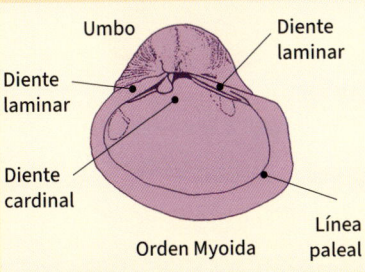

Umbo
Diente laminar
Diente laminar
Diente cardinal
Línea paleal
Orden Myoida

Orden Myoida.

Formas con cáscara delgada, enterradas con sifones bien desarrollados; fuertemente inequilaterales, equivalvas o inequivalvas; isomiaria o anisomiarias; un diente cardinal en cada valva, o sin dientes; lúnula y escudo ausentes, o mal desarrollados; cáscara no nacarada.

Suborden Myina.

Ligamento externo, apoyado en ninfas bien definidas; en algunas formas con resilio interno; seno paleal.

Superfamilia Myacea.

Valvas alargadas u ovaladas, subiguales; aporcelanadas a calizas, con periostraco delgado; márgenes de la bisagra sin dientes; ligamento principalmente interno; los márgenes de la valva son lisos; seno paleal, bien desarrollado.

Familia Corbulidae.

Conchas resistentes de tamaño pequeño a medio, con resilifer en una valva; valvas desiguales, la valva izquierda tiende a ser más pequeña que la valva derecha; seno paleal pequeño a ausente.

• Género Corbula, Bruguiere, 1797.
Moderadamente infladas, lisas a estriadas concéntricamente; sólidas, rostradas, valva izquierda con diente cardinal posterior y fosa ligamentosa, valva derecha con diente lateral posterior. ~*Corbula pisum.*

Corbula pisum

• **Género Bicorbula, Fischer, 1887.**
Grandes, desiguales, quillas obsolescentes; escultura débil; seno paleal ancho y superficial. *~Bicorbula gallica.*

• **Género Caryocorbula, Gardner, 1926.**
Subcuadradas, ambas valvas con quillas agudas en la parte posterior, concéntricamente rugosas; seno paleal corto. *~Caryocorbula pixidicula.*

Subfamilia Lentidiinae.
Pequeño, esencialmente telliniforme; valva derecha sin placa de bisagra, diente cardinal en un engrosamiento subumbonal que se proyecta desde el interior de la valva.

• **Género Lentidium,**
Cristofori & Jan, 1832.
Concha delgada, con proyección de condróforo para el ligamento; cicatrices musculares pequeñas, seno paleal ancho y superficial; umbos en el centro o posteriores a la línea media. *~Lentidium chevallieri.*

Subfamilia Teredininae.
Perforadores de madera con tubería calcárea que forra la madriguera, variando mucho en espesor. Cáscara de estructura no segmentaria, compuesta por una base calcárea cubierta por perióstraco; la pala aumenta de tamaño por la adición de material sobre toda la superficie.

• **Género Teredo, Linneo, 1758.**
Conchas de forma variable, pero con la pala siempre en una sola pieza; el perióstraco delgado se adhiere a la base calcárea; las palas generalmente están envueltas en un tubo; los sifones suelen separarse; margen distal de la cara exterior en forma de U o de V. *~Teredo tournali.*

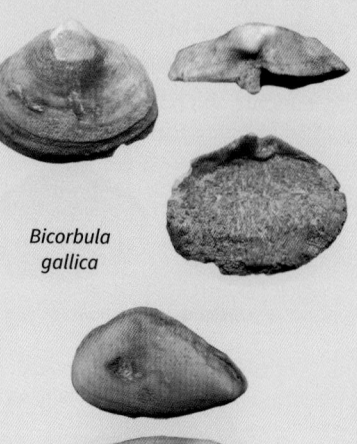

Bicorbula gallica

Caryocorbula pixidicula

Lentidium chevallieri

Teredo tournali

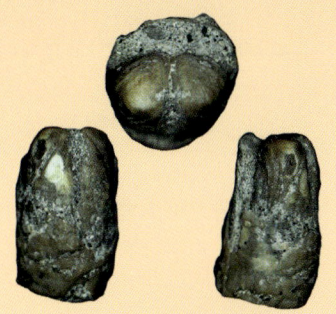

• Género Teredina, Lamarck, 1818.

Concha igual que *Teredo* en la etapa joven, pero bostezo anterior cerrado por callo en adultos; umbos cubiertos por mesoplax ancho con 4 lóbulos, que se extiende anteriormente; tubo calcáreo largo y grueso fusionado con valvas en sentido anterior. ~ *Teredina personata.*

Teredina personata

•FILO ANNELIDA•

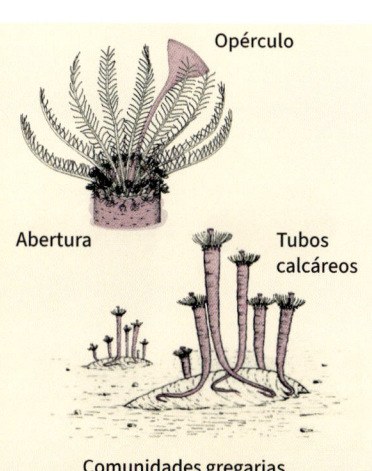

Opérculo

Abertura

Tubos calcáreos

Comunidades gregarias

Gusanos con cabeza distinta, tronco segmentado y pigidio no segmentado.

CLASE POLYCHAETIA.

Segmentos de tronco que portan haces laterales de cerdas llamadas chaetas. Mayoritariamente marinos, excepcionalmente de aguas salobres y dulces.

ORDEN SABELLIDA.

Dos primeros segmentos, generalmente, forman una gran corona tentacular; la mayoría de las formas, especialmente las más grandes, son estrictamente sésiles y nunca dejan sus tubos; las formas más pequeñas son capaces de moverse; la mayoría de las formas más grandes están asociadas con aguas poco profundas, aunque tampoco son raras en las colecciones de aguas profundas.

Familia Serpulidae.

Construye opérculo calcáreo o córneo; construye un tubo calcáreo que es circular, poligonal o triangular en la sección transversal y se puede adornar en el exterior con anillos elevados concéntricos o aristas o quillas longitudinales; por lo general, se adhiere al sustrato por una parte o toda su longitud, pero algunos se liberan a lo largo de toda la longitud; generalmente marino, pero puede habitar en agua dulce.

• **Género Ditrupa, Berkeley, 1835.**
Tubo calcáreo, cónico, abierto en ambos extremos, libre, en forma de colmillo y liso. Opérculo delgado y estriado concéntricamente, en forma de cono invertido con una placa quitinosa. ~*Ditrupa strangulata.*

Ditrupa strangulata

• **Género Serpula, Linneo, 1758.**
Tubo calcáreo, estrechamientos irregulares, enrollado o retorcido, extremo inferior cementado al sustrato, resto del tubo más o menos erecto, la superficie tiene pequeñas aristas concéntricas; opérculo córneo. ~*Serpula corrugata.*

Serpula corrugata

• **Género Protula, Risso, 1826.**
El tubo se estrecha lentamente hacia la base, es liso y uniformemente cilíndrico y su parte anterior es libre y erecta. ~*Protula episcopalis.*

Protula episcopalis

• **Género Serpentula, Nielsen, 1931.**
Tubo relativamente corto, más o menos enrollado de lado a lado, cementado por la mayor parte de su longitud a algún objeto extraño. El grosor aumenta fuertemente desde el ápice hacia la abertura. ~*Serpentula annulata.*

Serpentula annulata

• **Género Proterula, Nielsen, 1931.**
Tubo alargado, más o menos enrollado, curvado de un lado a otro, adherente por casi toda su longitud; de un espesor uniforme en todo. ~*Proterula costata.*

• **Género Rotularia, Defrance, 1827.**
Tubo enrollado helicoidalmente, con el mismo diámetro en la mayor parte de la longitud, pero terminando en el extremo de la abertura en un tubo restringido de menor diámetro; la porción restringida se extiende tangencialmente desde la porción enrollada; extremo posterior del

Proterula costata

Rotularia spirulea

tubo generalmente unido al sustrato; superficie exterior del tubo lisa o arrugada concéntricamente; una o 2 quillas longitudinales presentes en algunas especies. ~*Rotularia spirulea.*

• **Género Glomerula, Nielsen, 1931.**
Tubo laberínticamente enrollado, uniformemente grueso en toda su longitud. Las espirales separadas libres, no cementados a su vez. ~*Glomerula gordialis.*

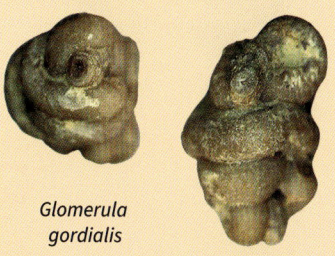

Glomerula gordialis

• **Género Galeolaria, Lamarck, 1918.**
Tubo bastante corto, recto o curvado, con 4 crestas longitudinales equidistantes en la superficie externa, superficie inferior fijada al sustrato; opérculo orbicular, en forma de casco. ~*Galeolaria* sp.

Galeolaria sp.

• **Género Spirorbis, Daudin, 1800.**
Tubo no libre, pero en extensión variable, a veces adherido por su longitud completa, a veces solo por un extremo (el vértice) unido a objetos extraños, o agrupados; tubos separados, más o menos cerca el uno del otro o uno encima del otro; no forman masas reticulares ni reticuladas; tubos formando espirales regulares, por regla general en toda su longitud, más raramente solo con el ápice, de tal manera que las espirales o se tocan o son libres; en el último caso, ya sea ascendiendo en espiral o yaciendo en el mismo plano (generalmente, formas muy pequeñas). ~*Spirorbis* sp.

Spirorbis sp.

Filogranula cincta

• **Género Filogranula, Langerhans, 1884.**
Tubos en grandes masas y muchas capas unidas entre sí para formar masas reticulares, enrejadas (tubos filiformes, doblados). Tubos reunidos en colonias, alargados, retorcidos, agrupados y que puede llegar a formar una red reticular. ~*Filogranula cincta.*

• **Género Sclerostyla, Morch, 1863.**

Tubo curvo, ahusado, con 5 a 7 costillas externas longitudinales; pared del tubo compuesta de capas con los bordes apuntando hacia afuera y formando líneas concéntricas finas en la superficie externa del tubo; opérculo calcáreo, tallo con 2 muescas incisas que se ramifican repetidamente sobre el cono para formar una red de retículas incisas. Género discutido como sinónimo subjetivo de *Pyrgopolon* (de Montfort, 1808). ~*Sclerostyla submacrocephala*.

Sclerostyla submacrocephala

•FILO CHORDATA•

Animales con una cuerda dorsal, notocordio o columna vertebral y un sistema nervioso central tubular.

•SUBFILO VERTEBRATA•

Columna vertebral desarrollada, simetría bilateral y esqueleto interno; cráneo que aloja la boca y los órganos sensoriales y nerviosos; y dos pares de extremidades con elementos esqueléticos, desarrollados en forma de aletas, patas o alas.

CLASE CHONDRICHTHYES.

Peces cartilaginosos, entre los que se incluyen tiburones, rayas y tiburones cornudos. Sus restos fosilizados corresponden generalmente a sus vértebras bicóncavas, a sus piezas dentales y, más raramente, a aguijones defensivos.

La piezas dentales pueden tener forma triangular aguzada en el caso de los tiburones (orden Lamniformes), pueden tener forma aplanada y soldarse en amplias placas dentales en ambas mandíbulas como en el caso de las rayas (orden Batoida), lo que les permite triturar moluscos y crustáceos; o pueden tener una combinación de los dos tipos dentales, a modo de dientes y muelas, como en el caso de los tiburones cornudos (orden Heterodontiformes).

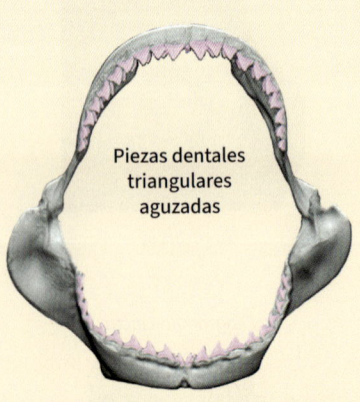

Piezas dentales triangulares aguzadas

Orden Lamniformes

CLADO SELACHII.

Orden, en su mayor parte, marino de peces elasmobranquios, caracterizados por un cuerpo fusiforme y un hábito más o menos depredador.

ORDEN LAMNIFORMES.

(Lamna = *pez de presa*). Es designación común de tiburones. Dos aletas dorsales, una anal, cinco aberturas branquiales, ojos sin membranas nictitantes y boca hasta detrás de los ojos. Temperatura corporal más alta que el agua circundante.

Familia Odontaspididae.

Dientes largos, estrechos y muy afilados, en forma de aguja, con bordes lisos, con una y, en ocasiones, dos cúspides más pequeñas a cada lado.

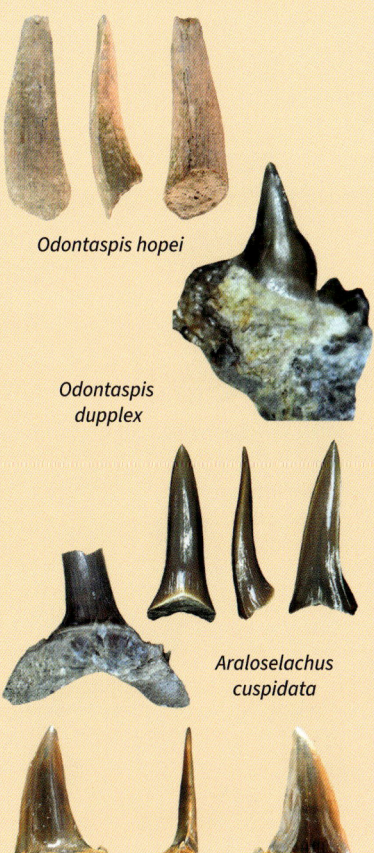

Odontaspis hopei

Odontaspis dupplex

Araloselachus cuspidata

Otodus lanceolatus

• **Género Odontaspis, Agassiz, 1843.**
Dientes cilíndricos, retorcidos y con conos laterales largos y puntiagudos (de uno a tres); variaciones en las mandíbulas individuales. ~*Odontaspis hopei, O. dupplex.*

• **Género Araloselachus, Glikman, 1964.**
Dientes gruesos, equiláteros, rectos o poco curvados. Bordes cortantes en toda su longitud. Cara exterior convexa; la base del esmalte acaba en línea recta en la cara externa, en ángulo muy pronunciado en la superficie interna. Superficie lisa y suave en ambos lados. Raíz con gran desarrollo, sus brazos pueden llegar a ser más largos que el cono esmaltado. ~*Araloselachus cuspidata.*

Familia Otodontidae.

• **Género Otodus, Agassiz, 1843.**
Los tubos calcíferos son bastante finos, aterciopelados y apretados, y la lámina de esmalte es muy fina y resulta transparente. Los tubos calcíferos del esmalte no son paralelos como en *Carcharodon*, sino que se cruzan en varias direcciones y están muy finamente ramificados. ~*Otodus lanceolatus.*

Familia Lamnidae.

Dientes triangulares y afilados, separados a la misma distancia unos de otros. Aparecen representados en el registro fósil desde el Cretácico y siempre han depredado a otros vertebrados marinos.

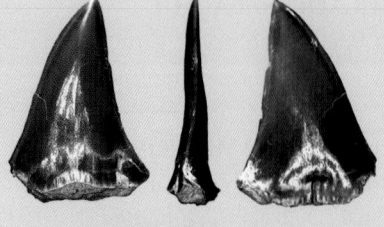

• Género Carcharodon, Smith, 1838.
Única especie actual: el gran tiburón blanco.
~*Carcharodon hastalis.*

Carcharodon hastalis

Orden Squaliformes.

Familia Squalidae.

Con dos aletas dorsales, cada una con una espina no estriada. Los dientes de la mandíbula superior e inferior son de similar tamaño. El pedúnculo caudal tiene una quilla lateral.

• Género Spinax, Agassiz, 1837.
Los peces de los cuales se derivan espinas y vértebras fósiles se comparan con los *Spinax* vivientes. El género *Spinax* debe dividirse en dos: *Acanthias* y *Spinax* en sentido estricto. ~*Spinax major.*

Spinax major

Orden Heterodontiformes.

Tiburones de pequeño tamaño (hasta 165 cm de longitud), con dos aletas dorsales, cada una provista de una espina; aleta anal presente. Los dientes anteriores son pequeños y cuspidados y los posteriores, anchos y molariformes. Morro muy corto y hocicudo.

Familia Heterodontidae.

Ranura nasal dentro de la boca. Dientes en forma de teselado, excepto los de delante, donde son pequeños y puntiagudos. Los dientes laterales son similares a un pavimento romboidal,

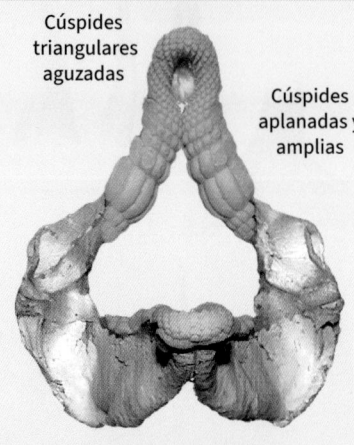

Cúspides triangulares aguzadas

Cúspides aplanadas y amplias

Orden Heterodontiformes

Heterodontus (Cestracion) sp.

Heterodontus sp.

Coprolito

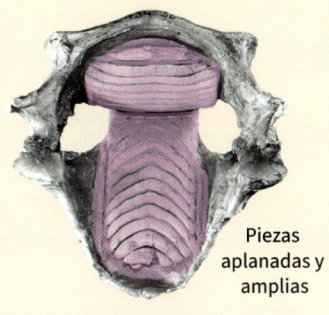

Piezas
aplanadas y
amplias

Orden Batoidea

con piezas más grandes en el centro y menores hacia delante y hacia atrás; forman un rodillo en la dirección de su diámetro más largo y su superficie superior es rugosa.

• Género Heterodontus, de Blainville, 1816.

Especies relativamente pequeñas, con dos aletas dorsales con espinas, aristas prominentes en los ojos y dentición con dos morfologías dentales: dientes delanteros pequeños, puntiagudos, con agarre anterior y dientes laterales bajos, romos y aplastantes. ~*Heterodontus (Cestracion)* sp., ~*Heterodontus* sp.

Coprolito: Excremento fosilizado que se presenta mineralizado. Su origen se deduce por conservar la forma adquirida en el tránsito intestinal, por contener fragmentos de fósiles orgánicos, por estar asociado a un resto fósil mayor y/o por comparación con excrementos actuales. Tamaño y forma extremadamente variado. Presente desde el Ordovícico en todo el registro fósil.

Coprolito de tiburón indeterminado: Forma elipsoidal aplanada con los extremos algo apuntados, con una superficie convexa con relieve en forma de espiga a lo largo de su eje mayor. La otra superficie es aplanada y presenta una sucesión de tenues surcos en forma de arcos apuntados de un extremo a otro del eje mayor.

ORDEN BATOIDEA.

Peces cartilaginosos comúnmente conocidos como rayas. Se distinguen por sus cuerpos aplanados, aletas pectorales agrandadas que se fusionan con la cabeza y hendiduras branquiales que se colocan en su superficie ventral. Son actualmente el grupo más grande de peces cartilaginosos, con más de 600 especies en 26 familias.

ORDEN PRISTIFORMES.

Familia Pristidae.

Rayas con rostrum (extensión nasal) alargado, estrecho, aplanado y bordeado con dientes transversales afilados.

Familia Myliobatidae.

Cabeza ovalada, plano pectoral amplio con dos alas puntiagudas; cola muy delgada y alargada, acaba en un aguijón dorsal serrado en ambos lado; dientes grandes, aplanados, teselados en mosaico. Tres géneros: *Aetobatus*, *Aetomylaeus* y *Myliobatis*.

• Género Myliobatis, Cuvier, 1816.

Rayas con piezas dentales con corona plana, soldadas por sus bordes y unidas con finas suturas, formando amplias placas. Piezas dentales tanto iguales entre sí como desiguales y dispuestas en rangos simétricos, en filas de piezas dentales agrupadas a uno y otro lado de una hilera central. *~Myliobatis acutus.*

Myliobatis acutus (aguijón frontal)

• Género Aetobatus, Blainville, 1816.

La mandíbula inferior sobresale hacia adelante y la superior es más corta; ambas provistas de una sola placa con una sola hilera de dientes transversales, cuya superficie es casi lisa. La parte anterior de la placa se proyecta más allá de la mandíbula y, como las piezas dentales están arqueadas, el margen anterior es más prominente. Todas las piezas dentales son paralelas entre sí, su superficie presenta la apariencia de vigas curvas y soldadas entre sí. El último diente solo se trunca transversalmente. La placa dental se desgasta por la fricción. En la mandíbula superior la placa dental tiene sus lados casi rectos, se curva hacia los bordes y forma una superficie curva sobre el frente de la boca. Algunas especies tienen la cola armada con aguijones. *~Aetobatus sulcatus.*

Aetobatus sulcatus

Familia Pristidae.

• Género Pristis, Linck, 1790.

Pez sierra viviente en todo el mundo en regiones tropicales y subtropicales, en aguas costeras marinas, estuarios, ríos y lagos de agua dulce. ~*Pristis* **sp.**

Pristis sp.

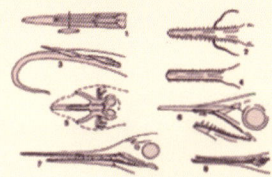

Rostros nasales en Teleostei

CLADO TELEOSTEI.

Los teleósteos son una infraclase de peces óseos. Agrupa a peces de esqueleto óseo con vértebras completas y bicóncavas. En este grupo se integran la mayoría de peces comunes.

SUBORDEN SCOMBROIDEI.

Peces pelágicos, de cuerpo largo o muy largo, comprimidos lateralmente, con mandíbulas bien desarrolladas, con aleta caudal muy desarrollada y en forma de media luna. Incluye especies como el atún, el bonito, la aguja y el pez espada; migradores oceánicos de largo recorrido.

Familia Blochiidae.

Cuerpo alargado, rostro largo, mandíbulas con dientes, la aleta dorsal ocupa toda su longitud y está formada, como la anal, de espinas delgadas y separadas. Familia exclusivamente fósil.

• Género Cylindracanthus, Leydy, 1856.

Sus rostros, o apéndices nasales, tienen sección cilíndrica, forma alargada y numerosas estrías longitudinales que se extienden regularmente en todo su contorno. ~*Cylindracantus* **sp.**

Cylindracanthus sp.

• Género Aglyptorhynchus, Casier, 1966.

Género representado solo por rostros fósiles. Por los canales nutritivos y las múltiples hileras de dientes, es probable que *Aglyptorhynchus* sea un pez picudo, posiblemente relacionado con *Xiphiorhynchus* y los marlines. Su espina larga estaba cubierta por dentículos en lugar de tener dientes premaxilares. La superficie ventral presenta dos alineaciones laterales de dientes, o de alvéolos, a cada lado en una zona cóncava o aproximadamente plana, que también puede ser sin alvéolos ni dientes. ~*Aglyptorhynchus* sp.

Aglyptorhynchus sp.

Otolitos: son estructuras de aragonito, localizadas en el laberinto membranoso del oído interno de los vertebrados. Sus funciones están relacionadas con el equilibrio y la audición. Por presentar una alta especificidad morfológica, los otolitos son considerados caracteres taxonómicos que permiten diferenciar las especies y géneros a los que pertenecen.

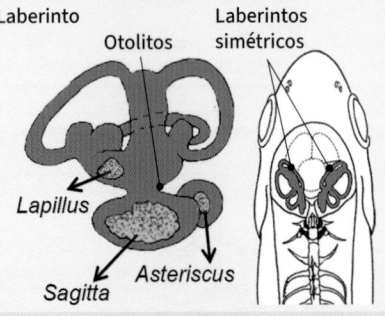

ORDEN ANGUILLIFORMES.

Anguila, congrio y morena.

Género Rhynchoconger, Jordan y Hobbs, 1925.

Otolitos ovalados y gruesos. Punta anterior puntiaguda. Llanta dorsal con ángulos. La cara interna más convexa que la externa. Sulcus (surco) ligeramente inclinado, estrecho, poco profundo, con un único colículo (montículo). Sulcus se cierra anteriormente en punta, abriéndose hacia el borde predorsal. Depresión dorsal pequeña; sin surco ventral. ~*Rhynchoconger eocenicus*.

Rhynchoconger sp.

Orden Aulopiformes.

Peces de profundidades y estuarios (peces lagarto, peces flauta, lanzones), forma alargada.

• Género Saurida, Valenciennes, 1850.

Otolitos alargados y delgados; más altos en la porción anterior que en la posterior. Tribuna desarrollada pero obtusa. Anterostrum liso y romo. Borde ventral almenado. surco bien inciso, con cresta superior e inferior. Ostium ancho, corto; abierto hacia el borde anterodorsal. ~*Saurida* sp.

Saurida sp.

Orden Clupeiformes.

Peces marinos, con aletas radiales, habitan deltas, estuarios y aguas dulces. Forman bancos y el orden incluye a los actuales arenques, sardinas y boquerones.

• Género Chirocentrus, Cuvier, 1817.

Emparentado con los actuales arenques lobo con aletas radiadas, cuerpos alargado, fauces con largos y afilados dientes. ~*Chirocentrus exilis.*

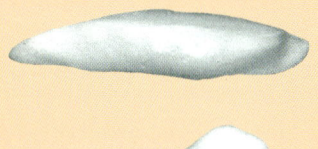

Chirocentrus sp. (actual)

Orden Ophidiiformes.

• Género Glyptophidium, Alcock, 1889.

Cabeza grande, cuerpo comprimido, larga cola afilada. Huesos de cabeza blandos y cavernosos, con prominentes crestas. Opérculo pequeño, con una espina débil. Hocico obtuso. Mandíbulas iguales hacia delante. Boca ancha. Dientes villiformes en bandas estrechas, palatinos y vómeros. ~*Glyptophidium polli.* Muy común en Gan, en las margas eocenas de Aquitania.

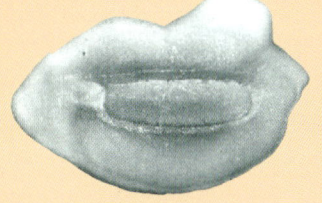

Glyptophidium polli

ORDEN BERYCIFORMES.

Peces muy primitivos y poco conocidos, con pocas familias y especies. La mayor parte vive en los mares tropicales y a grandes profundidades. Son muy características en todos ellos unas espinas muy fuertes en las aletas, además de que tienen en la cabeza unas grandes depresiones llenas de sustancia mucosa.

• Género Centroberyx, Gill, 1862.

Espinas dorsales, 6 o 7. Vértebras, 24 o 25. Escamas medio-ventrales en forma de V, formando una quilla ventral más o menos diferenciada. ~*Centroberyx* sp.

Centroberyx sp.

ORDEN PERCIFORMES.

Peces con forma de perca. Aleta dorsal con base amplia, y aletas dorsal y anal con los primeros radios transformados en espinas punzantes. Aletas pélvicas con una espina y hasta cinco radios suaves, cerca de la garganta o bajo el vientre.

• Género Cepola, Linneo, 1764.

Otolitos gruesos y altos. Borde posterior casi recto, otros bordes curvados. Cara interior convexa, la exterior aplanada. Ostium hacia el borde supero-anterior. Cauda corta, ocupa la mitad del ostium. Surco marcado por crestas salientes. Depresión en la zona dorsal, sobre la cresta superior. ~*Cepola aff. bartonensis.*

Cepola sp.

ORDEN CARANGIFORMES.

Tropicales o subtropicales. Cuerpo alargado y comprimido. Dos espinas en la aleta anal. Escamas de la línea lateral modificadas en espinas. Depredadores veloces, de aguas abiertas.

Familia Leiognathidae.

De agua dulce y marinos, en aguas poco profundas. Cabeza desnuda con crestas óseas. Boca pequeña y protráctil, sin dientes sobre el paladar. Aleta dorsal continua, con 8 o 9 espinas.

Gazza sp. (actual)

• **Género Gazza, Rueppell, 1835.**
Otolitos delgados con contorno sub-poligonal. Rostro prominente y acuminado en jóvenes, redondeado en adultos. Exterior cóncavo. Centro sin ornamentación, con pequeños surcos radiales hacia los bordes. Cara interna, con surco profundo, especialmente en las porciones posteriores de ostium y cauda. Cresta caudal inferior casi rectilínea; la cresta ostial superior está extendida hacia arriba en su porción posterior. ~*Gazza pentagonalis.*

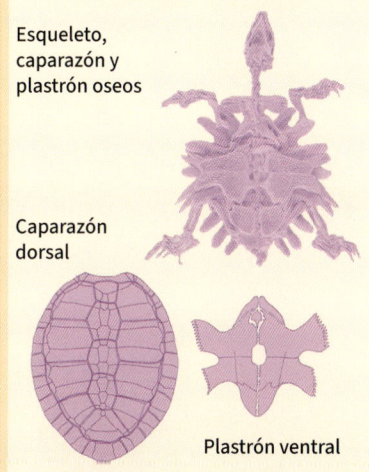

Esqueleto, caparazón y plastrón oseos

Caparazón dorsal

Plastrón ventral

CLASE REPTILIA.

ORDEN TESTUDINES.

Son el grupo de los reptiles más antiguo. Evolucionan de formas terrestres a acuáticas, de vegetarianos a omnívoros. Sus esqueletos y su caparazón fosiliza generalmente de forma fragmentaria al quedar desarticulados y las piezas del caparazón se conservan fosilizadas más frecuentemente. Tanto las piezas del caparazón como los huesos presentan rasgos específicos que pueden ayudar a diferenciar los géneros.

Owenemys testudiniformis

• **Género Owenemys, Hervet, 2004.**
El género se diferencia por la profundidad del caparazón óseo, su convexidad y la concavidad del plastrón, las placas costales y neurales, los hiosternos e hiposternos, y parte de los huesos intraesternales del plastrón. Placas costales con anchura regular y figura uniforme de sus extremos articulares que encajan con las piezas vertebrales. La relación con la familia de agua dulce se deduce por las impresiones de los escudos epidérmicos, sobre el caparazón óseo. Placas vertebrales con débil angulación en el centro de sus márgenes laterales. ~*Owenemys testudiniformis.*

Familia Cheloniidae.

Subfamilia Eochelyinae.

Cráneo triangular; placas dérmicas y elementos epidérmicos pocos y regularmente dispuestos. Caparazón moderadamente arqueado, espesor de placas variable; plastrón cruciforme, generalmente osificado, epiplastras (piezas periféricas del plastrón) en forma de cuña o ligeramente redondeadas. Sin contacto sutural entre caparazón y plastrón.

• **Género Puppigerus, Cope, 1871.**

Tortugas marinas del Eoceno. Huesos pectorales unidos en el esternón en toda su longitud entre sí. Las porciones del esternón muestran un grado alto de osificación, el hiposterno y el hiposternal tienen una unión muy extensa, y las ventanillas medianas y laterales son reducidas. ~*Puppigerus camperi.*

Puppigerus camperi

Familia Podocnemididae.

• **Género Neochelys, Bergounioux, 1954.**

Tamaño grande (+/- 50 cm). Patrón ornamental en el plastrón formado por finos y cortos surcos dicotómicos, algunos de ellos unidos en pequeños polígonos. Siete placas neurales: la primera rectangular; de la 2ª a la 6ª hexagonales y, la posterior pentagonal. ~*Neochelys* cf. *salmanticensis.*

Neochelys salmanaticensis

Familia Carettochelyidae.

• **Género Allaeochelys, Noulet, 1867.**

Las placas están provistas de granulación y tubérculos que generan una disposición vermiculada. Carece de escudetes queratinosos, tanto en el caparazón como en el plastrón. La mandíbula es triangular con la sínfisis fusionada; anteriormente está ligeramente curvada hacia arriba en pico. ~*Allaeochelys* sp.

Allaeochelys sp.

CENOZOICO Eoceno -56 a -34 Ma

PIRINEO PALEONTOLÓGICO

Trionyx sp.

Familia Trionychidae.

**• Género Trionyx,
Geoffroy Saint-Hilaire, 1809.**
Tortugas de agua dulce y de caparazón blando, sin placas periferales y sin caparazón córneo; con cabeza retráctil. La superficie dorsal de las placas está provista de crestas irregulares y bajas, formadas por la unión de tubérculos. ~*Trionyx* sp.

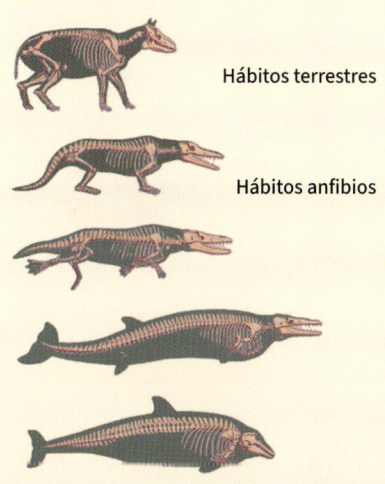

Hábitos terrestres

Hábitos anfibios

Hábitos acuáticos

CLASE MAMMALIA.
Desde la gran extinción del final del Cretácico los mamíferos prosperan ocupando muchos nichos ecológicos. La sobreprotección del embrión, la lactancia y la autorregulación de la temperatura interna son sus principales bazas evolutivas.

Los restos fósiles mejor conocidos del Eoceno pirenaico son de mamíferos marinos, porque el medio marino es el mejor conservado. El retorno al medio marino exige nuevas adaptaciones como huesos más densos y pesados que cumplen una función de lastre, la atrofia de las extremidades o su conversión en aletas natatorias.

CLADO TETHYTHERIA.
Sirenios y proboscideos con órbitas oculares hacia delante, dientes con crestas transversales dobles en las coronas, proyección nasal y del maxilar superior por delante del inferior.

ORDEN SIRENIA.
Herbívoros totalmente acuáticos, de pantanos, ríos, estuarios, humedales marinos y aguas marinas costeras. Cuerpo grande y fusiforme y huesos compactos y pesados.

Familia Dugongidae.

• **Género Eotheroides, Palmer, 1899.**

Fosas nasales pequeñas, sutura internasal corta, área internasal delgada. Fórmula dental adulta: I.1, C.0, P.2-4, DP.5, M.1-3 en el maxilar superior e I.0, C.0, P.2-4, DP.5, M.1-3 en el maxilar inferior. ~*Eotheroides* sp.

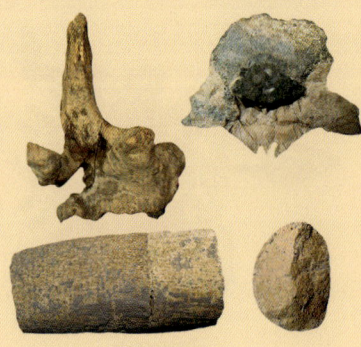

• **Género Sobrarbesiren, Díaz–Berenguer et al, 2018.**

Fosas nasales externas retraídas y agrandadas; el premaxilar contacta con los frontales; fórmula dental poscanina Pm. 1-5, M. 1-3; fórmula dental superior 2.1.5.3 (I-2 ausente); fosa pterigoidea presente, que se extiende por encima del nivel del techo de las fosas nasales internas; canal alisfenoides presente; espina ilíaca posterior del hueso coxal presente; espina ilíaca lateral que aparece abruptamente en la superficie lateral del ilion con una superficie ventrolateral aplanada. ~*Sobrarbesiren cardieli.*

Eotheroides sp.

Sobrarbesiren cardieli

CLASE CETACEA.

Familia Basilosauridae.

Carnívoros de hasta 20 m de longitud máxima y cráneo de 1,5 m; región parietal del cráneo estrecha; fosa temporal muy grande; premaxilares y maxilares alargados; grandes fosas pterigoides para el acceso aéreo del seno del oído medio; incisivos caniniformes; dentículos accesorios sobresalientes en numerosas piezas dentales; cuello corto; tronco y cola alargados; centros de posterior dorsal, de lumbar y sacral, y de las vértebras caudales anteriores visiblemente alargadas, y tienen un bajo arco neural medialmente colocado.

• **Género Basilosaurus, Harlan, 1834.**

Cuerpo serpentiforme y cabeza pequeña en todas las latitudes del Atlántico. Gran depredador con dentición de colmillos y muelas dentadas. Cráneo con un largo hocico y amplias órbitas oculares. Columna vertebral con 7 vértebras cervicales, 15 dorsales, 13 lumbares, 2 sacras y al menos 21 vértices caudales. ~*Basilosaurus cetoides.*

Basilosaurus cetoides

ORDEN PERISSODACTYLA.

CLADO TAPIROMORPHA.

SUBORDEN CERATOMORPHA.
(*Keratós* = cuerno) Orden de rinocerontes y tapires próspero en el Eoceno con especies diversas en apariencia y tamaño.

Eggysodon sp.

Superfamilia Rhinocerotoidea.
Ungulados de dedos impares con origen en el Eoceno; se adaptan a la desaparición de bosques y su sustitución por praderas.

Familia Eggysodontidae.
Perisodáctilos estrechamente relacionados con los rinocerontes.

• Género Eggysodon, Roman, 1910.
Pequeños rinocerontes de la talla de un perro, explorador de hábitats subterráneos; con fósiles en depósitos oligocenos de toda Europa. Con dientes caninos, colmillos e incisivos pequeños y poco numerosos. ~*Eggysodon* sp.

• ICNOGÉNERO•

Icnitas de Arrés–Santa Cruz.
Descubiertas en cantiles en losas de sedimentos continentales, las areniscas de Yeste–Arrés caracterizan el tránsito del Bartoniense al Priaboniense y el inicio del Eoceno continental en la región; simultáneo al Eoceno marino.

Las areniscas de Yeste–Arrés presentan huellas de artiodáctilo, perisodáctilo y carnívoro.

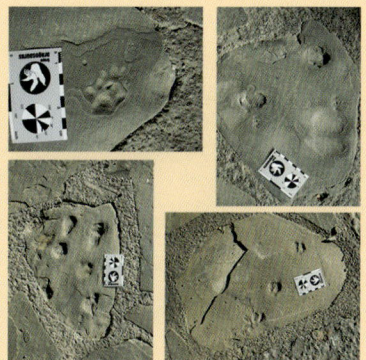

Icnitas de Jacetania: b - Pista de tipo carnívoro (similar a félido). **c** - Pista de tipo artiodáctilo y pista de tipo perisodáctilo. **d** - Huella de tipo perisodáctilo. **e** - Pista de tipo artio-dáctilo. **Rabal-Garcés, R. et al. 2017**

CLASE AVES

Se conocen abundantes huellas de aves acuáticas en los depósitos de planicie de marea de la cuenca intrapirenaica eocena.

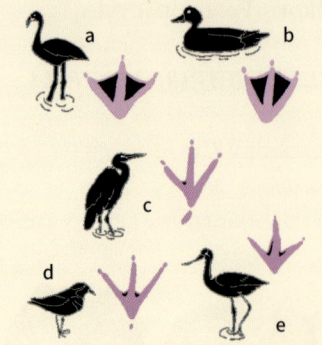

Se han distinguido seis morfotipos:

• Dos son **Ciconiiformes** (c).

• Dos morfotipos son similares a los Charadriiformes y se conocen como **Charadriipeda** (d).

• Dos morfotipos restantes podrían haber sido hechas por **Charadriiformes** (e).

Suprataxón Ciconiiformes.

(Ciconia = *cigüeña* y formis = forma; *con forma de cigüeña*).

• ICNOGÉNERO•

• **Icnogénero Leptoptilostipus, Payros et. al., 2000.**

Icnogénero monoespecífico: Semejanza a las huellas de marabú (*Leptoptilos*).

Huellas largas y delgadas (de 80 a 113 mm); asimétricas; de cuatro dedos finos y rectilíneos, tres delanteros ligeramente lobulados y un dedo trasero corto, medialmente girado; el dedo central delantero es más largo que los laterales; ángulo entre los dedos laterales próximo a los 120°; membrana interdigital que se extiende desde las puntas de los dedos laterales hasta la parte media del dedo central. ~*Leptoptilostipus pyrenaicus.*

Leptoptilostipus pyrenaicus

Suprataxón Charadriiformes.

Tamaño diverso. Pájaros zancudos como gaiteros de arena, gaviotas y aves parecidas a los buitres, de hábitats marinos marginales.

• **Icnogénero Gruipeda,**
Panin & Avram, 1962.

(= Charadriipeda). Huella de anisodáctilo con ángulo de divaricación inferior a 140°. Ángulo de divaricación de los dígitos I-II menor que en IV-I. Sin membranas interdigitales. Los dígitos tienen impresiones de dos almohadillas en dígitos I y II, de tres en el dígito III, y de cuatro en el dígito IV. ~*Gruipeda* **sp.**

Gruipeda sp.

•FILO ANGIOSPERMAE•

Las angiospermas, o plantas con flores y frutos, se desarrollan desde el Cretácico superior (-145 Ma), revolucionando la vegetación del planeta. La extinción masiva de final del Cretácico apenas afecta a la vegetación, al contrario que a la fauna, existe una continuidad vegetal entre el Cretácico y el Paleoceno. El área pirenaica se encuentra en una franja de clima subtropical cálido. Hasta el Mioceno la geoflora característica está formada por bosques de hoja perenne y laurisilvas con capacidad de soportar climas monzónicos.

SUBCLASE MONOCOTYLEDONEAE.

Familia Cyperaceae.

• Género Scirpus, Linneo, 1753.
Fruto con forma de ánfora, algo bisimétrico por su forma aplanada, atenuado en un ápice largo y afilado, con un cuello desde su brote y con apertura basal; superficie estriada longitudinalmente; pared delgada, carbonosa; con el recubrimiento carbonoso desgastado, puede quedar otro duro semitranslúcido brillante, de aspecto quitinoso, que representa las capas más internas del carpelo; los especímenes más desgastados presentan hileras de cerdas rígidas a lo largo de las crestas; una sola semilla ovalada. ~*Scirpus lakensis.*

Familia Cornaceae.

• Género Eomastixia, Chandler, 1926.
Frutos con endocarpos de dos o más lóbulos, síncaros, que germinan en valvas dorsales; valvas con un pliegue longitudinal mediano en la

Scirpus lakensis

superficie interna que se corresponde con una ranura en la superficie externa. ~*Eomastixia rugosa.*

Eomastixia rugosa

Familia Potamogetonaceae.

• Género Limnocarpus, C. Reid emend. Reid y Chandler, 1926.
Posiblemente es un hueso leñoso de una fruta carnosa; con dos carpelos, pedicelada, con el margen ventral adherente: endocarpio duro con pico rugoso, aquillada; especies de marismas. ~*Limnocarpus forbesii.*

Familia Trochodendraceae.

Limnocarpus forbesii

• Género Trochodendron, Siebold & Zuccarini, 1835.
Fruto; fusiforme; cuando es perfecto es una cápsula carpelada de seis (o cinco) carpelos; el lóculo es acuñado en sección transversal con la cara dorsal ligeramente redondeada y las caras ventrales planas; en el perfil muestra el margen ventral recto debajo, pero oblicuamente truncado arriba, y la cara dorsal muy convexa de la base al ápice. ~*Trochodendron pauciseminum.*

•FILO SPERMATOPHYTA•

CLASE MAGNOLIOPSIDA.

Orden Magnoliales.

Familia Magnoliaceae.

• Género Magnolia, Linneo, 1737.
Semillas como las especies vivas de magnolia con contorno ovalado, acorazonado o reniforme; un extremo angosto, con el rafe y la chalaza

Trochodendron pauciseminum

Magnolia lobata

Nypa sp. actual

Nypa burtini

Ottelia parisiensis

centrales, su cara puede estar inflada, deprimida, o acanalada; la cara opuesta está inflada, es redondeada o apuntada. Las semillas son bisimétricas sobre el plano del rafe y en ángulo recto con las caras anchas, pero por la presión mutua de las dos semillas en la vaina, con frecuencia, se contraen y se colocan a lo largo de un lado, resultando asimétricas. ~*Magnolia lobata.*

ORDEN ARECALES.

Familia Arecaceae.

• Género Nypa, van Wurmb, 1779.
Palma de la selva costera o manglar, que genera un racimo de frutos leñosos de diferentes formas según su posición en el racimo y que la planta dispersa por flotación, dejándolos caer en la zona intermareal, semejante a los cocos o el cacao; bien conocida en los terrenos eocenos tanto los frutos leñosos como algunas de sus hojas lanceoladas (*Ottelia*).

Frutos ovoides, oblongos o fusiformes, angulosos, y de los que se reconoce que estaban unidos en cabezuelas, como los de *Pandanus* y *Nypa*; pero presentan una sola celda que contiene una gran semilla ovoide; este carácter identifica a los frutos de la *Nypa*, los cuales también tienen el tejido fibroso; las diferencias de formas individuales simples resultan del grado de madurez o la posición de estos frutos agregados en la piña de agregados. ~*Nypa burtinii.*

• Género Ottelia, Persoon, 1805.
Hidrocárido de grandes hojas multinervadas, flotantes y sumergidas, pariente cercano y probablemente congénere de la actual *Ottelia*, parecen ser las frondas correspondientes a la palma que generaba los frutos leñosos de *Nypa burtini*, del que se desconocen otras frondas. ~*Ottelia parisiensis.*

PIRINEO PALEONTOLÓGICO

Familia Palmae.

• Género Sabalites, G. Saporta, 1865.

Palmera típica de manglares y de zonas pantanosas; hojas en forma de abanico cuyas impresiones
fosilizan en el sedimento; el género se conoce
desde el Cretácico hasta el Neogeno; hojas pe-
diculadas trianguladas hacia el ápice, oblonga,
grande, provista de numerosas foliaciones hacia el
ápice, base angosta, estriada longitudinalmente y
con una gran superficie; peciolo estrecho, foliolos
muy estrechos hacia el ápice, que se ensanchan
hacia el exterior, están plegados, y los flancos de
los pliegues son muy aplanados, marcados con estrías longitudinales serradas y muy regulares, de
varios órdenes de grosor, paralelas y regularmente
espaciadas. ~*Sabalites suessionensis.*

Sabalites suessionensis

Orden Caryophyllales.

Familia Nyctaginaceae.

• Género Pisonia, Linneo, 1753.

Hojas coriáceas, ovaladas u ovalado-elípticas, con
peciolo de 5 a 10 mm, ápice obtuso, estrechada
en la base con disimetría en los semi-limbos, nervio primario fuerte, nervios secundarios tenues,
longitud 3-6 cm y anchura 1-2,5 cm. ~*Pisonia
eocenica.*

Pisonia eocenica

Orden Gentianales.

Familia Apocynaceae.

• Género Phyllanthera, Blume, 1827.

Es una liana con las hojas de aspecto encerado
que recuerdan al laurel. Es propia de zonas selváticas pantanosas o de manglar costero tropical.
~*Phyllanthera* sp.

Phyllanthera sp.

Oligoceno Europa -25 Ma

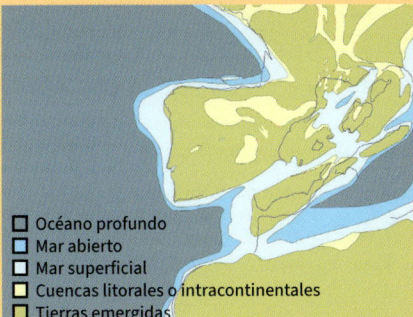

Oligoceno Pirineo -27 Ma

☐ Océano profundo
☐ Mar abierto
☐ Mar superficial
☐ Cuencas litorales o intracontinentales
☐ Tierras emergidas

Cenozoico OLIGOCENO
EL ENFRIAMIENTO REDUCE LA DIVERSIDAD SIN INNOVACIONES

Paleogeografía.

Durante el Oligoceno las cuencas norpirenaica, intrapirenaica y surpirenaica siguen acumulando sedimentos procedentes del desmoronamiento de la cordillera. La cuenca norte está todavía afectada por el dominio oceánico, mientras que en el sur se impone el dominio continental: la emersión de los montes vascos confina un mar interior que pronto se convertirá en un conjunto de cuencas lacustres. El retroceso del litoral facilita la formación de extensas llanuras fluviales, lagunares y pantanosas.

Los bloques corso–sardo y balear se desgajan del levante peninsular, aunque las sierras litorales del levante continúan cerrando el desagüe de la cuenca del Ebro hacia el Mediterráneo,

Geología.

El edificio pirenaico está alcanzando su mayor elevación y el mayor ángulo de pendiente, lo que favorece el deslizamiento de amplias superficies que en forma de mantos de gran espesor se deslizan en varias direcciones.

Peñas de conglomerados formadas por sedimentos aluviales masivos

Los deslizamientos de mantos (y de la cuenca intrapirenaica) son tan potentes que descubren amplias superficies del Paleozoico en el Pirineo axial y, además, impulsan el despegue de las sierras exteriores sur-pirenaicas desde Santo Domingo hasta el Montsec, dividiendo la cuenca sur en dos subcuencas.

Estos deslizamientos también provocan la formación de nuevos relieves en la llanura fluvial intrapirenaica.

Todo el sistema de nuevos relieves genera un nuevo y enérgico régimen fluvial, muy erosivo, que es el responsable de la acumulación de los conglomerados de grandes cantos rodados en las peñas de la depresión interna y en los mallos de las sierras exteriores.

Más alejados de las sierras se forman amplios abanicos fluviales que extienden los sedimentos más finos en el piedemonte y hasta los relieves monegrinos.

Paleontología.

En la cuenca de Aquitania el dominio marino deja centenares de especies de invertebrados marinos, con una gran parte de géneros coincidentes con el Eoceno; pero la línea de costa está en el Oligoceno más alejada del Pirineo que en el posterior Mioceno.

Las zonas de sedimentos oligocenos son reducidas y coinciden ya con la tierra llana actual y con las pequeñas sierras periféricas (Petites Pyrénées, Orthez, Salies); son terrenos muy humanizados y que han acumulado después grandes volúmenes de sedimentos.

En el sur, las cuencas intrapirenaica y del Ebro, en dominio continental, han proporcionado una serie de yacimientos que permiten esbozar cierta panorámica de la ecología de la época:

- Invertebrados lagunares, icnitas en forma de rastros tanto de aves como de mamíferos.
- Restos óseos de vertebrados.
- Restos vegetales.

Clima.

El tránsito Eoceno-Oligoceno se relaciona con una disminución de las temperaturas y la glaciación de la Antártida gracias a la formación de corrientes marinas y atmos-

Estratos alternantes lagunares, continentales y de desbordamientos aluviales

féricas circumpolares, y la correspondiente disminución del nivel del mar por las aguas capturadas en hielo; lo cual ocasiona el cierre del estrecho de Turgai que separaba Europa y Asia, unificando su biología.

El descenso del nivel del mar hace que el golfo de Aquitania sea más reducido en el Oligoceno que en el posterior Mioceno, cuando la glaciación se atenúa, el nivel del mar vuelve a elevarse y el golfo de Aquitania vuelve a ser más amplio. Así se formó entonces el paleocañón de Saubrigues, que es el predecesor del actual estuario o cañón de Capbretón. En la actualidad, el paleocañón de Saubrigues está lleno de unos pocos cientos de metros de sedimentos del Oligoceno superior y del Mioceno inferior (Aquitaniense, Burdigaliense); este paleocañón contiene los únicos depósitos marinos del Oligoceno superior conocidos en Francia.

DOMINIO PROKARYOTA.

•MICROBIALITES•

Estructuras sedimentarias inducidas por la actividad de tapetes microbianos subacuáticos, que dan lugar a cuerpos estratificados por láminas minerales superpuestas.

Stromatolithes. El registro lacustre oligoceno del sector central de la cuenca del Ebro contiene abundantes estromatolitos (estructuras minerales laminares formadas por tapices de comunidades microbianas de aguas marinas y continentales), en particular en la sierra de Alcubierre. Se encuentran distintos tipos morfológicos de estromatolitos: cuerpos desde pocos milímetros a 10 cm de espesor, biohermos y biostromos (hasta 30 cm de espesor). Las láminas son lisas; alternan láminas porosas y densas, tanto simples como compuestas, pero el patrón de variación textural no es simple ni único. ~*Stromatolithes* sp.

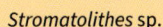
Stromatolithes sp.

DOMINIO EUKARYOTA.

REINO PLANTAE.

•FILO CHAROPHYTA•

ORDEN CHARALES.

Familia Characeae.

• **Género Chara, Linneo, 1753.**
Girogonito: partes calcificadas de los oogonios o células germinales de las algas de la clase Charophyceae. Su diámetro oscila entre 400 µm y 1 o 2 mm, y pueden conservarse fósiles. ~*Chara* sp. *(Girogonito).*

Chara sp. (Girogonito)

Concrecciones algales. Fósiles frecuentes en forma de costras superficiales o envolturas calcáreas. La sobresaturación de las aguas y la alcalinización promueven la precipitación de carbonatos en torno a restos organógenos, por factores físico-químicos (aumento de la temperatura o del grado de turbulencia de las aguas) y por factores biológicos (actividad fotosintética de las algas, o presencia de amoníaco y bases nitrogenadas por la descomposición de materia orgánica).

Sin embargo, en ambientes subacuáticos con régimen laminar se ha observado que sobre los restos organógenos e, incluso, sobre sustancias inertes también pueden formarse tapices y costras estromatolíticas, debido a la actividad físico-química de las algas y las cianobacterias.

La actividad de algunas algas filamentosas y hongos endolíticos, en medios marinos, también ha dado lugar al desarrollo de envolturas micríticas constructivas en torno a los restos esqueléticos de aragonito.

Concrecciones algales

Restos vegetales lignitificados

Restos vegetales lignitizados. Las inundaciones y avenidas fueron episodios frecuentes en los abanicos aluviales somontanos. Los restos vegetales a veces quedan sepultados por el fango que en condiciones anaeróbicas permite su conservación en forma de lignitos, en los que aún pueden reconocerse estructuras vegetales, como restos de madera, de hojas y de frutos, en general de las partes más leñosas. Ocasionalmente fosilizan formas duras, negruzcas, brillantes, pulibles y tallables que se denominan azabache.

CLASE POLYPODIOPSIDA.

ORDEN POLYPODIALES.

Familia Pteridaceae.

• Género Acrostichum, Linneo, 1753.

Forma lineal-lanceolada; largo/ancho = 3/1; ápice acuminado en ángulo agudo. Vena media de la que surgen venas secundarias en ángulo agudo; estas se reúnen regularmente, formando areolas rectangulares; venillas ausentes; margen completo. *Acrostichum* es un helecho semiacuático, que es interpretado como pionero colonizador tras inundaciones y avenidas. ~*Acrostichum* sp.

CLASE MAGNOLIOPSIDA.

ORDEN LAURALES.

Familia Lauraceae.

La paleoecología sugiere que especies de *Lauraceae* formaron el bosque adyacente a las áreas inundables.

Acrostichum sp.

• Género Laurophyllum, Goppert, 1857.

Hojas con fijación marginal. Forma elípti-co-lanceolada, simetría medial y basal. Margen entero. Ápice y base agudos. Venación primaria pinnada y una vena basal. Venaciones secundarias mayores unidas en arco antes del margen. Venas intersecundarias perpendiculares a la vena media. *~Laurophyllum* **sp.**

Laurophyllum sp.

ORDEN FAGALES.

Familia Betulaceae.

• Género Alnus, Miller, 1754.

Alnus (alisos) es un taxón abundante en los bordes de las áreas inundadas. Hojas con fijación marginal. Forma elíptica, simetría medial y basal. Margen no lobulado con dientes aserrados. Base obtusa. Venación primaria pinnada y una vena basal. Las secundarias mayores se ramifican muy cerca del margen. Venas terciarias intercostales opuestas a la corriente. Orden único de dientes. Seno de forma redondeada, con forma de diente cóncavo/recto. *~Alnus* **sp.**

Alnus sp.

Familia Myricaceae.

• Género Myrica, Linneo, 1753.

Es probable que *Myrica* (mirto) formara parte del alisal pantanoso. Sujeción de hoja peciolada y marginal. Forma lineal-oblanceolada, simetría medial y basal. Margen entero o sin lóbulos, o con dientes aserrados-crenados. Base aguda. Nervadura primaria pinnada con una vena basal. Las secundarias se unen en serie de arcos antes del margen; pares de venas secundarias en ángulo de 50° a 90° con primaria. Areolación con desarrollo moderado a bueno. *~Myrica* **sp.**

Myrica sp.

Salix sp.

ORDEN MALPIGHIALES.

Familia Salicaceae.

• **Género Salix,**
Linneo, 1753.
Como en la actualidad, *Salix* (sauces) abundaba en las riberas de los ríos. Sujeción de hoja marginal. Forma obovada, simetría medial y ligera asimetría basal. Base aguda con forma acuñada. Nervadura primaria pinnada y vena basal. Las secundarias mayores, probablemente, se unen en una serie de arcos antes de llegar al margen, y unión decurrente a la vena media; ángulo de alrededor de 50°-60° con primaria. Areolación con desarrollo moderado y nervaduras con dos o más ramas. ~*Salix* sp.

•REINO ANIMALIA•

•FILO MOLLUSCA•

CLASE GASTROPODA.

SUBCLASE HETEROBRANCHIA.

Familia Valvatidae.

• **Género Valvata,**
O. F. Müller, 1773.
Caparazón arrollado de forma próxima a la espiral plana, pero con la abertura exenta y entera, con un rápido crecimiento en pocas vueltas; tamaño pequeño; género dulceacuícola. ~*Valvata* sp.

SUBCLASE PULMONATA.

SUPERORDEN HYGROPHILA.

Valvata sp.

Familia Lymnaeidae.

• **Género Lymnaea,
Lamarck, 1799.**
Género pulmonado y acuático en aguas dulces,
con caparazones medianos, globulosos, de rápido crecimiento en pocas vueltas; la fisonomía
de las vueltas puede cambiar notablemente con
la ontogenia. *~Lymnaea* sp.

Lymnaea sp.

Orden Littorinimorpha.

Familia Bithyniidae.

• **Género Bithynia,
Leach, 1818.**
Pequeños caracoles dulceacuícolas con opérculo; concha cónica de perfil ovalado, de crecimiento regular, con vueltas algo aplanadas hacia
el exterior, sin ombligo y con un labio grueso;
la abertura tiene algo menos de la mitad de la
altura del caparazón. *~Bithynia* sp.

Bithynia sp.

Superfamilia Cerithioidea.

Familia Thiaridae.

• **Género Melania, Lamarck, 1799.**

• **Subgénero Melanopsis,
Férussac, 1807.**
Caracoles dulceacuícolas, con conchas ligeramente turriculadas de crecimiento rápido, siendo la abertura oblicua; la última vuelta tiene
3/4 de la altura total. *~Melania (Melanopsis)* sp.

Melania (Melanopsis) sp.

• **Género Melanoides, Olivier, 1804.**
Caracoles de agua dulce, de fondos blandos, tu-
rriculados, con ornamentación espiral de surcos y cotillas y/o transversal de varices. *~Mela-
noides albigensis.*

Melania albigensis

366

SUBCLASE TELEOSTEI.

ORDEN CYPRINIFORMES.

Familia Cyprinidae.

Rutilus sp.

• Género Rutilus, Rafinesque, 1820.

Rutilus antiquus (Cabrera y Gaudant 1985) es una especie de ciprínido del Oligoceno documentada en materiales de esa época del somontano en base a dientes faríngeos de tipo «en gancho», aparentemente dispuestos en una sola hilera, poseyendo todos una superficie de masticación más o menos larga; corona aplanada anteroposteriormente; cresta principal formada por tubérculos cónicos diferenciados; superficie de masticación del diente medio limitada inferiormente por un tubérculo. ~*Rutilus* sp.

Superclase Reptilia.

ORDEN TESTUDINES.

Superfamilia Testudinoidea.

Familia Geoemydidae.

• Género Ptychogaster, Pomel, 1847.

Caparazón propio de las tortugas terrestres, con pectoral móvil en la mitad posterior y la extensión más amplia de las aberturas destinadas al movimiento de las extremidades posteriores; la parte anterior del plastrón está fijada al caparazón en toda su extensión; las placas presentan una superficie punteada y un interior con grandes poros y canales, además, en su superficie presentan las muescas que se corresponden con el perfil de los osteodermos, que se superpone a las placas óseas, sin coincidir con las suturas de estas últimas. ~*Ptychogaster* sp.

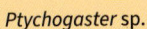

Ptychogaster sp.

• Subgénero Temnoclemmys, Bergounioux, 1958.

El subgénero *Temnoclemmys* conserva los caracteres genéricos de Ptychogaster y, además, tiene: tamaño pequeño (longitud del caparazón adulto 10–16 cm); cervical más corto; margen trapezoidal, en lugar de redondeado; labio epiplastral grueso; periféricos 1-2 más cortos, sin marcadas expansiones anteriores; y nucal más corto que ancho. ~ *Temnoclemmys* sp.

Temnoclemmys sp.

SUBCLASE EUREPTILIA.

SUBORDEN CROCODYLIFORMES.

Osteodermos. Como en caso de los testudines, los restos dispersos de pequeños cocodrilomorfos son uno de los materiales fósiles presentes en el Oligoceno surpirenaico. Este material óseo es insuficiente por sí solo para la identificación taxonómica. En las Bardenas Reales se ha identificado como *Diplocynodon* (Pomel, 1847), un género de la familia Alligatoroidea (Gray, 1844). Los osteodermos tienen una doble función: como placas defensivas y como acumuladores de calor, por la necesidad de los reptiles de utilizar la radiación solar para mantener su temperatura corporal.

Crocodyliforme

Vista general de las marcas de oleaje en Peralta de la Sal (Huesca) y detalle de icnitas sobre las mismas

foto: Carlos Ruiz

• ICNOGÉNERO •

Icnogénero indeterminado. Rastros de pasos de aves en el Oligoceno inferior de Peralta de la Sal: la base de las icnitas son bancos de arenisca ahora verticalizados, de gran extensión (unos 25 metros cuadrados); los bancos arenosos presentan numerosas señales de corriente, amplias y regulares, que pueden corresponder a una avenida o inundación de media energía sobre una superficie previa muy llana; sobre la superficie ondulada se presentan nítidamente las huellas de rastros de aves, en forma de recorridos individuales más o menos curvos y divagantes.

Icnitas de zancuda indeterminada

El tamaño de las aves, por la longitud de los pasos, no sería mayor al de una perdiz o paloma; observadas en detalle se distinguen con claridad dos clases de huellas: unas con membrana interdigital, que corresponderían, por lo tanto, a una pequeña palmípeda y otras sin membrana interdigital, que podrían corresponder a una zancuda.

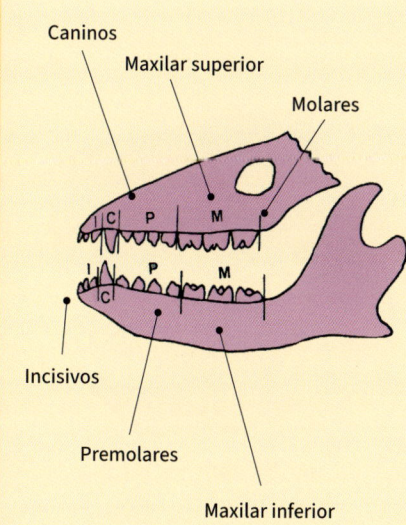

Caninos

Maxilar superior

Molares

Incisivos

Premolares

Maxilar inferior

CLASE MAMMALIA.

El esqueleto de los mamíferos evoluciona en el cuerpo para adaptarse a distintas formas de locomoción, y en la cabeza, a distintas aptitudes sensoras y a diferentes dietas alimentarias. Especialmente son las piezas dentales más propicias a la fosilización.

La dentición de los mamíferos está formada por menos de 44 piezas en cuatro clases: incisivos y caninos con una sola raíz, y premolares y molares con raíz compuesta.

La forma de cada clase dental no es uniforme, varía del maxilar superior al inferior y en un mismo maxilar, según su posición: los incisivos (I) tienden a ser aplanados en anchura y cortantes, los caninos (C) tienden a ser cilindro-cónicos y punzantes, los premolares (P) y molares (M) tienden a tener una superficie masticatoria amplia con cúspides y depresiones contraponibles que dan lugar a cuatro tipos dentales, entre los que existen otros secundarios:

- Tipo **bunodonto**: cúspides redondeadas, cónicas y separadas; típicas de omnívoros.
- Tipo **selenodonto**: cúspides alargadas y arqueadas en media luna; típicas de herbívoros, especialmente artiodáctilos.
- Tipo **lefodonto**: cúspides alargadas formando lofos o crestas; típicas de herbívoros, especialmente perisodáctilos.
- Tipo **secodonto**: cúspides comprimidas lateralmente, alineadas, sin fusionarse; típicas de carnívoros.

La fórmula dental se expresa por el número de las cuatro clases de piezas en hemi-maxilar superior e inferior: (n. I,) – (n. C.) – (n. P.) – (n. M.) / (n. I,) – (n. C.) – (n. P.) – (n. M.).

Bunodonto

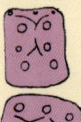

Selenodonto

Lefodonto

Secodonto

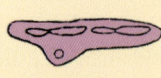

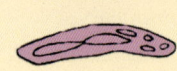

ORDEN RODENTIA.

Grupo más abundante de mamíferos y fósil relativamente abundante. Pueden tener vida terrestre (marmota), arborícola (ardilla), acuática (castor), subterránea, etc.

Cráneo largo y aplanado con cavidad nasal más desarrollada y cavidad cerebral poco desarrollada. Premaxilares altos por los alvéolos de los incisivos. Mandíbula robusta.

Sendos pares de incisivos curvos de crecimiento continuo, ausencia de caninos con un largo diastema en su lugar, un máximo de dos premolares superiores y un premolar inferior y tres molares.

En los molares se puede reconocer el plan tribosfénico (tres cúspides), aunque los molares tienden a convertirse en cuatrituberculados.

Los molares tienen coronas muy altas (hipsodontos) y sufren cambios en la morfología de su superficie masticatoria en las distintas fases de su vida.

Orden Rodentia

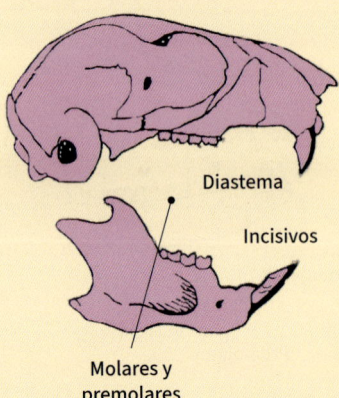

Diastema

Incisivos

Molares y premolares

Familia Theridomyidae.

Roedores exclusivamente fósiles que se cree emparentados con las actuales ratas canguro.

• Género Theridomys,
Jourdan, 1837.

Roedores extintos frecuentes con una treintena de especies, parentesco actual con el género de las ardillas y, por el parecido dental, a los puercoespines sudamericanos; dos incisivos y cuatro pares molares en cada maxilar; incisivos muy curvados sin formar un semicírculo perfecto; el esmalte de su cara anterior es denso, con un grosor mediocre; los molares se diferencian poco entre sí, ligeramente inclinados hacia atrás, todos tienen tres raíces, dos exteriores y una interior más fuerte; su corona ofrece dos pliegues de esmalte hacia su lado interior, y en el lado exterior, tres cerros ovalados más o menos grandes, pero cerrados y circunscritos por un borde común, que da forma redondeada al lado exterior. ~*Theridomys major, T. aff. calafensis, T. octogesesensis.*

Theridomys sp.

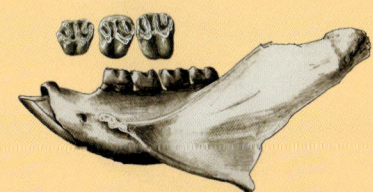

Issiodoromys sp.

Elfomys sp.

• Género Issiodoromys,
Bravard in Gervais, 1848.

Dentición en premolares y molares básicamente formados por dos prismas columnares colocados uno al lado del otro; este tipo de dentición se encuentra en algunos caviomorfos actuales; bullas auditivas infladas. ~*Issiodoromys aff. pauffiensis, I. pseudanaema, I. quercyi.*

• Género Elfomys,
Hartenberger, 1971.

El género *Elfomys* se caracteriza por un antesinúsido bien individualizado en los molares inferiores; y en los molares superiores, los anticlinales libres labialmente. Se considera que *Issiodoromys* se deriva de *Elfomys;* en las poblaciones de transición entre Elfomys y *Issiodoromys,* cuando el antesinúsido en ejemplares poco desgastados ya no llega a la superficie oclusal, puede atribuirse a *Issiodoromys.* ~*Elfomys medius.*

Familia Eomyidae.

Roedores con fórmula dental: I1-C0-P1-M3/I1-C0-P1-M3; formas bunodontas a lofodontas; molares con tres raíces, y premolares con dos o tres.

• Género Eomys, Schlosser, 1884.

Roedores extintos de pequeño tamaño, próximos a las ardillas, que incluyen especies de roedores planeadores. Dientes braquidontes se asignan a *Eomys* en base a su muro ininterrumpido (ectolófido), contrariamente a *Eomyodon, Rhodanomys,* o *Pseudotheridomys*; y a las cúspides bien marcadas contrariamente a los tres últimos géneros. ~*Eomys major, E. aff. quercyi.*

Eomys sp.

• Género Pseudotheridomys, Schlosser, 1926.

Pequeño Eomyidae lofodonto, si bien, en ocasiones, las cúspides dentarias principales aún se encuentran marcadas; superficie oclusal generalmente plana y superficie de desgaste también; cúspides principales poco marcadas y unidas entre sí con una fuerte y larga cresta que está ocasionalmente interrumpida; dientes yugales (P. y M.) con 5 crestas; crestas y valles generalmente bastante estrechos. ~*Pseudotheridomys schaubi.*

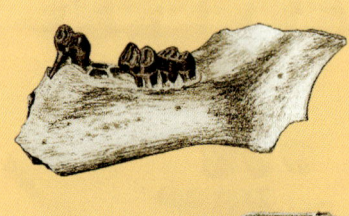
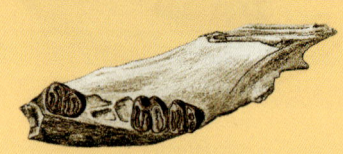

Pseudotheridomys sp.

Familia Gliridae.

Lirones, pequeños roedores de aspecto similar a ratones; homogeneidad de patrón dental que evoluciona hacia una eliminación progresiva de los tubérculos principales (paracono, metacono y protocono para los dientes superiores y, especialmente, metacono y entocono para los dientes inferiores), que se alargan y se diluyen en crestas longitudinales; en molares inferiores, el protolófido y el mesolófido se alargan hasta unirse con el metacónido y el entocónido, siendo frecuentes los patrones con 7 crestas transversales (las 4 principales y las 3 extra).

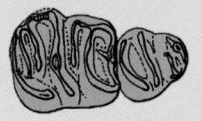

Peridyromys sp.

• Género Peridyromys, Stehlin & Schaub, 1951.

Molares inferiores con mesolófido continuo (desde el mesocónido hasta el entocónido); paracono, metacono, protocono e hipocono se fusionan en crestas; pocas crestas accesorias, y siempre más débiles que las crestas principales; *Peridyromys murinus* difiere de todas las demás especies del género por un patrón dental simple, con las crestas anteriores reducidas o ausentes. ~*Peridyromys murinus.*

Familia Zapodidae.

Roedores saltadores, similares a los ratones pero con extremidades posteriores alargadas y, por lo general, con cuatro pares de muelas en cada maxilar. Actualmente, viviente en todo el hemisferio norte.

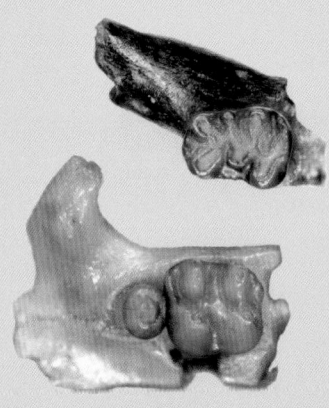

Plesiosminthus sp.

• Género Plesiosminthus, Viret 1926.

Género extinto de roedores. Los parientes existentes más cercanos son los ratones de abedul (*Sicista*). *Plesiosminthus* se originó en Asia a principios del Oligoceno y se dispersó en Europa a finales de esa misma época. En el Mioceno temprano se extinguió. ~*Plesiosminthus myarion*, ~*P. promyarion*, ~*P. aff. schaubi.*

INFRAORDEN MYODONTA.

Superfamilia Muroidea.

Familia Cricetidae.

Cricétidos pequeños a grandes, dentición con cúspides más bien bunodontas. Mandíbula inclinada transversalmente con respecto a la superficie oclusal, diastema cóncavo con borde posterior pronunciado. Maxilar con foramen incisivo corto, sin entrar o entrando solo ligeramente, entre M1.

• **Género Eucricetodon,**
Thaler, 1966.

Tamaño mediano con patrón de esmalte bunodonto; cúspides principales predominantemente voluminosas, suelen ser poco acentuadas y tienen bases anchas; valles estrechos, restringidos por crestas simples, a menudo moderadamente pronunciadas. *~Eucricetodon atavus, E. dubius, E. collatus, E. robustus.*

Eucricetodon sp.

Familia Pseudocricetodontinae.

Cricétidos pequeños a grandes del Oligoceno y del Mioceno inferior con molares más bien lofodónticos. Mandíbula transversalmente inclinada con respecto a la superficie oclusal, diastema cóncavo.

• **Género Cincamyarion,**
Agustí Ballester & Arbiol, 1989.
~Cincamyarion giganteus.

Cincamyarion giganteus

• **Género Pseudocricetodon, Thaler, 1969.**

Cricétidos de tamaño pequeño a mediano con foramen incisivo en el maxilar corto (borde posterior que se encuentra antes del punto más avanzado de M1); patrón dental lofodóntico; las cúspides y crestas principales están separadas por valles con un fondo plano; crestas gráciles bien definidas, suelen ser rectas, rara vez irregulares debido a pequeños pliegues en el esmalte. *~Pseudocricetodon incertus, P. montalbanensis.*

Pseudocricetodon incertus (max. sup.)

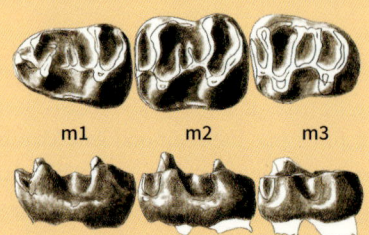

m1   m2   m3

Pseudocricetodon incertus (max. inf.)

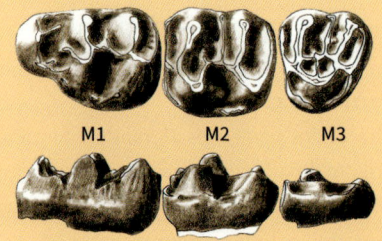

M1   M2   M3

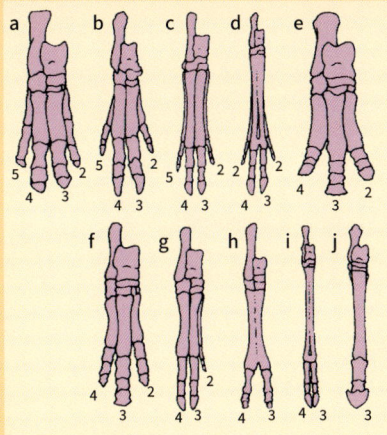

a
b
c
d
e
5   5   5   2   2   2   2
4 3   4 3   4 3   4 3   4 3

f   g   h   i   j
4   2
3   4 3   4 3   4 3   3

Ungulados:

a. Tapirus (tappir).
b. Sus (jabalí).
c. Tayassus (pecari).
d. Hyemoschus (antílope).
e. Rhinocerotidae (rinoceronte).
f. Hippopotamus (hipopotamo).
g. Camelus (camello).
h. Cervus (ciervo).
i. Antilocapra (berrendo).
j. Equus (caballo).

SUPERORDEN UNGULADOS.

Se apoyan y caminan sobre el extremo de los dedos (équidos, rinocerontes, tapires), siendo el eje de su apoyo, el tercer dedo de sus extremidades, y sufren atrofia progresiva del 1º y 5º dedos. En grupos como los équidos, la evolución es completa y tienen un solo dedo.

Dentición completa en los incisivos 3/3; diastema con o sin caninos; premolares y molares lofodontos.

ORDEN ARTIODACTYLA.

Tienen un número par de dedos y su eje de apoyo esta entre el 3er y 4º dedos. Dentición diversificada en diferentes grupos del órden: **hypoconíferos,** con una cúspide molar bien desarrollada; **bunoselenodontos,** con dentición semiselenodonta o selenodonta, con cúspides alargadas en cuarto creciente lunar; **suidos,** con molares bunodontos, sin reducción ni fusión de dedos; **rumiantes,** con molares selenodontos, reducción de dedos y desarrollo de cuernos-astas.

Familia Anoplotheriidae.

• Género Anoplotherium, Cuvier, 1804.

Se alimentaban de pie sobre dos patas, balanceándose sobre sus musculosas colas para ramonear árboles, y podrían haber medido 2-3 metros de altura; tenían tres dedos, dos dígitos principales con pezuñas y un pulgar más pequeño y algo oponible en el interior de cada extremidad.

Sin dientes caninos; tenían una serie de nueve dientes concomitantes, sin ninguna interrupción, desde el último molar (con tres medias lunas) hasta los incisivos laterales; los 3 últimos molares están divididos externamente en porciones casi cilíndricas; los tres molares anteriores tienen una forma diferente.

Anoplotherium sp.

Familia Entelodontidae.

• Género Entelodon, Aymard, 1846.

Grandes cráneos con hocico alargado, arcos cigomáticos y postorbitales, cresta sagital y tubérculos óseos en la mandíbula; tres pares de incisivos robustos, un par de caninos grandes, cuatro pares de premolares puntiagudos y tres pares de molares relativamente simples y planos (I3-C1-P4-M3/I3-C1-P4-M3).

Esta dentición no reducida o completa es el origen del nombre de la familia, que en griego significa «dientes completos». Esqueleto típico de artiodáctilo con cuatro dedos, los dos centrales formando pezuña. Semejantes a los cerdos actuales, su parentesco más próximo actual es con los hipopótamos.

Entelodon sp.

Icnitas de Fondota. La superficie de icnitas de Fondota, en Abiego (Huesca): contiene numerosas huellas de cuadrúpedos, didáctilas y artiodáctilas de diferentes tamaños, producidas en especial por dos mamíferos hoy extinguidos, *Anoplotherium y Entelodon*. Las huellas están en materiales de un sistema lacustre carbonatado y somero, situado en la periferia del abanico aluvial de Huesca.

Icnitas de Fondota.

Icnitas de Fondota, detalle.

Mioceno medio -12 Ma

- ☐ Océano profundo
- ☐ Mar abierto
- ☐ Mar superficial
- ☐ Cuencas litorales o intracontinentales
- ☐ Tierras emergidas

Interpretación BRGM del Mioceno en Aquitania -20 Ma.

Cenozoico MIOCENO
EL DRENAJE DE LA CUENCA DEL EBRO

Paleogeografía.

Al inicio del periodo el nivel del mar asciende por el aumento de las temperaturas, inunda gran parte de Europa y la separa de Asia. Al final del periodo, con la acumulación de agua en los casquetes polares, se vuelve a unir Europa con Asia. El empuje de África cierra los estrechos de oriente medio y de Gibraltar al oeste, aislando el Mediterráneo, que comienza a desecarse. Los subcontinentes americanos también se unen entre sí por el istmo de Panamá; se unen con Siberia por el puente de Bering; y con la Antártida por la Patagonia, al menos con los hielos invernales.

El Pirineo alcanza los 4000 metros de altura media; esto, junto al plegamiento de los Alpes, presiona la plataforma costera provocando el alejamiento del bloque

Mioceno continental.

Mioceno lacustre.

Corso-Sardo y del bloque Balear, que hoy forman los sistemas insulares. En la cuenca del Ebro persiste un mar interior.

El océano Atlántico ocupa una gran extensión de Aquitania, haciendo del territorio emergido algo parecido a la actual costa cantábrica y los Picos de Europa.

Al final del periodo, la cuenca del Ebro se colmata de sedimentos, rebosa y se desborda, formando un drenaje erosivo precursor del río Ebro; se evacúan al mar grandes volúmenes de agua y de sedimentos.

Clima.

Se produce un nuevo máximo termal entre los 17 y los 14 millones de años, a partir del cual se produce un enfriamiento brusco, con un descenso de hasta 7 °C. El hielo continental aumenta en la Antártida y cubre Groenlandia. Los calentamientos y enfriamientos se traducen en aumentos y disminuciones del nivel del mar, en la cuenca del Adour hasta Orthez; mientras en las cuencas surpirenaicas persisten sistemas lagunares y aguas continentales que responden con fluctuaciones de nivel por evaporación o por mayor aporte de precipitaciones.

Geología.

El Mioceno está representado por los materiales terrígenos erosionados de la cordillera que rellenan las cuencas de Aquitania y del Ebro y que culminan las peñas y mallos de conglomerados (Riglos, Agüero y Salto de Roldán). Los mismos materiales abundan al norte, en los valles afluentes del Adour y, por ejemplo, forman los cimientos de la villa de Pau, allí son conocidos como pudingas del Jurançon.

La cuenca marina del Ebro sufre episodios parciales y sucesivos de desecación y reinundación. La evaporación de sus aguas genera importantes depósitos de sales, yesos y alabastros.

Paleontología.

La unión de Europa, Asia y África produce una uniformización progresiva de las faunas de los continentes. En Iberia es más apreciable la uniformización con las faunas africanas.

La mayor elevación de la cordillera y el drenaje de la cuenca del Ebro generan un gran desnivel y un gran arrastre de sedimentos con las precipitaciones. En

Cuenca miocena del Ebro
(modificado de Sancho Marcén, C. en *Geología y relieve de los Monegros*, 2005).

las cuencas exteriores del somontano se generan tres grandes abanicos aluviales donde, con los desbordamientos, se acumulan restos orgánicos de baja densidad como fragmentos leñosos y óseos.

En Aquitania las variaciones del nivel marino y los avances y retrocesos del litoral generan diversas acumulaciones de restos orgánicos, especialmente de moluscos, que proliferan hasta el máximo termal del Mioceno a lo largo de la cuenca del Adour; dan nombre al piso más bajo del Mioceno, el piso Aquitaniense. Entre Tarbes y Toulouse se han estudiado una cincuentena de yacimientos con macromamíferos que han proporcionado una amplia relación de especies; los más occidentales, en el Bearne.

Los micromamíferos fundamentan el estudio de la evolución de la cuenca del Ebro, de sus áreas lacustres y pantanosas en el centro y de los abanicos sedimentarios en el piedemonte, y dan nombre a la etapa, el piso Aragoniense, en el Mioceno superior, con las macrofaunas de su perímetro (Teruel, Calatayud, Tarazona).

Mioceno evaporítico.

Mioceno marino.

•REINO ANIMALIA•

•FILO CNIDARIA•

ORDEN SCLERACTINIA.
Septos en ontogenia, generalmente siguiendo el patrón de entre los primeros 6 septos se insertan otros 6 y, en ciclos sucesivos, se insertan 12, 24, 48, y siguientes duplos sucesivos de septos.

SUBORDER ASTROCOENIINA.
Colonial, raramente solitario: coralitos pequeños; tabiques formados por espinas a láminas trabeculares; poliperitos pequeños, con hasta 12 septos.

Familia Astrocoeniidae.
Hermatípico; poliperitos en haces y en panal; reproducción extratentacular; paredes septotecales; columnilla ausente o estiliforme y continua.

Subfamilia Astrocoeniinae.
Septos de ciclos inferiores laminares; columnilla presente, continua.

**• Género Stylocoenia,
Milne Edwards & Haime, 1849.**
Con proyecciones en forma de columnas estriadas
en las intersecciones de los cálices adyacentes; colonias livianas con tabiques delgados. ~*Stylocoenia* **sp.**

Familia Acroporidae.
Colonias masivas o ramosas, reproducción extratentacular; arrecifales; coralitos pequeños, pseu-
do-acostillados y poco diferenciados de la abundante masa común de la colonia; septos en 2 ciclos;
columnilla ausente o trabecular y débil; coenosteum reticulado, escamoso, espinoso o estriado.

Stylocoenia sp.

• Género Astreopora, Blainville, 1830.
Masivo o subramoso; sin coralitos axiales; coenosteum reticular; disepimentos tabulares; paredes de
poliperitos sólidas. ~*Astreopora* sp.

Astreopora sp.

Suborden Faviina.
Solitarios y coloniales; pared de políperos epitecal, septotecal o paratecal; septos con
márgenes más o menos regularmente dentados; disepimentos bien desarrollados.

Superfamilia Faviicae.
Tabiques compuestos por numerosas trabéculas; solitario o colonial, con coralitos mayores de 2 mm de diámetro; con más de 2 ciclos de septos; márgenes septales dentados.

Familia Faviidae.
Solitario, colonial y arrecifal; reproducción extratentacular o varios planos intratentaculares; paredes septotecales o paratecales; septos laminares, regularmente dentados en
los margenes; lóbulos paliformes; columnilla trabecular o laminar, rara vez estiliforme
o ausente.

**Género Plesiastrea,
M. Edwards & Haime, 1848.**
(=*Heliastrea*); plocoide, coralitos estrechamente
unidos casi hasta los cálices; formación de colonias
principalmente por reproducción extratentacular.
~*Plesiastrea* sp.

Plesiastrea sp.

Favites aranea

Antiguastrea alveolaris

Diploastrea sp.

Porites arenosa

• Género Favites, Link, 1807.

Colonias ceroides, masivas, foliáceas o incrustantes, con series calicinales con uno a tres coralitos monocéntricos; columnilla trabecular, esponjosa. ~*Favites aranea, F. detecta.*

Subfamilia Montastreinae.

Gemación extratentacular.

• Género Antiguastrea, Vaughan, 1919.

Colonias subceroides masivas, incrustantes o subfoliáceas; márgenes septales regularmente dentados; columnilla laminar delgada. ~*Antiguastrea alveolaris.*

• Género Diploastrea, Matthai, 1914.

Plocoides; paredes septotecadas, pero parcialmente sinapticulotecadas y porosas al nivel de los cálices; columnilla bien desarrollada. ~*Diploastrea* sp.

Suborden Fungiina.

Solitario y colonial; septos aventanados, con márgenes perlados o dentados.

Superfamilia Poriticae.

Colonial; tabiques formados por trabéculas simples; esclerodermitas que divergen y forman una malla porosa.

Familia Poritidae.

Arrecifal; gemación extratentacular; poliperitos unidos estrechamente sin coenosteum, limitados por uno o más anillos sinapticulares.

• Género Porites, Link, 1807.

Masivo, ramoso o incrustante; coralitos pequeños (hasta 2 mm); septos con solo 2 ciclos septales. ~*Porites arenosa.*

CENOZOICO Mioceno -23 a -5 Ma

CLASE ECHINOIDEA.

ORDEN CAMARODONTA.

Familia Parechinidae.

• **Género Psammechinus,**
L. Agassiz & Desor, 1846.

Disco apical dicíclico. Caparazón de contorno circular; perfil deprimido. Placas ambulacrales trigeminadas con pares de poros que forman una banda vertical. Un tubérculo primario grande para cada placa ambulacral e interambulacral. Tubérculos secundarios desarrollados a ambos lados y tubérculos más pequeños comunes. Muescas bucales pequeñas; filodios no desarrollados. Espinas fuertes y puntiagudas; menos de la mitad del diámetro del caparazón en su parte más larga. *~Psammechinus* sp.

Psammechinus sp.

ORDEN SALENIOIDA.

Familia Saleniidae.

• **Género Salenia,**
Gray, 1835.

Disco apical aplanado, elevado por encima de la corona, placas lisas pero generalmente con fosas suturales bien desarrolladas. Abertura de gonoporo subcentral en la placa genital y claramente visible en vista aboral. Desplazamiento del periprocto desde el eje anteroposterior hacia la derecha posterior. Placas ambulacrales bigeminadas; granulación desarrollada entre las dos columnas de tubérculos primarios. *~Salenia* sp.

Salenia sp.

PIRINEO PALEONTOLÓGICO

Familia Echinolampadidae.

• **Género Hypsoclypus,
Pomel, 1869.**
Caparazón grande, subcircular, abombado, superficie inferior plana. Sistema apical monobasal, con placas oculares pequeñas. Pétalos largos casi hasta el margen, anchos, con ligera asimetría. Zonas interporíferas cuatro veces el ancho de las zonas poríferas; poros ligeramente conjugados, el exterior, alargado y, el interior, redondo; pétalos rectos, sin tendencia a cerrarse distalmente. Periprocto transversal sobre la base. Peristoma ligeramente anterior, transversal, pentagonal. *~Hypsoclypus lucae.*

Hypsoclypus lucae

Familia Fibulariidae.

• **Género Echinocyamus,
Van Phelsum, 1774.**
Pequeño caparazón ovalado con márgenes gruesos y redondeados; perfil aplanado; diez contrafuertes radiales internos; cuatro gonoporos e hidroporos dispersos; pétalos pequeños, abiertos distalmente; peristoma circular y un poco hundido; los poros y los pies ambulacrales se extienden en bandas sobre las suturas horizontales siguiendo las suturas ambulacrales, pero también se extienden sobre las placas interambulacrales; zonas interambulacrales continuas; placas basicoronales relativamente pequeñas con elementos interambulacrales más grandes que los elementos ambulacrales; periprocto en la cara oral, abertura delimitada por placas interambulacrales. *~Echinocyamus* sp.

Echinocyamus sp.

•FILO ARTHROPODA•

SUBFILO CRUSTACEA.

SUBCLASE CIRRIPEDIA.

Crustáceos sedentarios marinos con antenas, máxilas, apéndices y cuerpo contenidos en un caparazón; un manto sostiene las placas calcáreas que persisten a través de ciclos de muda durante la vida adulta.

ORDEN BALANOMORPHA.

Familia Balanidae.

• Género Balanus, Da Costa, 1778.
Forma pequeña y cónica, compuesta por seis placas articuladas en perímetro y parte superior cerrada por un opérculo romboidal. ~*Balanus* sp.

Balanus sp.

•FILO MOLLUSCA•

CLASE GASTROPODA.

Familia Cerithiidae.

• Género Cerithium, Bruguière, 1789.
Concha no umbilicada, turriculada; vueltas numerosas, estrechas en lento crecimiento; abertura oblonga, prolongada en un canal oblicuo, torcido hacia atrás; labro espeso y sinuoso; abertura con un tubérculo dentiforme o pliegue en espiral en la pared basal, cerca de la unión del labro; vueltas, a menudo, varicosas; columnilla lisa; numerosas especies. ~*Cerithium bidentatum, C. papaveraceum, C. pictum, C. rubiginosum, C. scabrum, C spina, C. vulgatum.*

Cerithium sp.

Familia Turritellidae.

• Género Turritella, Lamarck, 1799.
Concha alargada, multiespiral, surcada o carenada; estrías de crecimiento arqueadas y sinuosas; abertura entera, subcuadrangular; labro excavado hacia atrás, prominente hacia adelante; columnilla muy arqueada, un poco callosa, unida por una curva continua al contorno anterior. ~ *Turritella bicarinata, T. Orthezensis, T. subarchimedis.*

Turritella orthezensis

ORDEN LITTORINIMORPHA.

Familia Calyptraeidae.

• Género Calyptraea, Lamarck, 1799.
Concha conoide, con ápice vertical, entera y puntiaguda; la abertura provista de una lengüeta en forma de pequeño cono o de un diafragma en espiral. ~*Calyptraea chinensis, C. sinensis.*

Calyptraea s.p.

Familia Naticidae.

• Género Natica, Scopoli, 1777.
Concha univalva, umbilicada, con la abertura subelíptica; molusco con dos sifones, sin la columna adyacente como en el caso de Neritae ~*Natica Bronni, N. burdigalensis, N. josephinia, N. leberonensis, N. redempta, N. subepigloltina, N. turbinoides, N. vulgatum.*

Natica josephinia

• Género Neverita, Risso, 1826.
Concha ovalada, vueltas de espira deprimidas, no elevadas; sutura muy poco definida; perímetro posterior muy grueso, prominente, cubriendo el ombligo; opérculo cartilaginoso. ~*Neverita olla.*

Neverita olla

Superfamilia Ficoidea.

Familia Ficidae.

• **Género Ficus,**
Röding, 1798.
Concha convoluta, la última vuelta envuelve casi totalmente a las precedentes y la espira es muy corta; crecimiento muy rápido que genera una abertura semiovalada y una larga columnilla; superficie regularmente reticulada por costillas longitudinales y transversales iguales, excepto en la base de la columnilla, donde, las costillas son solo longitudinales. ~*Ficus sallomacensis.*

Ficus sallomacensis

Superfamilia Stromboidea.

Familia Xenophoridae.

• **Género Xenophora,**
Fischer von Waldheim, 1807.
Concha subturriculada, con las vueltas cubiertas por cuerpos extraños; la abertura lisa, en forma de oreja, la columnilla aplanada da origen detrás de la terminación a dos quillas altas que terminan en el contorno de la primera vuelta. ~*Xenophora deshayesi, X. infundibulum.*

Xenophora
infundibulum

Superfamilia Vermetoidea.

Familia Vermetidae.

• **Género Vermetus,**
Daudin, 1800.
Concha tubular, retorcida en espiral irregular, generalmente adherente, y provista de una abertura orbicular y operculada. ~ *Vermetus arenarius, V. intortus.*

Vermetus arenarius

Bivetiella subcancellata

Melongena cornuta

Tudicla rusticula

ORDEN NEOGASTROPODA.

Superfamilia Volutoidea.

Familia Cancellariidae.

• Género Bivetiella, Wenz, 1943.
Concha mediana, imperforada o con ombligo reducido; vueltas de espira convexas, sutura marcada; rampa sutural obsoleta o ausente; escultura formada por costillas axiales y longitudinales en espiral, que dan a la superficie un aspecto fuertemente cuadriculado; posibles varices labiales; canal sifonal anterior corto; columnilla recta, duplicada. ~*Bivetiella subcancellata.*

Superfamilia Buccinoidea.

Familia Melongenidae.

• Género Melongena, Schumacher, 1817.
Abertura ovalada alargada, estrechada al frente; pico corto, recto; el canal abierto; el labio exterior afilado; labio interior calloso; columnilla imperforada; variantes con abertura en pico y completa por detrás; y variantes con abertura casi orbicular. ~*Melongena cornuta.*

Familia Tudiclidae.

**• Género Tudicla,
Röding, 1798.**
Concha convoluta con una espira corta pero ancha, con dos quillas longitudinales que delimitan una banda exterior en las vueltas; la base, con una larga columnilla y un estrecho canal, y la espira a la que se une muestra un amplio seno que en su terminación en la abertura da forma a la escotadura del sifón. ~*Tudicla rusticula.*

Superfamilia Olivoidea.

Familia Olividae.

• Género Oliva, Bruguiere, 1789.
Concha casi cilíndrica, escotada en la base, la parte inferior de la columnilla marcada con estrías oblicuas. *~Oliva dufresnei.*

• Género Ancillaria, Lamarck, 1811.
Concha oblonga, subcilíndrica; verticilo corto, no canaliculado; abertura longitudinal apenas escotada en la base, inclinada; con un borde calloso y oblicuo en la parte inferior de la columnilla. *~Ancillaria glandiformis.*

Superfamilia Conoidea.

Familia Terebridae.

• Género Terebra, Bruguière, 1789.
Concha turriculada; la abertura termina en la base en un canal muy corto, ancho y dentado. *~Terebra acuminata, T. basteroti, T. modesta, T. pertusa, T. plicaria.*

Familia Conidae.

• Género Conus, Linneo, 1758.
Concha univalva, cuyas últimas vueltas envuelven a las anteriores, con forma de peonza. Abertura alargada longitudinal, recta, sin denticulaciones, base íntegra. Columnilla poco evidente. *~Conus canaliculatus, C. dujardini, C. figulinus, C. maculosus, C. ponderosus, C. striatulus.*

Familia Clavatulidae.

Oliva dufresnei

Ancillaria glandiformis

Terebra plicaria

Conus maculosus

Clavatula asperula

• **Género Clavatula, Lamarck, 1801.**
Concha subturriculada, robusta, con la abertura terminada hacia el ápice con un canal corto o por una muesca. Un canal de borde recto recorre la sutura hasta su vértice. ~*Clavatula asperulata, C. calcarata, C. gothica, C. Jouanneti, C. turris.*

CLASE BIVALVIA.

ORDEN ARCIDA.

Superfamilia Arcoidea.

Familia Arcidae.

Arca fichteli

• **Género Arca, Linneo, 1758.**
Alargadas, subtrapezoidales a rectangulares, muy inequilaterales, expandidas o auriculadas posteriormente, carena posterior umbonal prominente; área cardinal amplia, cubierta del todo por las estriaciones de los ligamentos; series dentales largas y casi rectas; superficie con acostillado radial, muy definido. ~*Arca Fichteli.*

• **Género Barbatia, Gray, 1842.**
Concha pequeña, alargada, ovoide, inequilateral, generalmente equivalva; terminaciones redondeadas o subangulares y ligeramente ampliadas; carena umbonal baja, área cardinal baja, ranuras ligamentosas estrechas, acostillamiento abundante, en algunas formas obsolescente. ~*Barbatia gallica.*

ORDEN VENEROIDA.

Superfamilia Cardiacea.

Barbatia gallica

Familia Cardiidae.

Género Cardium, Linneo, 1758.

Valvas inequilaterales, costillas aquilladas, espinosas; conchas abiertas en bostezo en el margen posterior. ~*Cardium vidali, C. hians, C. papillosum, C. paucicostatum, C. turonicum.*

Familia Donacidae.

Conchas trigonales, medianas a pequeñas, sólidas, no equilaterales, opistogiradas; bisagra con dos dientes cardinales y laterales bien desarrollados; seno paleal normalmente presente.

Cardium vidali

• Género Donax, Linneo, 1758.

Escultura de acostillado radial presente en la mayoría, al menos en forma de crenulación marginal; ausencia de periostraco. ~*Donax gibbosula, D. transversa.*

Donax transversa

Superfamilia Pectinacea.

Familia Pectinidae.

• Género Pecten, Muller, 1726.

Valva derecha convexa, valva izquierda suavemente convexa, plana o cóncava; aurículas casi iguales; costillas radiales generalmente bastante anchas; bisagra con pilar cardinal o casi sin armadura. ~*Pecten laterti, P. puymoriae, P. striatus minor, P. substriatus, P. Suzannoe, P. Vindascinus.*

Pecten laterti

• Género Flabellipecten, Sacco, 1897.

Área umbonal convexa en valva izquierda, valva derecha ligeramente arqueada, costillas radiales generalmente deprimidas y aurículas más pequeñas. ~*Flavellipecten vasatensis.*

Flavellipecten vasatensis

Megacardita jouanneti

Superfamilia Carditacea.

Familia Carditidae.

• Género Megacardita, Sacco, 1899.
Transversalmente elíptica, muy desigual, con costillas redondeadas que se aproximan en la etapa adulta; umbos redondeados, prominentes; bisagra con débil diente 3a muy oblicuo, 3b más grande que alto, 2 y 4b presentes; todos débiles y otros laterales obsoletos. ~*Megacardita jouanneti.*

Superfamilia Veneracea.
Conchas ovaladas; ornamentación concéntrica y en algunas radial, con espinillas o laminillas; umbos adelantados, prosogiros; ligamento externo; tres dientes cardinales en cada valva; seno paleal.

Familia Veneridae.
Con lúnula y escudete; tres dientes cardinales en cualquiera de las valvas; dientes laterales posteriores débiles o ausentes; dientes laterales anteriores presentes en algunos grupos, ausentes en otros; seno paleal que varía en tamaño y forma.

Subfamilia Tapetinae.
Ovaladas a alargadas, superficie algo pulida, márgenes internos lisos, al menos en el tercio posterior; placa de bisagra estrecha, con cardinales 3a enteros, 3b normalmente enteros, otros frecuentemente bífidos; falta de dientes laterales.

• Género Paphia, Roding, 1798.
Alargada, comprimida, superficie brillante. ~*Paphia deshayesi.*

Paphia deshayesi

Subfamilia Dosiniinae.

Equivalva, lenticular, concéntricamente estriada; bisagra fuerte, con AII presente.

• **Género Dosinia, Scopoli, 1777.**

Conchas comprimidas, casi orbiculares; lúnula bien definida.

• **Subgénero Pectunculus, Da Costa, 1778.**

Ausencia de escudo; seno paleal. *~Pectunculus cor, ~Dosinia (P.) violacescens.*

CLASE SCAPHOPODA.

ORDEN DENTALIIDA.

Dosinia (Pectunculus) violacescens

Familia Dentaliidae.

Concha univalva, tubular, abierta en los dos extremos; cáscara sólida, orificio posterior más ancho que el orificio anterior; sin opérculo.

• **Género Dentalium, Linneo, 1758.**

Concha mediana; fisonomía subcilíndrica, cáscara gruesa; estriada longitudinalmente; orificio inferior simple, no contraído, orificio superior truncado, entallado, provisto con un pequeño tubo accesorio o de costillas interiores. En sentido estricto tiene el orificio posterior truncado, sin entalladuras, y la superficie está provista de costillas longitudinales. *~Dentalium lamarcki, D. pseudoentalis.*

Dentalium sp.

Odontapsis sp.

Orden Lamniformes.

Familia odontaspididae.

Dientes largos, estrechos y muy afilados con bordes lisos, con una y, en ocasiones, dos cúspides más pequeñas a cada lado.

• Género Odontaspis, Agassiz, 1843.

Dientes algo cilíndricos, algo retorcidos y con conos laterales largos y puntiagudos en número variable (de uno a tres). ~*Odontapsis* sp.

Familia Lamnidae.

Dientes triangulares y afilados, separados a la misma distancia unos de otros.

Lamna cuspidata

Género Lamna, Cuvier, 1816.

Heterodoncia gradual moderada; las cúspides están inclinadas distalmente. El filo es liso y se extiende hasta una pequeña cúspide en cada lado. La raíz es gruesa, con lóbulos bien desarrollados y un hueco central. ~*Lamna cuspidata.*

CLASE ACTINOPTERYGII.

INFRACLASE TELEOSTEI.

Una de las principales diferencias entre los teleósteos y otros peces óseos radica en los huesos de la mandíbula: los teleósteos tienen un premaxilar de alta movilidad e independiente del cráneo, que les permite la protrusión de la mandíbula y les facilita sujetar el alimento y atraerlo hacia la boca. En la mayoría de teleósteos, su amplio premaxilar es el principal hueso portador de dientes y el maxilar, que está unido a la mandíbula inferior, actúa como palanca, empujando y tirando del premaxilar al abrir y cerrar la boca. El premaxilar es una de las piezas óseas que más fácilmente puede fosilizar. ~*Teleostei* indeterminado.

Premaxilar teleostero
indeterminado.

MIOCENO CONTINENTAL.

La paleontología continental está reducida a una serie de yacimientos limitados. La exposición de los restos orgánicos a la intemperie (radiación solar, oxidación–reducción) reduce sus posibilades de fosilización y los yacimientos son más abundantes en las cuencas de antepaís, donde sucesivos episodios sedimentarios, como riadas estacionales, recubren los suelos en cortos periodos temporales; en estos paisajes el relieve es poco acentuado y los yacimientos se descubren, a veces, con ocasión de actividad humana, para desaparecer a continuación.

La sucesión de ciclos climáticos en el piedemonte de la cordillera, donde la energía erosiva y sedimentaria fue muy alta, ha permitido no obstante la formación de yacimientos cuando se han reunido las condiciones más adecuadas para la fosilización, especialmente, en sedimentos pantanosos, lagunares o de llanuras de inundación.

Stromatolithes: laminaciones estromatolíticas en limos carbonatados lacustres de los Monegros.

Restos vegetales carbonizados.

Azabache: mineraloide de color negro brillante; es un carbón que se origina a partir de troncos de árboles de las familias araucaráceas y protopináceas y se utiliza como piedra semipreciosa.

Es compacto, suave, ligero y bastante blando (alrededor de 2,35 y 6,5 en la escala de Mohs), es frágil, tiene fractura concoidea, el color de raya es pardo oscuro, y el brillo de su pulido permanece inalterable con el tiempo. Arde produciendo mucho humo, olor bituminoso y a veces fétido. Está formado por una mezcla heterogénea de material carbonáceo orgánico y materia mineral. Maceral es el nombre que se le da a los constituyentes órganicos individuales y discernibles bajo microscopio.

Azabache miocénico

CLASE GASTROPODA.

SUPERORDEN EUPULMONATA.

Familia Helicidae.

• Género Helix, Linneo, 1758.

Concha univalva, espiral, subtransparente, frágil. Apertura constreñida, interior semilunar, perfil subredondeado, marcado por una quilla. ~*Helix* sp.

Helix sp.

SUPERCLASE PISCES.

CLASE OSTEICHTHYES.

INFRACLASE TELEOSTEI.

ORDEN PERCIFORMES.

Familia Percidae.

• Género Properca, Sauvage, 1880.

Pez pequeño con una cabeza grande, igual a alrededor del 30 % del cuerpo, una columna de 30 vertebras y fuertes espinas incluidas en las aletas dorsales, ventrales y caudales, mientras los nervios de las aletas son delicados y cortos; la aleta dorsal comienza detrás de la cabeza con 12 fuertes espinas, la segunda es la más larga y las siguiente son progresivamente más cortas; la segunda serie dorsal consta de una espina y unos 8 radios blandos; las espinas constan de una base articular redondeada, un tallo de sección triangular, una punta aguda y un canal nutritivo de sección circular en el centro del tallo. ~*Properca* sp.

Properca sp.

ORDEN SILURIFORMES.

Familia Bagridae.

• Género Bagroides, Bleeker, 1851.

Los dientes de los maxilares y del vómer son multiseriados, pequeños, cónicos o graniformes, los vomerinos en una turma indivisa, redonda, ovalada o subsemilunar, los inframaxilares dispuestos en una cinta simple; los dientes de la columna miran hacia arriba; la corona del diente es esmaltoide normal; la raíz rechoncha o pedicelo (común en peces y anfibios) está compuesta de dentina de fibra gruesa mineralizada en un tejido similar al hueso llamado vasodentina o dentina capilarizada. ~*aff. Bagroides* sp.

Aff. Bagroides sp.

SUPERCLASE REPTILIA.

SUBORDEN CROCODYLIFORMES.

Familia Alligatoroidea, Gray, 1844.

Osteodermos. Como en el Oligoceno, los restos dispersos de pequeños cocodrilomorfos son uno de los materiales fósiles presentes; este material óseo es insuficiente por sí solo para la identificación taxonómica. En las Bardenas Reales se ha identificado **Diplocynodon (Pomel 1847),** un género de la familia Alligatoroidea (Gray, 1844). Los osteodermos tienen una doble función como placas defensivas y como acumuladores de calor por la necesidad de los reptiles de utilizar la radiación solar para mantener su temperatura corporal. ~*Aff. Diplocynodon* sp.

Osteodermo, vertebra y diente aff.
Dyplocynodon sp.

ORDEN TESTUDINES.

Superfamilia Testudinoidea.

Familia Geoemydidae.

Las piezas del caparazón y plastón de tortugas terrestres, como de sus osteodermos, presentan una gran capilaridad interna para facilitar la circulación de sangre y su calentamiento por la exposición al sol, además de otras funciones. Las muescas muestran también el silueteado de las placas dérmicas que recubren el caparazón. Mientras en la vida acuática los huesos compactos, por su mayor peso, son una ayuda como lastre para regular la flotabilidad del animal, en la vida terrestre son una carga inecesaria, por lo que los huesos tienen una mayor porosidad. *~Geoemydidae* **indeterminado.**

CLASE MAMMALIA.

ORDEN LAGOMORPHA.

Se caracterizan por tener dos pares de incisivos superiores y están representados actualmente por conejos, liebres y pikas.

Cráneo abombado, con nasales anchos y maxilar alto. Dos pares de incisivos superiores y un par de incisivos inferiores; carecen de caninos y tienen diastema en su lugar. Cuando oclusionan los molares, los incisivos contactan entre sí lo que permite roer y masticar a la vez (2-0-3/1-0-2). Tres molares superiores y dos inferiores, que son hipsodontos (con corona alta), igual o más anchos que largos, que tienen crecimiento continuo y adoptan una forma curvada.

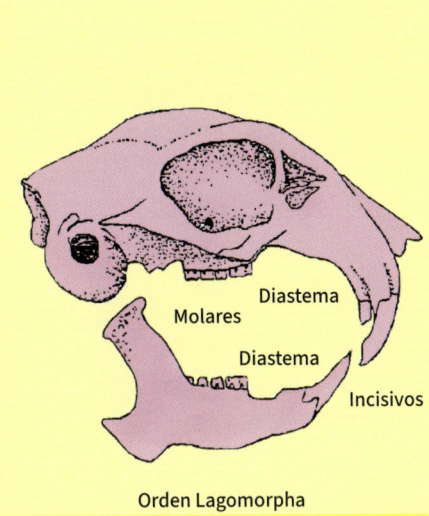

Diastema
Molares
Diastema
Incisivos

Orden Lagomorpha

Familia Lagomyidæ.

• Género Titanomys, Meyer, 1843.
Roedores extintos, duplicidentes, de la familia
Lagomyidae, relacionados con las pikas vivientes, pero caracterizados por un solo premolar
superior e inferior, en lugar de dos piezas. ~*Titanomys visenoviensis.*

Titanomys visenoviensis

Superorden Ungulata.

Orden Artiodactyla.

Familia Cainotheriidae.

• Género Cainotherium, Bravard, 1828.
Artiodáctilo de tamaño muy pequeño, endémi-
co de Europa Occidental entre el Oligoceno y
el Mioceno; se diferencia del resto de géneros
de la familia por la ausencia de diastemas entre
los premolares, por la presencia de molares más
cuadrados y por su talla pequeña. ~*Cainotherium laticurvatum.*

Cainotheriu laticurvatum

Familia Palaeomerycidae.
Son rumiantes en manada con cuernos y patas largas. *Triceromeryx* del Mioceno espa-
ñol presenta dos osiconos (pseudocuernos) rectos y cortos sobre sus órbitas, similares
a los de las verdaderas jirafas, y un tercer apéndice en forma de Y que prolongaba el
hueso occipital en la parte posterior del cráneo.

• Género Amphitragulus, Pomel, 1846.
El género más antiguo conocido de la familia. Siete molares inferiores (cuatro premolares),
con sus crestas en medias lunas poco diferenciables, y sus cúspides más cónicas y obtusas; los
seis molares superiores tienen las mismas formas en detalle, el canino está muy desarrollado;
la cabeza, a pesar de ser un jiráfido, no tiene
apéndices frontales. ~*Amphitragulus elegans.*

Amphitragulus elegans

Familia Suidae.

Subfamilia Listriodontinae.

• Género Listriodon, von Meyer, 1846.
Distribuido en Europa, África y Asia durante el Mioceno. Dentición lofodonta (corona de los molares formando crestas) con los bordes afilados, con caninos superiores e inferiores curvados hacia afuera y hacia arriba; talón con tercer molar presente y de tamaño variable en diferentes especies de ese género y sínfisis también presente; huesos postcraneales cortos y robustos. ~*Listriodon* sp.

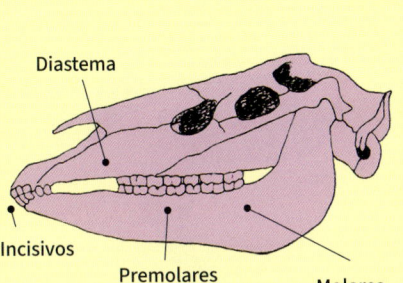

Listriodon sp.

ORDEN PERISSODACTYLA.

Eje de simetría en el 3er dedo, reducción de dedos hasta 1 solo en caballos actuales. Prosperan y dominan hasta el Mioceno, cuando es patente que son relevados por los artiodáctilos. Algunos pequeños équidos (*Hipparion*) son frecuentes en el Mioceno de la península ibérica. Dentición con premolares y molares con seis cúspides bunodontas.

Diastema

Incisivos

Premolares

Molares

Familia Rhinocerotidae.

• Género Protaceratherium, Abel, 1910.
Primitivo rinoceronte del Oligoceno y el Mioceno de Eurasia, de complexión ligera, adaptado para correr. ~*Protaceratherium minutum.*

Protaceratherium minutum s.p.

ORDEN PROBOSCIDEA.

Orden de la familia Elephantidae, la única viviente actual, con tres especies de elefantes; desarrollada desde el Eoceno; mamíferos pentadáctilos con cinco dedos hábiles para la locomoción y plantígrados; incisivos superiores que crecen a lo largo de toda la vida; colmillos muy desarrollados, superiores, inferiores o ambos; caja craneal muy amplia; proboscide sensorial, prensil y respiratoria.

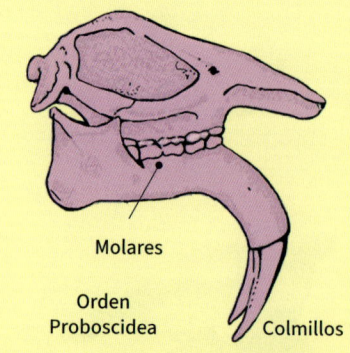

Molares

Orden
Proboscidea

Colmillos

Familia Deinotheriidae.

• Género Prodeinotherium, Ehik, 1930.

Proboscideo del tamaño del elefante asiático actual. Carecía de colmillos superiores y poseía colmillos inferiores orientados hacia abajo; fórmula dental: 0-0-3/1-0-3 y 0-0-2-3/1-0-2-3; molares 2-3 con relieve; el maxilar gira hacia abajo, paralelo a la sínfisis mandibular; la hinchazón del preorbitario está próxima a la órbita; el techo del cráneo es más largo y ancho que en otros géneros de la familia. ~*Prodeinotherium* sp.

Prodeinotherium sp.

ORDEN CARNIVORA.

Buena dispersión en el Oligoceno-Mioceno. Cráneo alargado, excepto los félidos, con cráneo redondeado. Familias con representación actual: Canidae, Ursidae, Mustelidae, Otariidae, Phocidae, Felidae e Hyaenidae.

Fórmula dentaria como en Creodonta: I3-C1-P4-M3/I3-C1-P4-M3, con caninos muy desarrollados, incisivos subiguales a excepción del tercero, que es mayor; premolares secodontos; cuarto premolar superior y primer molar inferior transformados en muelas carniceras (secodontos con cresta longitudinal y oclusión en cizalla); molares tribosfénicos.

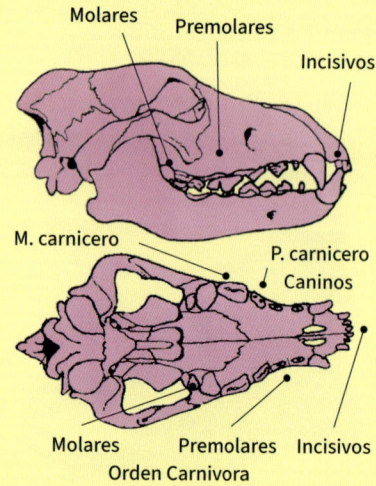

Molares   Premolares
Incisivos

M. carnicero
P. carnicero
Caninos

Molares   Premolares   Incisivos
Orden Carnivora

SUBORDEN CANIFORMIA.

Familia Amphicyonidae.
Características de osos y perros sin estar emparentados con ambas familias.

Género Tartarocyon, Solé et al., 2022.
Gran tamaño, con fórmula dental completa; diastemas largos entre los premolares, P2 y P3 bajos; cúspides caninas en P y M; individualización de cúspide canina accesoria en el 4º premolar; descrito en la comunidad bearnesa de Sallespisse, desplazado en depósitos marinos.

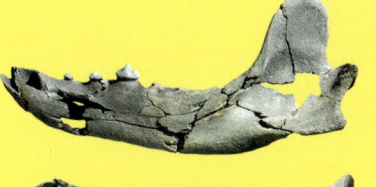

Tartarocyon cazanavei

Icnitas de Loarre.
Icnitas de grandes mamíferos, posiblemente perisodáctilos, en areniscas fluviales de la formación Uncastillo (Mioceno inferior -20 a -25 Ma), en el entorno del castillo románico de Loarre; destacan por su gran tamaño, que oscila entre 25 y 50 cm, por lo que hay que atribuirlas a grandes vertebrados. Por correspondencia con la fauna contemporánea europea, los únicos perisodáctilos de ese tamaño eran parientes de los actuales rinocerontes. Las huellas son de cuadrúpedos, con un pie redondeado y dedos anchos y cortos.

Icnitas de Loarre.

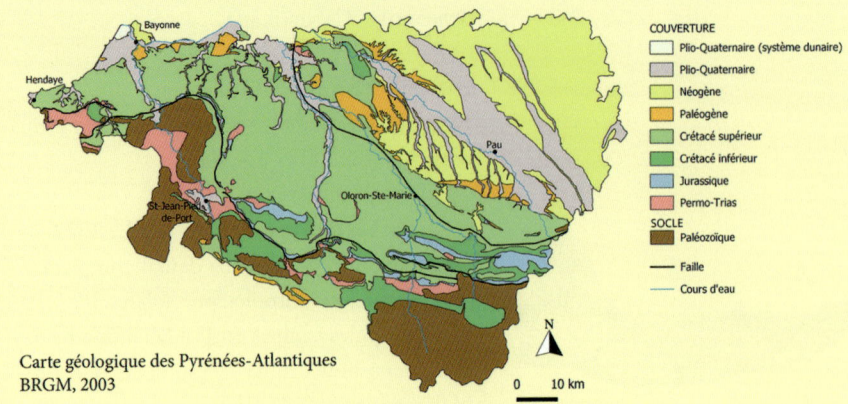

Carte géologique des Pyrénées-Atlantiques
BRGM, 2003

Cenozoico PLIOCENO
ARIDIFICACIÓN Y LLEGADA DE FAUNAS AFRICANAS

Periodo de transición entre el Mioceno cálido y las glaciaciones del Pleistoceno, comienza hace 5,33 Ma y termina hace 2,59 Ma.

Paleogeografía.
Unión de América por emersión del istmo centroamericano; en Europa se produce un nuevo cierre del Mediterráneo respecto al Atlántico y al Índico, por el empuje de la placa africana.

Al confinarse el Mediterráneo, comienza un ciclo evaporítico con disminución de su nivel de agua: se incrementa la erosión de la base de la plataforma continental, con el consiguiente aumento de la incisión erosiva de los ríos.

Geología.
Continuidad de las fuerzas compresivas del Pirineo y su fracturamiento generalizado a consecuencia del doble empuje de la placa africana y una nueva elevación del Macizo Central francés, con fuerte actividad volcánica; se incrementa el diferencial gravitacional erosivo de la red fluvial.

Los ríos del Pirineo son en esta situación potentes agentes erosivos que transportan grandes cantidades de gravas, arenas y limos hasta los deltas y estuarios donde se incorporan a las corrientes sedimentarias marinas, pero también se acumulan masas de escombros en el piedemonte, por ejemplo, en conos de deyección y en llanuras de desbordamiento, donde las corrientes pierden su energía.

En la vertiente norte, las superficies pliocenas se encuentran actualmente en reductos elevados entre cauces fluviales contiguos, donde se han librado del posterior recubrimiento y la erosión glaciar y fluvial; un buen ejemplo es la meseta de Lannemezan, desde donde los sedimentos pliocenos se entienden hasta el valle de Pau interrumpidamente.

Estratos de lignito en sedimentos lacustres del Plioceno bearnés.

Clima.

Las fluctuaciones climáticas llevan a un amplio periodo cálido de 1,5 Ma a inicios del Plioceno y otro más breve de 0,3 Ma al final del periodo. El Plioceno finaliza con una gran inestabilidad climática, preludio de la intermitencia glaciar del Pleistoceno. La emersión del istmo centroamericano y la desaparición del mar de Tetis con el cierre del Mediterráneo disminuyeron la circulación de corrientes cálidas en el Atlántico, lo que pudo ser uno de los factores que condujeron a la acumulación de hielo en Groenlandia y a las glaciaciones globales.

Paleontología.

Los yacimientos fósiles Pliocenos son escasos en el Pirineo. Una antigua explotación de lignitos próxima a Tarbes (Orignac) ha descubierto desde 1860 la base del Plioceno en su límite inferior con el Mioceno, con restos fósiles de fauna de macromamíferos y vegetación.

Por su parte, en la meseta de Lannemezan (Montoussé) se han descubierto importantes yacimientos del límite superior del Plioceno con el Pleistoceno, donde ya se aprecia la presencia de fauna africana llegada a través del istmo de Gibraltar y del Mediterráneo desecado; así queda bien definida una macrofauna pirenaica previa a la era glacial. Primates, artiodáctilos, suidos, rinocerontes, lobos, zorros, felinos, osos, mustélidos, conejos, topillos, ratones, lemmings, ardillas, lirones, topos, musarañas, erizos y murciélagos han sido documentados entre los mamíferos, además de otros vertebrados: aves, reptiles y anfibios.

En cuanto a la vegetación, el estudio microscópico de pólenes ha ampliado el conocimiento de la paleontología tradicional y se han documentado vegetaciones muy variadas, en especial, por las variaciones climáticas en la sucesión temporal, en las distintas altitudes de la cordillera, donde el techo boscoso llegó a estar a más de 3000 m (menos de 2000 m en la actualidad).

El último Plioceno, más árido y seco, favoreció la extensión del matorral y las herbáceas en detrimento del arbolado, lo cual parece la circunstancia propicia para la diferenciación del género *Australopitecus*, ancestro en el linaje del género *Homo*.

Plioceno -6 Ma

□ Océano profundo   □ Cuencas litorales o
□ Mar abierto   intracontinentales
□ Mar superficial   □ Tierras emergidas

La vegetacion pirenaica se nutre en el Plioceno con géneros de áreas tropicales con mucha pluviosidad. Géneros exóticos hoy plenamente tropicales e, incluso, confinados al hemisferio sur convivieron con géneros aún presentes en la actualidad, entre ellos: pecan (Carya), *coníferas* (Pinus, Haploxylon, Sciadopitys, Tsuga, Cedrus y Araucaria), *haya* (Fagus), *carrascas y robles* (Quercus), *alamos* (Populus), *boj* (Buxus) *y lauraceas* (Laurus, Perseai, Oreodaphne, Cinnamomum y Daphnogene); *estos son en el Plioceno géneros abundantes en el Pirineo.*

Muchos de estos género se identifican en el estudio fósil con la parte leñosa del tronco, partiendo de la rehidratación de lignitos fósiles y su observación microscópica.

Fragmento de tronco leñoso lignitificado.

SUPERFILO TRACHEOPHYTA.

•FILO PINOPHYTA•

CLASE PINOPSIDA.

Orden Pinales.

Familia Cupressaceae.

• Género Taxodioxylon, Hartig, 1848.
Se documenta en el Plioceno norpirenaico la presencia abundante de *Taxodioxylon taxodii*, una especie cercana a *Sequoia sempervirens.* ~ *Taxodioxylon* sp.

Taxodioxilon sp.

•FILO SPERMATOPHYTA•

CLASE MAGNOLIOPSIDA.

Familia Juglandaceae.

Carya sp.

• **Género Carya, Nutt, 1818.**
Maderas con vasos aislados o por parejas, con parénquima alrededor; tejido de aspecto homogéneo con el límite entre los anillos poco marcado; radios homogéneos y leñosos de uniseriados a triseriados; perforaciones simples; las punteaduras intervasculares son de pequeño tamaño y alargadas, alternas. ~*Carya* **sp.**

ORDEN FAGALES.

Familia Fagaceae.

• **Género Quercus, Linneo, 1753.**
Anillo poroso. Vasos solitarios muy grandes entre los que discurren los radios leñosos; algunos poros más grandes que otros, la densidad de poros es baja y están aislados; radios leñosos uniseriados o multiseriados, algunos multiseriados muy anchos y fusiformes; las perforaciones entre elementos de vaso son simples; punteaduras intervasculares pequeñas; abundancia de traqueidas vasicéntricas. ~*Quercus* **sp.**

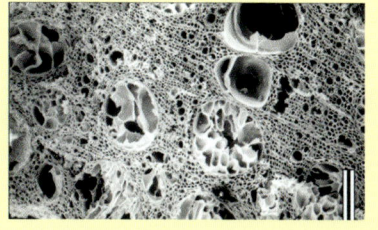

Quercus sp.

•REINO ANIMALIA•

•FILO CHORDATA•

Una fauna bien numerosa y diversa ha sido documentada también a lo largo de las dos vertientes de la cordillera: primates (Macaca), *artiodáctilos* (Libralces, Cervus, Suinae, Procamptoceras), *perisodactilos como rinocerontes* (Stephanorhinus), *lobos y zorros* (Canis, Vulpes), *felinos* (Felis, Linx, Pantera), *osos* (Ursus), *mustélidos* (Martes, Mustela), *conejos* (Hypolagus, Oryctolagus, Prolagus), *topillos y ratones muy diversos* (Mimomys, Germanomys, Arvicolinae, Pliomys, Apodemus), *lemmings* (Lemmus), *ardillas* (Sciurus), *lirones* (Glis, Eliomys, Muscardinus), *topos* (Talpa), *musarañas* (Petenya, Beremendia, Episoriculus, Sorex), *erizos* (Erinaceus) *y murciélagos* (Rhinolophus); *además de otros vertebrados como: aves* (Paleocryptonix, Dendrocopus, Oenanthe, Turdus, Ficedula, Corcus, Garrulus), *reptiles y anfibios* (Testudo, Anguis, Ophisaurus, Coluber, Elaphe, Coronella, Natrix, Vipera, Salamandra, Pelobates, Bufo y Rana).

CLASE MAMMALIA.

ORDEN PROBOSCIDEA.

Superfamilia Elephantoidea.

Subfamilia Gomphotheriidae.

• Género Tetralophodon, Falconer, 1857.

Mastodonte lejanamente emparentados con los elefantes actuales, a diferencia de ellos poseían dos pares de incisivos: los superiores eran semejantes a los de los elefantes y los inferiores, aplanados, en forma de paletas; gonfotérido, se caracteriza principalmente por las crestas de los molares (*Tetralophodon* significa *diente con cuatro crestas*), que fueron una respuesta a la aridificación del clima, ya que necesitaba estos molares para aplastar eficazmente las especies de plantas duras y fibrosas; *Tetralophodon* es uno de los gonfoterios más grandes, superando los 3 m. ~ *Tetralophodon longirostris.*

• Género Deinotherium, Kaup, 1829.

Género de extraños elefantes en los que los colmillos, curvados hacia abajo, se situaban en la mandíbula inferior y no en la superior; su trompa era mucho más corta y gruesa que la de los elefantes modernos; medía unos cuatro metros y medio de altura hasta la cruz

Habitó desde el Mioceno medio hasta el Plioceno medio en Europa y en Asia occidental. No se sabe cómo usaba sus colmillos. ~ *Deinotherium giganteum.*

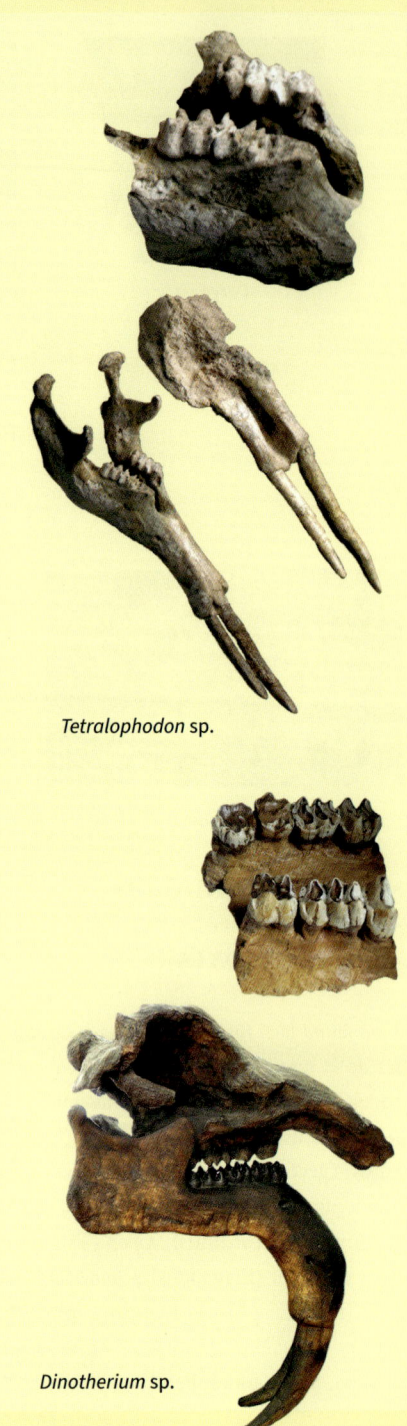

Tetralophodon sp.

Dinotherium sp.

Dihoplus schleiermacheri

Familia Rhinocerotidae.

• **Género Dihoplus,**
Brandt, 1878.
Rinoceronte de dos cuernos; cresta occipital relativamente alta y grande; huesos nasales relativamente anchos y gruesos; extremo posterior de la muesca nasal corto y redondeado; apófisis posglenoidea próxima a la postimpánica; primer premolar superior ausente; presencia de segundos incisivos inferiores. ~*Dihoplus schleiermacheri.*

Familia Chalicotheriidae.

• **Género Chalicotherium,**
Kaup, 1833.
Perisodáctilo adaptado a alimentación de las ramas arbóreas y de matorral; patas delanteras largas y con grandes garras; cabeza similar a la de un caballo; la pérdida de incisivos y caninos superiores con la madurez sexual sugiere una dieta blanda, molares cuadrados de coronas bajas. ~*Chalicotherium goldfussi.*

Familia Tapiridae.

Chalicotherium goldfussi

• **Género Tapirus, Brisson, 1762.**
 La reducción de dedos solo ha tenido lugar en las patas traseras, la parte delantera todavía tiene cuatro dedos; sus parientes vivos más próximos son los rinocerontes; gran número de especies fósiles; dientes muy braquidontos, bilofodontos (a diferencia de los dientes selenodontos de la

mayoría de los ungulados); la mayoría de los premolares están molarizados y los molares tienen una corona bastante alta con crestas; una diastema está presente y el movimiento de masticación es lateral; los huesos nasales en el centro del rostro indican la existencia de una probóscide. ~*Tapirus priscus.*

Familia Equidae.

• **Género Hipparion, Christol, 1832.**
Uno de los herbívoros más abundantes de su tiempo, semejante a un caballo actual con una altura de 1,4 metros, pero con tres dedos en sus extremidades, el central más grande y desarrollado; coronas dentales de tamaño mediano y altas, con esmalte bien plegado y almenado; en los molares superiores, los protoconos e hipoconos son cortos y los surcos, simples y abiertos. ~*Hipparion gracile.*

ORDEN ARTIODACTYLA.

Familia Tragulidae.
Rumiantes primitivos extendidos desde el Oligoceno.

• **Género Dorcatherium, Kaup, 1833.**
Como otros rumiantes, carecen de incisivos superiores; presentan, como los jabalíes, dientes caninos alargados, más desarrollados en los machos, que se proyectan a cada lado de la mandíbula inferior; las patas son cortas y delgadas, con cuatro dedos en cada una. ~*Dorcatherium crassum.*

Tapirus priscus

Hipparion gracile

Dorcatherium crassum

Cervus sp.

Gazella deperdita

Indarctos sp.

Familia Cervidae.

• Género Cervus, Linneo, 1758.

Astas bien desarrolladas; cráneo con un orificio nasal moderado; intermaxilares que generalmente alcanzan las nasales; hoyo suborbital diferenciado; caninos pequeños, rudimentarios; la cornamenta es, en el Plioceno, más grande, larga y compleja que en la actualidad y que en el Mioceno, cuando evoluciona desde un hasta bifurcada simple. ~*Cervus dicranoceros.*

Familia Bovidae.

• Género Gazella, Blainville, 1816.

Pequeño antílope con dos cuernos con doble curvatura en lira, comprimidos en la base, cubiertos de anillos. Premaxilares muy cóncavos en la superficie masticatoria; sutura fronto-nasal estrecha, en forma de V; sutura palatal en forma de V; bulla auditiva grande; fosa preorbitaria pequeña; fosas supraorbitales pequeñas. Se extinguen en Europa a final del Plioceno. ~*Gazella deperdita.*

Familia Ursidae.

• Género Indarctos, Pilgrim, 1913.

Osos de tamaño mediano a grande con dieta omnívora; fue el taxón de oso predominante en el hemisferio norte en la época. ~*Indarctos arctoides.*

Orden Rodentia.

Familia Castoridae.

**• Género Steneofiber,
Geoffroy St. Hilaire, 1834.**

Pequeño castor semiacuático. Molar con cuatro sinclinales externos no divididos, en medio de los cuales hay un pilar aislado; el sinclinal interno, fuertemente inclinado hacia adelante, está separado del sinclinal externo frontal por un puente estrecho. ~*Steneofiber jaegeri*.

Steneofiber jaegeri

Orden Primates.

Adaptación fisiológica a vida arborícola, desarrollo del cerebro, visión frontal, y cuidado parental. Las aberturas nasales son contiguas y frontales. El grupo de los catarrinos es conocido como los «monos del Viejo Mundo» (Europa); han perdido el segundo molar, tienden a la reducción de incisivos y premolares y poseen incisivos ensanchados y cortantes. Molar tribosfénico.

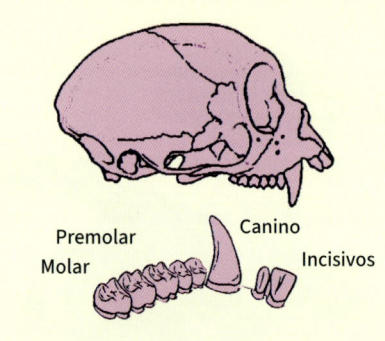

Premolar
Molar
Canino
Incisivos

Orden Primates

Infraorden Catarrhini.

Familia Cercopithecidae.

**• Género Paradolichopithecus,
Necrasov Samson &
Radulesco, 1961.**

Mono terrestre con gran tamaño corporal; las articulaciones de sus tobillos muestran que pudo haberse movido con frecuencia en una postura bípeda similar a la del homínido *Australopithecus*. ~*Macaca (Paradolichopithecus)* sp.

Macaca (*Paradolichopithecus*) sp.

410

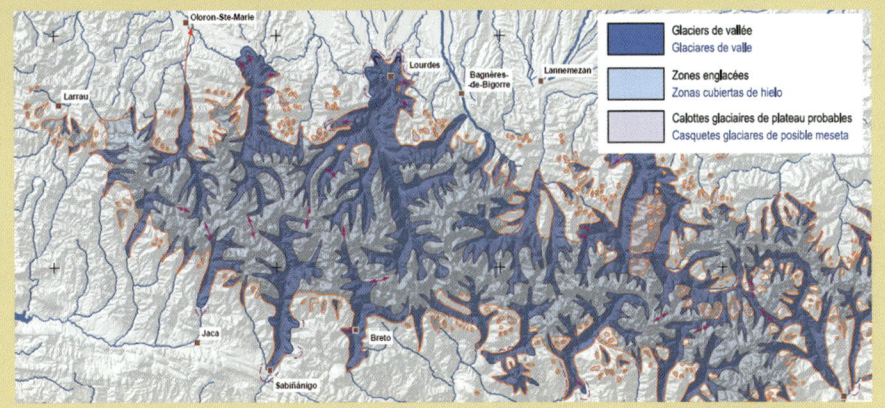

Cenozoico PLEISTOCENO
GLACIACIONES Y GÉNERO HOMO

Paleogeografía.

El hielo cubre grandes extensiones continentales en ambos hemisferios y en la mayor parte del Pirineo. El nivel del mar desciende hasta 135 metros, emergen grandes áreas costeras y hay una mayor conexión entre los continentes europeo, africano, asiático y americano. Por el contrario, durante las épocas interglaciales, asciende el nivel del mar y se produce un mayor aislamiento e insularismo.

Clima.

Se contabilizan seis grandes ciclos glaciar/interglaciar; toman los nombres de afluentes del Danubio: Biber, Donau, Günz, Mindel, Riss y Würm. En el Pirineo los ciclos glaciales tienen más incidencia en el norte por la menor insolación y en el oeste por la mayor precipitación gracias a la influencia oceánica. Los ciclos son inconstantes, con una diversidad de pulsos y con sus propios intervalos.

El clima pasa de ser subtropical, con una estación seca y otra lluviosa, a ser un clima glaciar con estaciones diferenciadas tanto por la diferente pluviosidad como por las temperaturas.

Durante los ciclos interglaciares las temperaturas llegaron a ser incluso más elevadas que en la actualidad y en los ciclos glaciales no fueron ni muy bajas las temperaturas ni muy altas las precipitaciones, simplemente los niveles precisos que permitían la acumulación de precipitaciones en forma de hielo en un ambiente más bien seco y algo más frío que en la actualidad.

Geología.

Los flujos de hielo generan numerosas huellas en el paisaje: picos piramidales, circos, ibones, valles en artesa y cordones morrénicos.

Los cauces de los ríos son cada vez más profundos por las grandes avenidas fluvia-

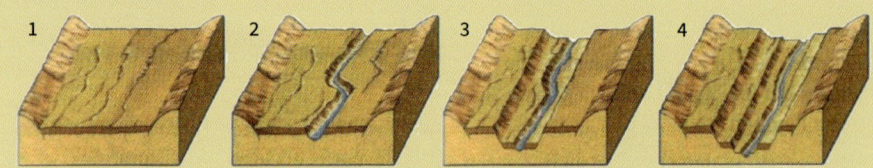

les de los deshielos y en las depresiones se modelan terrazas escalonadas. La llanura glacial (1) con el deshielo es excavada en profundidad (2) y se va formando una nueva llanura glacial (3) que durante la siguiente desglaciación vuelve a generar la incisión del cauce (4), repitiéndose el proceso en ciclo.

En el Cinca y el Gállego se han detectado hasta 10 órdenes escalonados de estos sistemas de terrazas correspondientes a los últimos 500 000 años. En la Canal de Berdún, donde entonces confluían los ríos Aragón y Gállego, están muy bien caracterizados los sistemas de terrazas, conocidos localmente como coronas.

En los altos valles afectados por los glaciares, el último ciclo (Würm), que fue el más intenso, eliminó la mayor parte de los sedimentos aportados por los ciclos anteriores.

Paleontología.

Los yacimiento fosilíferos pleistocenos son de tres tipos: kársticos (en cuevas, simas o abrigos rocosos), fluviales (en terrazas, taludes y llanuras de inundación) y palustres-lacustres (pantanos y lagos). Hay gran diversidad de géneros fósiles documentados: la variedad de altitudes y orientaciones de la cordillera proporciona diferentes nichos ecológicos en los que evolucionan variados ecosistemas.

Las penínsulas mediterráneas son refugio de especies durante las glaciaciones y, en los periodos interglaciares, el norte de Europa es recolonizado por estas especies desde estas penínsulas. En el Piri-

Glaciar de Monte Perdido.

Ciclo	Nombre	Años	Cultura humana	Era geológ.
Glacial	Biber	2,5-2 Ma	Paleolítico inferior	Pleistoceno
Interglacial	Biber-Donau	2-1'8 Ma	Paleolítico inferior	Pleistoceno
Glacial	Donau	1'8-1'4 Ma	Paleolítico inferior	Pleistoceno
Interglacial	Donau-Günz	1'4-1'1 Ma	Paleolítico inferior	Pleistoceno
Glacial	Günz	1'1 Ma-750 ka	Paleolítico inferior	Pleistoceno
Interglacial	Günz-Mindel	750-580 ka	Paleolítico inferior	Pleistoceno
Glacial	Mindel	580-390 ka	Paleolítico medio	Pleistoceno
Interglacial	Mindel-Riss	390-200 ka	Paleolítico medio	Pleistoceno
Glacial	Riss	200-140 ka	Paleolítico medio	Pleistoceno
Interglacial	Riss-Würm1	140-80 ka	Paleolítico medio	Pleistoceno
Glacial	Würm	80-8 ka	Paleolítico superior	Pleistoceno
Postglacial	Actual	8-0 ka	Neolítico - Actual	Holoceno

neo confluyen rutas migratorias y el género humano llega por las mismas rutas. *Homo neandertalensis* habita, al menos, en el Pleistoceno superior, con un suficiente control del territorio. *Homo sapiens* pudo llegar a la península durante el Máximo Glaciar por el estrecho de Gibraltar, que se redujo a 7 km; la investigación paleontológica se superpone con la arqueológica.

La flora se conoce por el estudio de los pólenes conservados en los sedimentos (Palinología). Las sequías estivales e invernales producen aclareo de los bosques, que hasta entonces habían sido densos y exuberantes, y comienzan a dominar las coníferas (*Pinus, Cedrus* y *Cathaya*) y géneros mediterráneos (*Olea, Pistacia, Phillyrea, Quercus*); mientras desaparecen las lauraceas (*Platanus aceroides, Liquidambar europaeum*) y géneros menos tolerantes (*Ginkgo*); simultáneamente se generalizan las estepas despejadas con aumento de las especies

Terrazas fluviales en el cauce medio del Aragón.

herbáceas (*Artemisia*, *quenopodiáceas*, etc.), junto con las cupresáceas (*Juniperus*, *Taxodium*, *Cupressus* –ciprés–) y *Ephedra*. En las zonas de mayor influencia atlántica, la vegetación está constituida por *Pinus* (80 % de los registros), *Abies* (abetos), *Quercus* (roble y encina), *Corylus* (avellanos), *Picea* y *Alnus* (alisos) con matorral de ericáceas (arándanos, rododendros, brezos, madroños, gayubas) y compuestas (6 %) en la vertiente norte.

En los ciclos cálidos aumentan robles, arces, *Carya*, *Parrotia* y *Zelkova*. Durante los interglaciares se van imponiendo los bosques mixtos de caducifolias y una vegetación similar a la actual. Los valles son cada vez más profundos por la acción glaciar y la erosión fluvio-torrencial interglaciar.

Los restos de fauna son muy raros en el Pleistoceno inferior de la zona montañosa del Pirineo, parece que el medio es muy hostil y ni siquiera los abrigos y cuevas son habitados por los humanos, ni siquiera por los osos, hasta la segunda mitad del Pleistoceno medio (desde ciclo Mindel-Riss); los rastros humanos comienzan a detectarse en terrazas aluviales como las de la meseta de Lannemezan. En el Pleistoceno superior pirenaico los yacimientos son numerosos y destaca la frecuencia del oso de las cavernas.

La sucesión de ciclos glaciares e interglaciales ejercen una estricta selección sobre las especies que conduce a la configuración de la flora y de la fauna holocena.

•REINO PLANTAE•

•FILO SPERMATOPHYTA•

CLASE MAGNOLIOPSIDA.

ORDEN SAXIFRAGALES.

Familia Altingiaceae.

Género Liquidambar, Linneo, 1753.

Hoja palmada, ancha, con tres a cinco lóbulos con ápices agudos; margen dentado; nervio central recto y fuerte, el primer par de nervios primarios casi perpendiculares al central. *Liquidambar europaeum* (A. Braun in Buckland, 1888) en Europa desde el Mioceno; se extingue en el Pleistoceno. Otras especies actuales introducidas en uso ornamental por el color rojizo otoñal de sus hojas. ~*Liquidambar europaeum.*

Liquidambar europaeum

414

Parrotia pristina

Familia Hamamelidaceae.

• Género Parrotia,
C. A. Meyer, 1831.
Actualmente, con una sola especie, *Parrotia persica* (árbol de hierro); hojas ovoides, más largas que anchas, con márgenes ondulados; se extingue en el Pirineo en el Pleistoceno inferior; convivió al menos con otra especie. ~*Parrotia pristina*.

ORDEN PROTEALES.

Familia Platanaceae.

• Género Platanus,
Linneo, 1753.
Hojas pecioladas con tres a cinco lóbulos puntiagudos, con dientes amplios en el margen, nervios secundarios y nervios basilares primarios subiguales. *Platanus aceroides* fue una especie común en el Pirineo del Pleistoceno, actualmente extinguida; su congénere el platano común o de sombra es un híbrido de *Platanus orientalis* y *P. occidentalis*. ~*Platanus aceroides.*

Platanus aceroides

ORDEN FAGALES.

Familia Juglandaceae.

• Género Carya, Nuttall, 1818.
Género del pacano, el productor de las nuces de pecan. *Carya minor* tiene hojas elípticas con la base de sujección asimétrica, mientras que *Pterocarya* sp. tienen hojas oblongas con nervios secundarios broquidódromos (los nervios se unen en arcos antes del margen) regulares. ~*Carya minor.*

Carya minor

- **Género Pterocarya, Kunth, 1824.**

Árboles caducifolios con hojas pinnadas de 20-45 cm de largo, con 11-25 hojuelas; las ramas tienen médulas compartimentadas, una característica que comparte con el género *Juglans*, pero no con el género *Carya*, de la misma familia de juglandáceas. ~*Pterocarya denticulata.*

SUPERFILO TRACHEOPHYTA.

•FILO PINOPHYTA•

Pterocarya denticulata

CLASE PINOPSIDA.

Orden Pinales.

Familia Pinaceae.

- **Género Tsuga (Endlicher), Carrière, 1855.**

Coníferas de hojas perennes de regiones húmedas, forma cónica, corteza escamosa, ramas que brotan horizontalmente del tronco, hojas estrechas y aplanadas, dispuestas en espiral alrededor de las ramas. conocidas como falsos abetos por su parecido, aunque ambos son pináceas. ~*Tsuga europaea.*

Tsuga europaea

•REINO ANIMALIA•

•FILO MOLLUSCA•

CLASE GASTROPODA.

Orden Architaenioglossa.

Familia Cochlostomatidae.

- **Género Obscurella, Clessin, 1889.**

Conchas cónicas con 7-8 vueltas redondeadas de crecimiento regular; superficie con muy numero-

Obscurella obscurum

Helix variabilis

sas costillas axiales finas y apretadas; abertura redondeada; género de áreas montañosas, *O. oscintans* viviente por ejemplo en paredes verticales calizas. ~*Obscurella obscurum.*

ORDEN STYLOMMATOPHORA.

Familia Helicidae.

• **Género Helix, Linneo, 1758.**
Género común de caracoles terrestres consumido por los humanos (actualmente cultivado), por lo que las conchas pueden aparecer en sus vertederos; concha de discoide a ligeramente cónica con un crecimiento rápido, ombligo abierto y abertura semilunar. ~*Helix oliveiorum, H. variabilis, H. striata.*

•FILO CHORDATA•

CLASE REPTILIA.

ORDEN TESTUDINES.

Familia Testudinidae.

• **Género Testudo, Linneo, 1758.**
Tortugas terrestres herbívoras de pequeño tamaño con hábitats actuales muy restringidos en Europa y en peligro de extinción; la tortuga mediterránea (*Testudo hermanni*), viviente en el somontano del Pirineo catalán, en la proximidad de la costa. ~*Testudo* **sp.**

Testudo sp.

Orden Squamata.

Reptiles como los lagartos, camaleones, iguanas, serpientes y culebrillas ciegas; son el orden más reciente de reptiles y con mayor éxito ecológico en la actualidad. Su cráneo tiene sendas ventanas diapsidas detrás de las órbitas oculares.

Familia Anguidae.

Squamata con atrofia de las extremidades, pero sin relación con serpientes ni culebras.

Anguis fragilis

• **Género Anguis, Linneo, 1758.**

El lución (*Anguis fragilis*) es un lagarto ápodo actual, que habita esta región del Pirineo, como durante el Pleistoceno. ~*Anguis fragilis*.

• **Género Ophisaurus, Daudin, 1803.**

Lagarto de cristal, de mayor tamaño que *Anguis,* 2/3 corresponden a la cola, de la que se desprende en situaciones de peligro, como los lagartos comunes; actualmente extinguido en Europa. ~*Ophisaurus* sp.

Ophisaurus sp.

Familia Colubridae.

• **Género Coluber, Linneo, 1758.**

En la actualidad habitan la península ibérica especies como *Coluber hippocrepis* hasta los 1850 m de altitud, con actividad diurna y periodos de hibernación invernales. ~*Coluber* sp.

• **Género Elaphe, Fitzinger in Wagler, 1832.**

Culebras de mayor tamaño, se alimentan de pequeños vertebrados; actualmente la culebra de Esculapio (*Elaphe longissima*) habita en los extremos navarro y gerundés del Pirineo. ~*Elaphe* sp.

Colubridae especies

• **Género Coronella, Laurenti, 1768.**
Género de la culebra lisa europea y la culebra lisa meridional. ~*Coronella* **sp.**

• **Género Natrix, Laurenti, 1768.**
Incluye a las culebras de agua (*Natrix natrix*) que habitan los cauces fluviales y se alimentan de anfibios, frecuentes actualmente en el Pirineo. ~*Natrix* **sp.**

Familia Viperidae.

Viperidae especies

• **Género Vipera, Laurenti, 1768.**
Género extenso de víboras actuales; pequeño tamaño, venenosas, la cabeza tiene una característica forma triangular, tienen preferencia por ambientes frescos y altitudes altas en zonas cálidas, siempre en zonas rocosas con entornos húmedos; habitante actual del Pirineo; *Vipera aspis* se ha encontrado hasta los 2 600 m. ~*Vipera* **sp.**

CLASE AMPHIBIA.

ORDEN CAUDATA.
Cola bien desarrolla que incluye salamandras y tritones, ambas familias representadas actualmente en el Pirineo.

Familia Salamandridae.
Tamaño pequeño y dos pares de cortas patas con cinco dedos en las posteriores y cuatro en las anteriores, su cráneo es plano y ancho, con dientes curvados en ambas mandíbulas, viven parcialmente en el agua y en zonas boscosas

• **Género Salamandra, Laurenti, 1768.**
La salamandra común (*Salamandra salamandra*) tiene 2 de sus 9 subespecies habitando en el Pirineo. ~*Salamandra* **sp.**

Caudata especies

ORDEN ANURA.

Carente de cola, como ranas y sapos.

Familia Pelobatidae.

• Género Pelobates, Wagler, 1830.

Único género vivo de Pelobatidae, con cuatro especies; conocido como sapo de espuelas, tiene espolones de queratina en las patas traseras que le ayudan a enterrarse. ~*Pelobates* sp.

Familia Bufonidae.

Sapos, carecen de cola y de dientes.

Género Bufo, Laurenti, 1768.

Sapos robustos, con gran resistencia, con veneno pasivo, muy extendidos en áreas con aguas continentales. ~*Bufo bufo, B. calamita.*

Familia Ranidae.

• Género Rana, Linneo, 1758.

Cinturas delgadas y de piel rugosa pero no berrucosa, excelentes saltadoras, extremamente vinculadas a las aguas continentales; la rana bermeja, con cabeza y hocico puntigudos ~*Rana temporaria.*

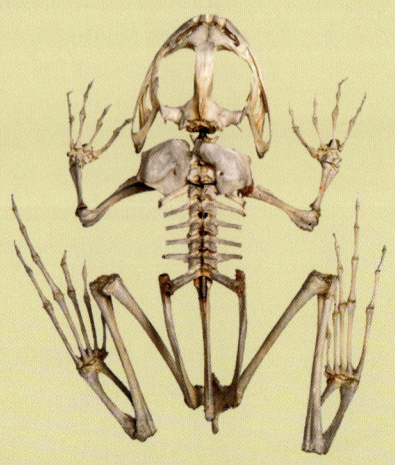

Anura especies

CLASE AVES.

Esqueleto neumatizado (con aire en lugar de médula en algunos huesos), ligero y poco elástico, que facilita el vuelo y dificulta su fosilización. Neumatización en cráneo, vértebras, húmeros y fémures. Cráneo abovedado con órbitas muy grandes y rostro en pico. Restos en los comederos, de carnívoros como abrigos y cavidades.

ORDEN GALLIFORMES.

Aves terrestres con fuertes piernas; poco voladores, con más disposición a caminar, correr o saltar.

Familia Phasianidae.

Familia de gallos, pavos, perdices y faisanes.

Rollulus rouloul

• **Género Palaeocryptonyx, Depéret, 1892.**

Género extinto de origen tropical, hallado por ejemplo en el Pleistoceno de Ibiza; su pariente más próximo actual es el género *Rollulus,* con una sola especie, la perdiz o codorniz rulrul (*Rollulus rouloul*), en el sureste asiático. ~*Palaeocryptonyx donnezani.*

ORDEN PICIFORMES.

Aves con pies zigodáctilos (dedos 2 y 3 orientados hacia delante, 1 y 4 hacia atrás), muy útiles para trepar en los árboles con buena sujeción.

Familia Picidae.

• **Género Dendrocopos, Koch, 1816.**

El pájaro carpintero tiene modificaciones craneales para mejorar su actividad en la madera y el pico con forma de cincel; pies con dos dedos hacia adelante y dos hacia atrás, lo que les facilita trepar en los árboles. ~*Dendrocopos major* (pico picapinos).

Dendrocopos major

ORDEN PASSERIFORMES.

Pico corto, puntiagudo y más o menos delgado; cola corta y pies con tres dedos hacia adelante y uno hacia atrás, lo que les permite posarse en los árboles; se mueven volando o saltando.

Familia Muscicapidae.

• Género Ficedula, Boie, 1822.

Pájaros insectívoros conocidos popularmente como papamoscas por cazar en vuelo; tienen dificultad para andar, por lo que son arborícolas; actualmente, las especies ibéricas migran en invierno a África. ~*Ficedula* **sp.** (papamoscas).

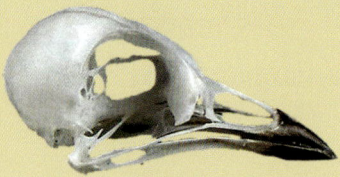

Ficedula sp.

• Género Oenanthe, Vieillot, 1816.

Género de las collalbas y colinegros actuales; habitantes típicos de espacios abiertos, medios deforestados, pastizales, roquedos, zonas de matorral bajo, etc. ~*Oenanthe* **sp.**

Oenanthe sp.

Familia Turdidae.

• Género Turdus, Linneo, 1758.

Género de los actuales zorzales o tordos; aves omnívoras, de zonas boscosas, solitarias, territoriales, parcial u ocasionalmente migrantes en grupos. ~*Turdus merula* (mirlo), *T. viscivorus* (zorzal charlo).

Turdus merula

Familia Corvidae.

• Género Corvus, Linneo, 1758.

Aves de tamaño medio, resistentes e inteligentes por excelencia. ~*Corvus monedula* (grajilla, hábitos trogloditas), *C. pliocaenus*.

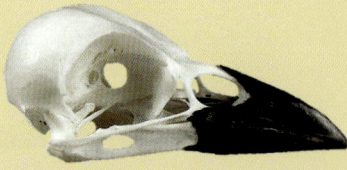

Corvus monedula

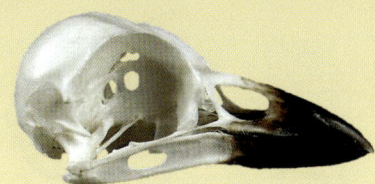

Garrulus glandarius

- **Género Garrulus,
Brisson, 1760.**

Pobladores actuales de zonas boscosas con preferencia por el robledal; son sedentarios, aunque pueden migrar a zona vecinas. ~*Garrulus glandarius* (arrendajo euroasiático).

CLASE MAMMALIA.

Orden Carnivora.

Familia Canidae.

- **Género Canis,
Linneo, 1758.**

Desde hace 5 Ma son los depredadores dominantes de Eurasia; proliferan favorecidos por la glaciación y la formación de estepas.

En el Pleistoceno inferior, *Canis etruscus* es un perro mediano con hocico alargado; crestas sagitales y nucales bien desarrolladas; región occipital agrandada lateralmente; dentición muy carnicera, en cada maxilar tiene tres pares de premolares, comprimidos lateralmente, dos molares, un gran canino y tres incisivos; es aceptado como antecesor del lobo gris (*Canis lupus*). ~*Canis etruscus, C. lupus lunellensis.*

Canis etruscus

- **Género Cuon,
Hodgson, 1838.**

Género que diverge de *Canis* desde el Pleistoceno inicial; fórmula dental 3-1-4-2/3-1-4-2; molares superiores débiles, relativamente pequeños, con solo una cúspide, (2 a 4, en otros cánidos), adaptaciones que mejoran la capacidad de corte, más próxima a los chacales. ~*Cuon alpinus.*

Cuon alpinus

Familia Mustelidae.

Género Meles, Brisson, 1762.

Tejones, mustélidos omnívoros robustos, con extremidades cortas, excavadores y semiplantígrados; originario de Asia, puebla Europa durante el Plioceno inferior con al menos cuatro especies; ~*Meles meles* (tejón común), en la actualidad es la especie más extendida y quizás la única.

Meles meles

• Género Lutra, Brisson, 1762.

Las nutrias son mustélidos carnívoros con típicos cuerpo y cráneo alargados; tamaño mediano (alrededor de 11 kg), hábitos acuáticos y alimentación basada en pescado, anfibios y crustáceos, que condiciona su dentición. ~*Lutra* sp.

Lutra lutra

Familia Felidae.

En Europa se documentan dos subfamilias Machairodontinae,o tigres de dientes de sable (con caninos superiores grandes y aplanados) con los géneros *Megantereon* y *Homolherium*; y la subfamilia Felinae (con caninos de sección redonda), con los géneros del lince (*Lynx*), guepardo (*Acinonyx*), gato (*Felis*), puma, león y jaguar (*Phantera*).

• Género Felis, Linneo, 1758.

De pequeño tamaño con colas largas y adaptados a la caza de pequeños animales, como roedores, aves y reptiles, el género cuenta con cinco especies que incluye el gato montés (*Felis silvestris*), una de cuyas subespecies es el gato doméstico (*Felis silvestris catus*). ~*Felis* sp.

Felis silvestris

Familia Ursidae.

• Género Ursus, Linneo, 1758.

Están entre los primeros colonizadores del Pirineo glacial; son varias especies las que se suceden y conviven, llegando a ser el oso de las cavernas (*Ursus spaelus*) abundante en el Pleistoceno superior, hasta formar comunidades de convivencia cavernícola; la cueva del Rincón en el valle de Hecho, por ejemplo, ha conservado por lo menos siete camas de hibernación. *Ursus etruscus*, es el antecesor del oso pardo moderno (*Ursus arctos*) y del extinto oso de las cavernas (*Ursus spelaeus*); tenía un complemento de la serie completa de premolares, un rasgo heredado del género *Ursavus*. Su superviviente actual puede ser el oso negro asiático moderno. ~*Ursus estruscus, U. spelaeus*.

Ursus etruscus

Familia Hyaenidae.

Se han documentado varios hiénidos en el Pirineo occidental de los géneros *Hyaena* y *Crocuta*, los mismos géneros vivientes en la actualidad. Su evolución desde el Mioceno ha proporcionado gran diversidad de tipos.

Hyaena striata

• Género Hyaena, Brisson, 1762.

Animales robustos con dentadura especializada en trituración de huesos; tren locomotor delantero más desarrollado que el trasero; hembras mayores que machos. ~*Hyaena striata* (como otros hiénidos de la epoca se ha documentado su frecuente presencia en yacimientos de caverna).

• Género Crocuta, Kaup, 1832.

La hiena de las cavernas es la subespecie septentrional de la actual hiena manchada y es frecuente en yacimientos europeos del Pleistoceno superior. ~*Crocuta crocuta spelaea*.

Crocuta crocuta spelaea

ORDEN PROBOSCIDEA.

Con dos géneros en el Pleistoceno de Europa: *Mammuthus* y *Elephas*.

Familia Elephantidae.

• Género Mammuthus, Brookes, 1826.

El género se extiende desde el Plioceno hasta el Holoceno. Tienen cabeza abombada y largos colmillos curvados (2 incisivos superiores); cinco dedos en las patas delanteras y cuatro en las traseras, gruesa piel, incluso lanuda, y gran joroba como reserva de grasa; mandíbula corta y robusta, con sínfisis larga en pico; ramas horizontales anchas; ramas ascendentes cortas, anchas y casi paralelas entre sí; molares casi paralelos entre sí, son algo cóncavos, formados por láminas escalonadas, intercaladas con cemento; esmalte grueso y constante en cada lámina; en el tercio central del diente puede haber surcos medianos. ~*Mammuthus meridionalis*.

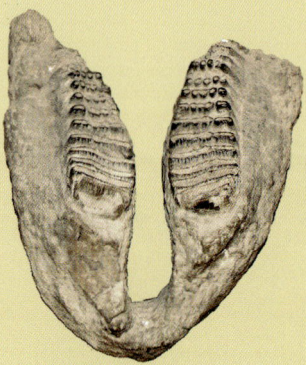

Mammuthus meridionalis

• Género Palaeoloxodon, Matsumoto, 1924.

Elefántido grande con defensas rectas y largas patas; de ambiente más cálido, pudo frecuentar la periferia pirenaica en los periodos interglaciales. ~*Palaeoloxodon antiquus*.

Palaeoloxodon antiquus

Orden Perissodactyla.

Incluye las familia de los Equidae, los caballos (*Equus*); y, de la familia de los Rhinocerotidae (rinocerontes), el género *Stephanorhinus* (dos cuernos grandes, tabique nasal y sin incisivos).

Familia Rhinocerotidae.

• Género Rhinoceros, Linnaeus, 1758.
Una especie ramoneadora, típica de los periodos cálidos en esta zona, que emigraba hacia el sur en las épocas en que avanzaban los glaciares, es *Dihoplus kirchbergensis* (*Dicerorhinus mercki*), especie relegada a unos pocos refugios en la península ibérica hace unos 30 000 años. ~*Rhinoceros kirchbergensis*.

Rhinoceros kirchbergensis

Familia Equidae.

• Género Equus, Linneo, 1758.
Patas con un solo casco; dentadura con seis incisivos, diastema o cuatro dientes vestigiales en adultos y doce hipsodontos premolares y molares en cada maxilar. ~*Equus ferus* (fue una especie de caballo salvaje progenitora del caballo doméstico actual).

Equus ferus

Orden Artiodactyla.

Familia Cervidae.

Son rumiantes muy diversos que incluyen, en el Pleistoceno alces (*Alces*), corzos (*Capreolus*), renos (*Rangifer*), gamos (*Dama*) y ciervo (*Cervus*).

• Género Capreolus, Gray, 1821.

El género del actual corzo está presente en el pirineo en el Pleistoceno medio; son cérvidos de pequeño tamaño, ramoneadores, que se pueden adaptar al pasto si falta el alimento arbustivo. ~*Capreolus capreolus*.

Capreolus capreolus

Familia Bovidae.

Rumiantes con cuernos los machos, y/o las hembras; en el Pleistoceno europeo incluyen a bisontes (*Bison y Bos*) y búfalo (*Bubalus*).

• Género Bos, Linneo, 1758.

El género incluye vacas y toros domésticos (*Bos primigenius taurus*), los cebúes (*Bos primigenius indicus*) y sus respectivos ancestros salvajes: el uro euroasiático (*Bos primigenius primigenius*), el uro africano (*Bos primigenius africanus*) y el uro indio (*Bos primigenius namadicus*). Se domesticó a partir del Neolítico. ~*Bos primigenius primigenius*.

Bos primigenius primigenius

Familia Suidae.

• Género Sus, Linneo, 1758.

El género del cerdo doméstico y del jabalí, con sus hábitos omnívoros y gran desarrollo nasal, tiene una gran adaptabilidad y mantiene una sucesión de especies en el periodo. ~*Sus scrofa priscus* en el cráneo, región orbital amplia y con un foramen lacrimal; crestas temporales muy espaciadas y cresta nucal transversalmente deprimida, el canino superior masculino es triangular en sección

Sus scrofa priscus

transversal, los caninos inferiores tienen sección transversal triangular típica; cuatro pares de molares superiores Ml con corona alargada con dos cúspides sucesivas y un fuerte cíngulo anterior; M2 y M3 bilobulados, siendo el lóbulo anterior mucho más estrecho que el posterior; M4 tiene dos pares transversales sucesivos de cúspides principales.

ORDEN RODENTIA.

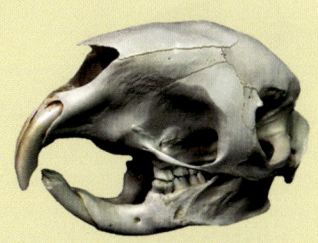

Como en la actualidad, son el orden de mamíferos pleistocenos más abundante en taxones y en número de individuos. En los yacimientos son frecuentes los restos de murícidos (ratas, ratones), de cricétidos (lemmings), de esciúridos (ardillas) y de glíridos (lirones).

Familia Hystricidae.

• Género Hystrix, Linneo, 1758.
Roedores plantígrados de gran tamaño (10 a 30 kg), con ojos pequeños y con la espalda parcialmente cubierta de largas púas de hasta 40 cm; fórmula dentaria 1-0-1-3/1-0-1-3. ~*Hystrix cristata* (el puercoespín común, se creía una especie africana introducida por los romanos en Europa hasta el hallazgo de fósiles pleistocenos).

Hystrix cristata

ORDEN SORICOMORPHA.

Incluye familias comunes como Talpidae (topos) y Soricidae (musarañas).

Familia Talpidae.

• Género Talpa, Linneo, 1758.
Topos adaptados para la excavación con el cuerpo cilíndrico y compacto, sin cuello, con las extremidades delanteras, orientadas lateralmente, las manos anchas y fuertes; hocico puntiagudo, cola corta; cráneo con el rostro estrecho y alargado; fórmula dentaria 3-1-4-3/3-1-4-3; molares superiores con el mesostilo simple formado por una sola punta. ~*Talpa minor, T. fossilis, T. europaea-major, T. caeca-minor.*

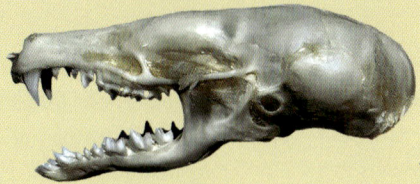

Talpa europaea

ORDER LAGOMORPHA.

Familia Leporidae.

• Género Hypolagus, Dice, 1917.
Tiene huesos largos, masivos, con adaptaciones para cavar y correr que lo hacen intermedio entre los conejos del género *Oryctolagus* y las liebres del género *Lepus*; con una adaptación progresiva a la carrera rápida; coexistió con los primeros miembros del género *Lepus*. ~*Hypolagus brachygnathus.*

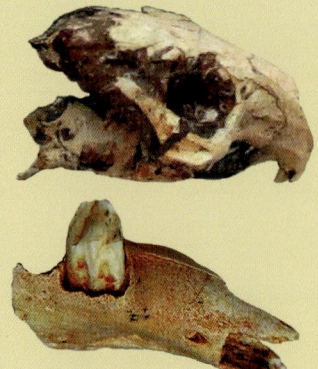

Hypolagus sp.

ORDEN PRIMATES.
Se documentan tres géneros de Primates en el Pleistoceno europeo: macacos (*Macaca*), babuinos (*Theropithecus*) y humanos (*Homo*).

Familia Cercopithecidae.

• Género Macaca, Lacepède, 1799.
Son los primates más extendidos (además de los humanos) y han sobrepasado ampliamente la zona intertropical; tienen por cada maxilar cuatro incisivos, dos grandes colmillos y sendos dos pares de premolares y molares. (2-1-2-2/2-1-2-2). ~*Macacus sylvanus* (macaco de berbería o mono de Gibraltar, habita hoy con riesgo de extinción en la cordillera del Atlas, en el norte de África y en Gibraltar; documentado en el Pleistoceno de Alemania e Inglaterra).

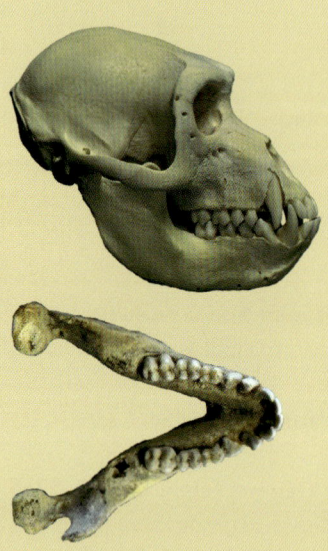

Macacus sylvanus

Familia Hominidae.

• Género Homo, Linneo, 1758.
En torno a 17 especies reconocidas. En el Pirineo occidental se han documentado *Homo neanderthalensis* y *H. sapiens,* más por las huellas de su actividad que por restos fósiles orgánicos, que se reducen a fragmentos dispersos. Se detecta la actividad humana por las numerosas huellas de corte halladas en huesos, sobre todo de équidos y de bóvidos

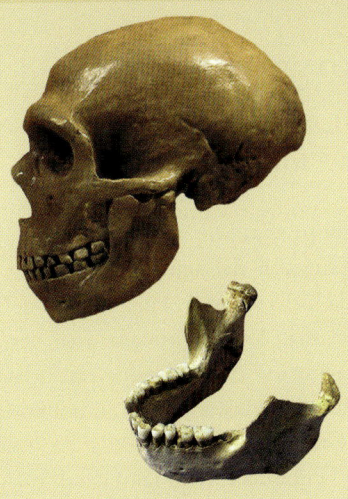

Homo neanderthalensis

pequeños. Algunos yacimientos presentan además artefactos líticos: los índices de presencia humana suelen ser contemporáneos a los niveles que contienen fauna. Fórmula dental 2-1-2-3/2-1-2-3.

~*Homo neanderthalensis* (es más grande y robusto que *H. sapiens*; presenta un doble arco superciliar y carece de mentón mandibular; desarrolla la cultura Musteriense y se extingue en torno al año –28 000; la dentición muestra piezas anteriores, más prominentes y con signos de uso intensivo, y las piezas posteriores, de un tamaño más reducido; presenta un espacio retromolar entre el último molar y la rama ascendente de la mandíbula, que permite albergar un hipotético cuarto molar en caso de necesidad).

ORDEN CHIROPTERA.

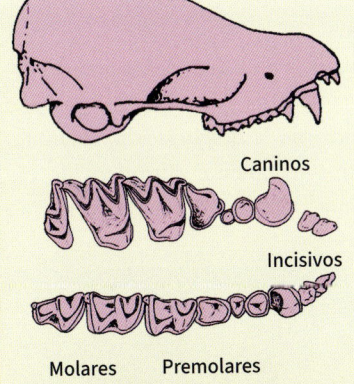

Caninos

Incisivos

Molares   Premolares

Mamíferos más numerosos tras los roedores. Cráneo alargado, incisivos superiores reducidos, enorme desarrollo de las bullas auditivas, adaptaciones esqueléticas para vuelo: clavícula y escápula bien desarrolladas, huesos ligeros y finos y frágiles, progresivamente alargados en las extremidades anteriores. Máximo de 38 piezas con caninos, cuartos premolares y primeros molares tanto superiores como inferiores. Sin último incisivo superior ni primeros premolares. Molares tubérculo-sectoriales (cúspides conectadas por crestas cortantes).

Familia Rhinolophidae.

• Género Rhinolophus, Lacepède, 1799.

Único género actual de la familia, incluye una noventena de especies vivientes conocidos como murciélagos de herradura por la forma de su nariz, que usa para emitir los ultrasonidos. ~*Rhinolophus ferrumequinum* (viviente, es el murciélago de mayor tamaño de Europa y habita hasta los 1600 m de altitud).

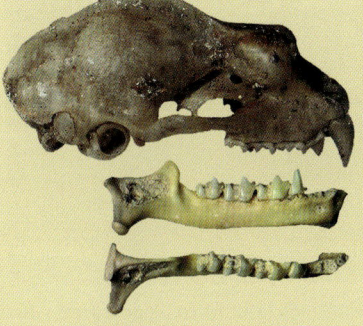

Rhinolophus ferrumequinum

Cenozoico HOLOCENO
EL FINAL DE LA GLACIACIÓN, DESHIELO Y RECOLONIZACIÓN

El periodo Holoceno se define como el periodo posglacial y se concreta en los últimos 12 000 años, aproximadamente. Sin embargo, la cronología del glaciarismo pirenaico parece diferir de las cronologías del resto de áreas europeas con respecto al momento de la expansión postglacial de las especies animales y vegetales.

El máximo glaciar en los Pirineos se da hacia los –50 000 años, en los Alpes se da hacia los –20 000 años: la desglaciación empieza, por lo tanto, muy tempranamente en el Pirineo. La primera retirada de los glaciares en el Pirineo es clara desde –24 000 años, cuando los glaciares desaparecen del piedemonte pirenaico; y quedan casi totalmente ausentes en la parte alta de los valles, coincidiendo con el máximo glaciar alpino y el periodo de aridez extrema vivido en Europa hace aproximadamente –15 000 años.

Por tanto, el Holoceno del Pirineo podría entenderse como anticipado.

Paleogeografía.

La disminución del agua acumulada en forma de hielo provoca el incremento del nivel del mar, lo que provoca, a su vez, la insularización de territorios como las islas británicas, Taiwan, Japón, Indonesia, Nueva Guinea y Tasmania.

En la península ibérica también disminuye la plataforma continental emergida, tanto en el litoral atlántico como en el mediterráneo.

Clima.

El clima es la base de la definición del periodo Holoceno, y en el mismo periodo, al margen de la desglaciación, se producen otros fenómenos climáticos de envergadura, como es la desertificación del

La erosión fluvial sustituye a la glaciar en valles que han alcanzado la forma en U por la acción de las lenguas glaciales (Aguastuertas).

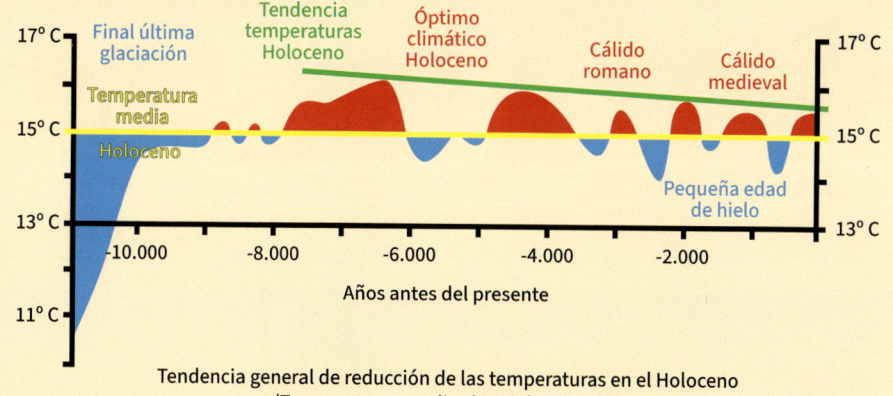

Tendencia general de reducción de las temperaturas en el Holoceno
(Temperaturas medias hemisferio norte)

Sáhara. La aridez, en forma de disminución de las precipitaciones, ya fue una de las características climáticas del anterior Pleistoceno, por lo que el aumento de la masa marina no debió contribuir tanto al aumento de la pluviosidad en la cordillera.

En cuanto a la temperatura, se produce un *óptimo termal holoceno* con hasta 3º C de incremento entre los –9 000 y los –5 000 años, para posteriormente disminuir la temperatura global hasta el cambio climático actual.

Geología.

En la cordillera pirenaica es notable el fin de la fase pleistocénica, con ciclos de erosión glacial interrumpidos por intervalos de gran torrencialidad. La retirada de los volúmenes de hielo y nieve suponen el cambio a un régimen de erosión fluvial, matizado por la estacionalidad.

En el paisaje pirenaico quedan los vestigios del régimen anterior: cordones morrénicos, circos glaciales, ibones, terrazas y glacis.

Paleontología.

La paleontología del Holoceno va de la mano de la arqueología que, a su vez, sigue el rastro de las culturas humanas. La cultura paleolítica coincide con el final del Pleistoceno, y el primer Holoceno coincide con la cultura mesolítica, las últimas sociedades de cazadores-recolectores, en lo que concierne a la cordillera, llegarían de forma estival, acompañando las migraciones de los herbívoros a las montañas desde las tierras llanas, al modo de las actuales trashumancias.

De estas ocupaciones nómadas quedan rastros como las pinturas rupestres del río Vero, en el prepirineo, zona de tránsito entre el llano y la montaña.

Con la cultura neolítica (desde el –8 000 aproximadamente), se generaliza la agricultura y la ganadería y, posteriormente, en tiempos históricos (desde –2 500, aproximadamente) se llega a una radical modificación de la biología y el paisaje pirenaico, al ampliarse los cultivos y los pastos, y reprimirse la fauna y la

Sondeo en ibón (arriba izquierda) y sus datos paleo-ecológicos (arriba derecha).
Nucleo o testigo de perforación (abajo).

flora competidora con dichos cultivos y animales domésticos; por lo que la flora y fauna silvestres sufren una reducción tanto de su diversidad como de su cantidad.

Los estudios paleontológicos del Holoceno en el Pirineo inciden en la evolución de estos cambios en la flora y la fauna, que en la actualidad se ve, además, modificada por la introducción de especies favorecidas por la antropización y, muchas veces, el cambio climático.

También hay un profundo estudio de la evolución climática a la vista de las nuevas necesidades que plantea el *calentamiento climático* global.

Sondeos de lodos en lagos.

El polen de la vegetación dispersado por el aire llega al fondo de los lagos, donde se acumula y conserva en los estratos de épocas sucesivas.

El lago de alta montaña de Marboré proporciona un registro de los últimos 10 000 años, en una zona alejada de la actividad humana, y proporciona datos sobre la evolución de la vegetación y del paisaje de alta montaña.

Registros en hielo.

El hielo acumulado en depósitos glaciares y polares corresponde a diferentes épocas de precipitaciones de agua o nieve, y contiene isótopos estables del oxígeno atmosférico.

Las diferentes proporciones de isótopos indican las temperaturas atmosféricas de la época en que formó el hielo.

Además de ser un paleo-termómetro, los sondeos en hielo también proporcionan otra paleo-información como pólenes, restos de organismos extremófilos y contaminación atmosférica.

Registro climático estalagmítico.

El agua que se infiltra en el terreno hasta las cuevas disuelve diferentes minerales que precipitan en las estalactitas.

Las diferentes texturas de los minerales, los isótopos de oxígeno presentes y el diferente ritmo con que se forman pro-

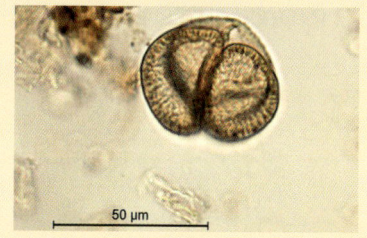

Los sondeos en hielo (izquierda) proporcionan información sobre el clima, restos fósiles de pólenes (centro) y otros restos (derecha).

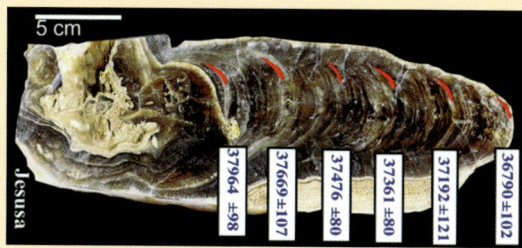

Estalagmitas y estalactitas proporcionan un registro.

porcionan información sobre los ritmos de precipitaciones y de temperaturas del exterior de la cueva.

El mayor desarrollo de estalagmitas coincide con momentos de tendencia fría y/o húmeda, como el Joven Dryas, Óptimo Climático Holoceno, Época Fría del Hierro, Período Húmedo Ibero-Romano y Pequeña Edad de Hielo.

Dryas octopetala.

Esta planta rosácea, típica de la tundra, prospera contra el frío de los entornos glaciales, y su polen fosilizado permite conocer los altibajos climáticos en diferentes épocas y lugares.

Esta planta y otras muchas, como la popular edelweiss, sobreviven en los Pirineos como en una reserva. En otros tiempos glaciales habitaban extensas áreas europeas en torno a las cordilleras.

Capra pyrenaica pyrenaica (bucardo).

Unos de los grandes mamíferos extinguidos en Europa en el Holoceno es la subespecie de cabra montesa del Pirineo.

Dryas octopetala.

Leontopodium alpinum o flor del edelweis.

Capra pyrenaica pyrenaica.

ÍNDICE SISTEMÁTICO DE GÉNEROS

ÍNDICES

PIRINEO PALEONTOLÓGICO

ÍNDICE ALFABÉTICO DE GÉNEROS

ÍNDICES

PIRINEO PALEONTOLÓGICO